Internet
化学化工

文献信息检索与利用

肖信　袁中直　编著

 化学工业出版社

·北京·

本书详细介绍了最新的信息检索技术和平台，是一本真正有利于学生和科研人员对学科专业知识获取和利用的书。全书共分7章，以各检索"平台"为框架，系统介绍了利用Internet检索科技文献的方法和技巧。第1章介绍文献检索的基础知识及Internet入门；第2至6章介绍了Google检索系统、三大中文文献数据库、SciFinder数据库、Web of Knowledge数据库、十种英文全文数据库等最为权威和全面的检索平台；第7章介绍了一些特种文献与事实数据的使用。

本书既可作为高等学校化学、化工、材料、环境等相关专业的文献检索课程教材，也可供其他科研人员参考使用。

图书在版编目（CIP）数据

Internet化学化工文献信息检索与利用/肖信，袁中直编著.
北京：化学工业出版社，2014.3（2018.9重印）
ISBN 978-7-122-19734-4

Ⅰ.①I… Ⅱ.①肖…②袁… Ⅲ.①化学-互联网络-情报检索②化学工业-互联网络-情报检索 Ⅳ.①O6

中国版本图书馆CIP数据核字（2014）第023408号

责任编辑：成荣霞　　　　　　　　　文字编辑：杨欣欣
责任校对：边　涛　　　　　　　　　装帧设计：王晓宇

出版发行：化学工业出版社（北京市东城区青年湖南街13号　邮政编码100011）
印　　装：北京印刷集团有限责任公司
787mm×1092mm　1/16　印张20¾　字数557千字　2018年9月北京第1版第3次印刷

购书咨询：010-64518888　　　　　　售后服务：010-64518899
网　　址：http://www.cip.com.cn
凡购买本书，如有缺损质量问题，本社销售中心负责调换。

定　　价：49.00元　　　　　　　　　　　　　　　　版权所有　违者必究

前言 FOREWORD

文献是记录知识的载体,知识是前人智慧和实践的结晶,信息的价值在于消除不确定性,文献信息检索就是以自己所知的有限来获取人类知识宝库的无限,也就是站在巨人的肩膀上,以增加解决问题的确定性。文献检索是科学研究和创新的基础,科学研究就是运用已知的知识来探求未知的知识,并在探求未知过程中来强化和修正已知。

Internet已经极大地改变甚至重新定义了人们的生活方式,那么Internet究竟为化学化工文献信息的检索带来什么样的影响?显然,最为明显的影响是打破了信息共享的时空限制、改变了学术出版的形式和周期、极大地促进了学术交流的国际化和社交化。因此,无论是科学研究、学术出版、信息共享、还是文献检索,都必须聚焦到这一个全球一体化的数字环境上。

1999年底,应江苏科技出版社的邀请,袁中直教授和笔者一起编写并出版了《Internet化学化工信息资源检索和利用》,这也是国内第一本专门讨论Internet上化学化工信息资源的书,并一直作为笔者所在学院本科生的教材。然而,在过去的10年,中国科学技术的高速发展,包括中国学者的科研水平和国际学术影响力的提升、国家对科学研究的重视程度和资源的投入力度,以及网络技术在中国的普及和应用水平,都超出了包括笔者在内的大多数人的意料。显然,原来教材中的内容已经不能适应教学和科研的需要。近几年,笔者一直为学生寻找合适的教材,然而结果令人失望,一直未能找到一本同时兼具介绍最新的信息检索技术和平台,并真正有利于学生对学科专业知识获取和利用的书。于是笔者考虑重新编写一本教材,这一想法得到了化学工业出版社相关编辑的极大支持,并最终促成了本书的编写和出版。

有关于化学化工信息检索的书籍众多,那么这本书有什么特点呢?首先,完成这一教材的作者必须同时对文献检索知识、Internet信息资源获取和化学的基础及应用研究有深入的理解和实践,只有这样才能给学习者一个高的起点和宽广的未来,这正是本书的立足点。其次,本书在结构上是基于"平台"进行介绍,不同于大多数文献检索教材按传统文献类型分类的方式。这样处理更能够适应高校图书馆包库购买电子文献数据库的真实情况,并立足于在有限资源的条件下解决问题,而不是为了检索而检索。再次,本书在介绍每一类型的资源时,将大量的笔墨花在精心挑选的一两个平台上,以点带面,而不是平均用力、泛泛而谈,特别是对文摘型和全文文献数据库的检索作了详细的介绍,以期为学习者提供较为详尽的课后自学参考。

本书得以出版,得到了华南师范大学南俊民教授、陈炳稔副教授、何广平副教授、汪朝阳教授和华南理工大学张伟德教授、王立世教授的大力支持、指导和鼓励。华南师范大学化学与环境学院的领导和同事们也为本书的写作给予了有力的支持。在此向以上领导、专家和老师表达真诚的感谢!感谢化学工业出版社的领导和编辑给笔者一个机会写作本书并提出了很多很好的建议,他们认真细致、一丝不苟的工作精神使本书的质量得以保证。感谢与我一起从事科学研究的研究生们，他们努力地工作使得我能够抽出时间来完成本书的写作。最后要感谢家人对笔者的支持、理解和爱护，多年来他们付出了很多很多，但得到的实在很少。

  本书是在广泛收集相关资料、多年应用和教学实践的基础上写成的，笔者希望本书能对所有读者在化学化工文献信息检索和科学研究方面有所帮助。然而由于时间仓促，水平有限，书中不免有错漏或不妥之处，竭诚欢迎专家和广大读者批评和指正，以便在日后工作中加以改进。

肖 信

2014 年春于广州

目录 | CONTENTS

Chapter 1 第 1 章 概论：以有限追求无限 ……………………………… 1
  1.1 文献信息检索基础 ………………………………………… 2
    1.1.1 文献与信息 ………………………………………… 2
    1.1.2 文献信息检索的意义 ……………………………… 2
    1.1.3 科技文献信息来源与类型 ………………………… 3
    1.1.4 文献信息检索及其类型 …………………………… 6
    1.1.5 检索语言、方法与途径 …………………………… 7
    1.1.6 检索结果的评价 …………………………………… 10
    1.1.7 Internet 环境下的文献信息检索 ………………… 11
    1.1.8 电子信息检索技术 ………………………………… 11
  1.2 Internet 重要化学化工网站导航 …………………………… 13
    1.2.1 按资源分类 ………………………………………… 13
    1.2.2 按学科分类 ………………………………………… 17
  1.3 Internet 入门 ……………………………………………… 20
    1.3.1 Internet 的历史 …………………………………… 20
    1.3.2 Internet 的基本应用 ……………………………… 22

Chapter 2 第 2 章 Google：一网打尽 ……………………………………… 28
  2.1 搜索引擎简介 ……………………………………………… 29
    2.1.1 搜索引擎基本原理 ………………………………… 29
    2.1.2 搜索引擎发展简史 ………………………………… 30
    2.1.3 Google 搜索引擎简介 ……………………………… 31
    2.1.4 选择 Google 的原因 ……………………………… 32
  2.2 Google 的基本搜索功能 …………………………………… 33
    2.2.1 关键词和检索式 …………………………………… 33
    2.2.2 检索结果界面与限定 ……………………………… 35
    2.2.3 检索结果的评价 …………………………………… 38
    2.2.4 搜索设置选项 ……………………………………… 38
  2.3 Google 的高级搜索功能 …………………………………… 39
    2.3.1 双引号与通配符 …………………………………… 39
    2.3.2 限定检索位置 ……………………………………… 42
    2.3.3 限定检索域 ………………………………………… 45

2.3.4 限定文件类型 ………………………………………………… 45
2.3.5 高级搜索界面 ………………………………………………… 46
2.3.6 特殊检索指令 ………………………………………………… 47
2.3.7 英文关键词的确定 …………………………………………… 48
2.3.8 一些搜索建议 ………………………………………………… 50
2.4 Google 的附属功能 …………………………………………………… 51
2.4.1 学术检索 ……………………………………………………… 51
2.4.2 专利检索 ……………………………………………………… 54
2.4.3 图书检索 ……………………………………………………… 56
2.4.4 图片检索 ……………………………………………………… 57
2.4.5 Google 翻译 …………………………………………………… 58
2.4.6 Google 快讯 …………………………………………………… 60
2.4.7 Google 镜像网站的问题 ……………………………………… 60
2.5 其他搜索引擎简介 …………………………………………………… 61
2.5.1 中文搜索引擎 ………………………………………………… 61
2.5.2 英文搜索引擎 ………………………………………………… 63

Chapter 3 第 3 章 中文文献数据库：拓展视野 …………… 64

3.1 学术论文及其结构 …………………………………………………… 65
3.1.1 学术论文的定义 ……………………………………………… 65
3.1.2 学术论文的类型 ……………………………………………… 65
3.1.3 学术论文的结构 ……………………………………………… 65
3.1.4 参考文献的格式 ……………………………………………… 68
3.2 中国知网 ……………………………………………………………… 70
3.2.1 知网简介 ……………………………………………………… 70
3.2.2 查找文献 ……………………………………………………… 73
3.2.3 结果分析 ……………………………………………………… 99
3.3 万方数据库 …………………………………………………………… 111
3.3.1 万方数据简介 ………………………………………………… 111
3.3.2 期刊导航 ……………………………………………………… 111
3.3.3 文献检索 ……………………………………………………… 112
3.3.4 检索结果处理 ………………………………………………… 117
3.3.5 全文阅读与扩展 ……………………………………………… 118
3.3.6 其他库简介 …………………………………………………… 120
3.4 维普数据库 …………………………………………………………… 123
3.4.1 维普数据库简介 ……………………………………………… 123
3.4.2 期刊文献检索 ………………………………………………… 124
3.4.3 获取全文 ……………………………………………………… 128
3.4.4 文献分析服务 ………………………………………………… 130

Chapter 4 第 4 章 SciFinder：一站式检索 ……………… 132

- 4.1 SciFinder 简介 …………………………………… 133
- 4.2 探索文献 ………………………………………… 134
  - 4.2.1 主题检索 …………………………………… 135
  - 4.2.2 作者检索 …………………………………… 140
  - 4.2.3 机构检索 …………………………………… 141
  - 4.2.4 期刊或专利检索 …………………………… 142
  - 4.2.5 获取相关文献 ……………………………… 144
  - 4.2.6 限定检索结果 ……………………………… 146
  - 4.2.7 分析检索结果 ……………………………… 147
  - 4.2.8 获取文献全文 ……………………………… 150
- 4.3 探索物质 ………………………………………… 153
  - 4.3.1 结构检索 …………………………………… 154
  - 4.3.2 专利文献结构检索 ………………………… 162
  - 4.3.3 分子式检索 ………………………………… 163
  - 4.3.4 性质检索 …………………………………… 164
  - 4.3.5 物质标识检索 ……………………………… 166
  - 4.3.6 结构检索结果精炼 ………………………… 166
  - 4.3.7 结构检索结果分析 ………………………… 168
  - 4.3.8 化学品信息 ………………………………… 169
- 4.4 探索反应 ………………………………………… 171
  - 4.4.1 反应检索 …………………………………… 171
  - 4.4.2 检索结果的精炼/限定 ……………………… 175
  - 4.4.3 检索结果的分析 …………………………… 177
- 4.5 附属功能和说明 ………………………………… 178
  - 4.5.1 检索结果的输出 …………………………… 178
  - 4.5.2 合并记录集 ………………………………… 179
  - 4.5.3 定题服务功能 ……………………………… 180
  - 4.5.4 科学记事簿 ………………………………… 182
  - 4.5.5 Web 版的注册 ……………………………… 183

Chapter 5 第 5 章 Web of Knowledge：价值发现 ……………… 185

- 5.1 Web of Knowledge 简介 ………………………… 186
- 5.2 Web of Science …………………………………… 187
  - 5.2.1 Web of Science 简介 ……………………… 187
  - 5.2.2 检索方法 …………………………………… 189
  - 5.2.3 检索结果处理 ……………………………… 197
  - 5.2.4 全文获取与导出 …………………………… 205
- 5.3 Derwent Innovations Index ……………………… 209
  - 5.3.1 专利检索方法 ……………………………… 209
  - 5.3.2 检索结果处理 ……………………………… 210
- 5.4 期刊引文报告 …………………………………… 214
  - 5.4.1 期刊引文报告与影响因子 ………………… 214
  - 5.4.2 期刊引用报告的检索方法 ………………… 215
- 5.5 中科院 SCI 杂志分区 …………………………… 218

Chapter 6 第6章 英文全文数据库：海阔天高 ………………… 222

  6.1 科学之巅 …………………………………………………… 223
    6.1.1 "Nature" 系列期刊 …………………………………… 223
    6.1.2 Science Online ………………………………………… 228
  6.2 学会出版物 ………………………………………………… 231
    6.2.1 美国化学会 …………………………………………… 231
    6.2.2 英国皇家化学会 ……………………………………… 236
    6.2.3 美国电化学会 ………………………………………… 241
    6.2.4 英国物理学会 ………………………………………… 244
  6.3 商业出版商 ………………………………………………… 248
    6.3.1 ScienceDirect（Elsevier）…………………………… 248
    6.3.2 Wiley Online Library ………………………………… 253
    6.3.3 Springer LINK ………………………………………… 258
    6.3.4 EBSCO（ASP）……………………………………… 262

Chapter 7 第7章 特种文献与事实数据：走向应用 ………… 267

  7.1 专利检索 …………………………………………………… 268
    7.1.1 专利入门 ……………………………………………… 268
    7.1.2 专利检索 ……………………………………………… 272
  7.2 标准与法规检索 …………………………………………… 287
    7.2.1 标准入门 ……………………………………………… 287
    7.2.2 标准检索 ……………………………………………… 288
    7.2.3 法规检索 ……………………………………………… 292
  7.3 物性数据检索 ……………………………………………… 294
    7.3.1 《CRC 化学物理手册》……………………………… 294
    7.3.2 ChemSpider …………………………………………… 299
    7.3.3 NIST Chemistry WebBook …………………………… 303
    7.3.4 与化学物质毒性相关的数据库 ……………………… 303
  7.4 试剂与仪器检索 …………………………………………… 307
    7.4.1 化学试剂 ……………………………………………… 307
    7.4.2 化学仪器 ……………………………………………… 309
    7.4.3 化工产品 ……………………………………………… 311
  7.5 电子图书和书目检索 ……………………………………… 314
    7.5.1 电子图书 ……………………………………………… 314
    7.5.2 书目检索 ……………………………………………… 319
    7.5.3 图书分类法简介 ……………………………………… 322

第 1 章 概论：以有限追求无限

Chapter 1

本章核心内容概览

> **文献信息检索基础**

- 什么是文献和信息？
- 科技信息的来源和类型
- 检索语言、方法和途径
- Internet 环境下的文献信息检索
- 为什么要进行文献信息检索？
- 如何开始文献信息检索？
- 检索结果的评价
- 电子信息检索技术基础

> **Internet 重要化学化工网站导航**

- 按资源分类
- 按学科分类

> **Internet 入门**

- Internet 的历史
- Internet 的基本应用

1.1 文献信息检索基础

1.1.1 文献与信息

文献（literature）是指记录有知识的一切载体，即用文字、符号、图像、音频等形式记录知识的物质载体都可以称为文献。文献具有三个基本属性，即知识性、记录性和物质性，具有存储知识、传递和交流信息的功能。文献产生的形式通常包括"著"、"编"、"述"和"译"四种。

文献对人类文明发展的作用是不容置疑的。从某种意义上来说，与其说人类与其他动物的主要区别是由于人类有语言和会使用工具，不如说人类能够把知识通过一定的载体保存传承下来，后人因此能够快速地获取过去数千年的知识积累。文献对于科技领域尤为重要，任何一项科学研究都必须在广泛搜集前人的研究资料的基础上，分析资料的种种形态，探求其内在的联系，进而作更深入的研究和创新。因此文献是科技进步和发展的基础。

化学（chemistry），是一门解释人类所处世界的物质组成、结构、性质和变化规律，然后在认识基础上对其进行管理和改造（创造）的科学。化学知识是化学、化工、材料、生物、医学、环境等学科的基础。化学文献就是人类对各种化学知识的记录，是前人的知识沉淀，有志于在自然科学和工程应用领域有所成就的人都有必须掌握化学文献的获取和利用技能。

信息（information），又称资讯，从不同的角度具有不同的含义。从广义上可以概括为：用文字、数字、符号、语言、图像等介质来表示事件、事物、现象等的内容、数量或特征，从而向人们（或系统）提供关于现实世界的事实和知识，作为生产、建设、经营、管理、分析和决策的依据。信息来源于数据（data），不随载体的物理形式的改变而改变。信息论奠基人香农（Shannon）认为"信息是用来消除随机不确定性的东西"，很好地说明了信息的价值。从本质上说，信息是反映现实世界的运动、发展和变化状态及规律的信号与消息。信息具有可传输性、适用性和共享性等特征。

知识（knowledge）是人类的主观世界对客观世界的概括和反映，是大量有组织的信息，是关于事实和思想的有组织的陈述，是提供某种经过思考的判断和某种实验的结果。知识可分为：Know-what（知道是什么），即事实方面的知识；Know-why（知道为什么），即自然原理和规律方面的知识；Know-how（知道怎样做），即技能和能力方面的知识；Know-who（知道谁有知识），即知道到哪里寻求知识的知识。

文献、信息和知识的关系如图 1-1 所示。在本书中将信息、知识认作广义的文献，而不进行严格区分，因为在进行科学研究和决策时，广义的文献更加全面。

1.1.2 文献信息检索的意义

所谓文献信息检索是指根据特定课题的需要，利用一定的文献信息源，从大量的文献中迅速和准确地翻检、查找与确认所需知识内容的活动、过程与方法。为什么要进行文献信息检索呢？前面已经说过，文献承载的就是前人的知识积累，要进行各项生产活动、解决生产活动中出现的问题，或者希望有所创新，首要步骤就是分析前人在本领域的知识积累。然而，随着人类社会和科学技术的快速发展，知识和信息迅速增加，记录知识信息的文献也随之增长，导致当今社会的文献信息出现数量庞大、增长迅速、广泛分散、交叉重复、类型多样、老化加剧、"时滞"变短、质量参差不齐等特征。换句话说，要获取有价值的信息来消除不确定性并非易事。进行文献信息检索、掌握文献信息检索的技术，就是要解决获取知识

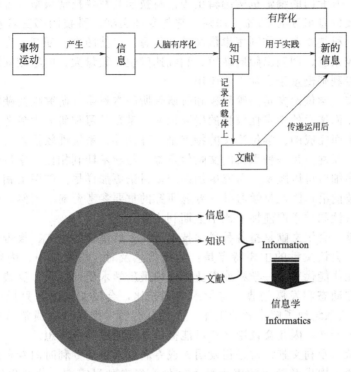

图 1-1 文献、信息与知识的关系

的迫切需要与获取有用知识的困难之间的矛盾,最终使检索者创造性地解决人们生活和生产活动中出现的各种科学和技术问题,或者为个人决策提供事实和技术依据。

学习文献信息检索的意义概括起来主要有:①文献信息检索是一项基本技能。当今社会,信息知识已经贯穿、渗透到人们的生活、生产和科研等各个领域,极大地影响着我们的生活、学习和工作。掌握文献信息检索技能可以提高自己查检、鉴别、选择与利用文献信息的能力,有利于获取新的信息,吸收所需的专门知识,从而更好地开展各种学习、科研和管理活动。②掌握文献信息检索技能有助于了解和把握有关学科的起源和发展过程。③掌握文献信息检索技能有助于扩大视野,了解和把握有关学科中出现的新思想、新观点与新知识。④掌握文献信息检索技能是接受终身教育的重要途径。总之,文献信息检索就是打开知识宝库的金钥匙,它使我们能够站在巨人的肩膀上,获得一个更高的起点!

1.1.3 科技文献信息来源与类型

要进行文献信息检索,首先要知道文献与信息的来源。

1.1.3.1 按出版形式划分

按出版形式,科技文献包括十大信息源。

(1) 科技图书　科技图书是一种重要的科技文献源,它大多是对已发表的科技成果、生产技术知识和经验的概括论述。与科技期刊相比,图书的内容比较成熟、资料比较系统,因此在科学研究中主要作为入门工具,可以获取某一专题的较全面、较系统的知识,但缺点是时效性较差,不能及时反映科技前沿的进展。科技图书的范围较广,主要包括学术专著、教材、参考工具书(手册、年鉴、百科全书、辞典、字典等)等。

(2) 科技期刊　期刊(periodicals)也称杂志(journals),一般是指那些定期出版、汇集了多位著者论文的连续出版物。科技期刊的特点是:每种期刊都有固定的名称和版式,有连续的出版序号，有专门的编辑机构编辑出版。科技期刊在科技情报来源方面占有极重要地位，约占整个科技信息来源的 65%～70%。它与专利文献、科技图书三者被视为科技文献的三大支柱，也是科技查新工作利用率最高的文献源。科技图书、期刊、专利文献三者的区别是：图书体系较系统；期刊出版周期短；刊载速度快，数量大，内容较新颖丰富，能及时反应科学进展；专利则侧重于实际工业应用。

(3) 学位论文　学位论文是高等院校和科研院所的本科生、研究生为获得学位资格（博士、硕士和学士）而撰写的学术性较强的研究论文，是在学习和研究中参考大量文献并进行科学研究的基础上而完成的。学位论文的特点是：理论性、系统性较强，内容专一，阐述详细，具有一定的创新性，是一种重要的文献信息源。与学术期刊相比，学位论文由于篇幅要长很多，因此很多细节可以顾及，研究更加系统，讨论更加详尽。与图书相比，学位论文能够反映最新的科技前沿，因此是学习某一专题研究的重要参考资料。当然，学位论文也存在缺点，主要是时效性和学术严谨性上比不上期刊论文。

(4) 会议文献　会议文献是指各种科学技术会议上所发表的论文、报告稿、讲演稿等与会议有关的文献。会议文献的主要特点是：传播信息及时、论题集中、内容新颖、专业性强、质量较高，往往能代表某一学科或专业领域内最新学术研究成果，反映了该学科或领域的学术水平、研究动态和发展趋势。与学术期刊相比，会议文献通常只提供摘要（没有全文），因此读者无法系统地了解作者的工作，而且其在学术严谨性上通常参差不齐，但正是由于其无需要过于严谨，因此会议论文有可能提出超前的思路或猜想。

(5) 专利文献　专利文献通常是指发明人或专利权人申请专利时向专利局所呈交的一份详细说明发明目的、构成及效果的书面技术文件，经专利局审查，公开出版或授权后的文献。广义的专利文献还包括专利公报及专利的各种检索工具。专利文献的特点是：数量庞大，报道快，学科领域广阔，内容新颖，具有实用性和可靠性。

(6) 标准文献　标准文献是技术标准、技术规格和技术规则等文献的总称。它们是记录人们在从事科学试验、工程设计、生产建设、商品流通、技术转让和组织管理时共同遵守的技术文件。其主要特点是：能较全面地反映标准制定国的经济和技术政策，技术、生产及工艺水平，自然条件及资源情况等；能够提供许多其他文献不可能包含的特殊技术信息。标准文献具有严肃性、法律性、时效性和滞后性。标准文献是准确了解标准制定国社会经济领域各方面技术信息的重要参考。

(7) 科技报告　科技报告是科学技术工作者围绕某个课题研究所取得的成果的正式报告，或对某个课题研究过程中各阶段进展情况的实际记录。科技报告的特点是：单独成册，所报道成果一般必须经过主管部门组织有关单位审定、鉴定，其内容专深、可靠、详尽，而且不受篇幅限制，可操作性强，报告迅速。有些报告因涉及尖端技术或国防问题等，所以控制发行，获取较难。

(8) 政府出版物　政府出版物是指各国政府部门及其设立的专门机构发表、出版的文件，可分为行政性文件（如法令、方针政策、统计资料等）和科技文献（包括政府所属各部门的科技研究报告、科技成果公布、科普资料及技术政策文件等），其中科技文献占 30%～40%。政府出版物的特点是：内容可靠，与其他信息源有一定重复。借助于政府出版物，可以了解某一国家的科技政策、经济政策等，而且对于了解其科技活动、科技成果等，有一定的参考作用。

(9) 产品资料　产品资料是厂商为推销产品而印发的介绍产品情况的文献，包括产品样本、产品说明书、产品目录、厂商介绍等。其内容主要是对产品的规格、性能、特点、构造、用途、使用方法等的介绍和说明，所介绍的产品多是已投产和正在行销的产品，反映的技术比较成熟，数据也较为可靠，内容具体、通俗易懂，常附较多的外观照片和结构简图，形象、直观。但产品资料的时间性强，使用寿命较短，且多不提供详细数据和理论依据。大多数产品资料以散页形式印发，有的则汇编成，还有些散见于企业刊物、外贸刊物中。产品资料是技术人员设计、制造新产品的一种有价值的参考资料，也是计划、开发、采购、销售、外贸等专业人员了解各厂商出厂产品现状、掌握产品市场情况及发展动向的重要信息源。

（10）报纸　报纸以及广播、电视等大众传媒，传递信息快，信息量大，现实感强，传播面广，具有群众性和通俗性，是重要的社会舆论工具和信息源。不过报纸中报道的新闻或评论，其作者多为非科技专业人员，因此其内容的专业性和学术性明显不足，有时候甚至会对大众进行错误的引导，读者需要结合事实和专业知识进行阅读和判断。一些专门刊登科技类文献的报纸对了解当前的学科前沿和水平以及科学新闻很有益处。

1.1.3.2　按加工层次划分

人们在利用文献传递信息的过程中，为了便于信息交流，对文献进行了不同程度的加工，因此形成了不同层次的文献信息资料。

（1）零次文献　即未公开或未出版的原始文献资料，例如各类手稿、笔记、书信、内部交流资料等，也包括直接口头交流获取的信息。

（2）一次文献　也称为原始文献，是作者以生产与科研工作成果为依据，而创作、撰写形成、首次公开的文献。如期刊论文、科技报告、会议论文、专利说明书等。一次文献信息源的内容比较新颖、具体，具有创新性、学术性或实验性等明显特征，是最主要的文献信息源和检索源。

（3）二次文献　是指对一次文献信息资源信息进行加工、提炼、浓缩，而形成的工具性文献信息资源。它反映一次文献信息资源的外部特征和内容特征及其查找线索，并将分散、无序的原始文献信息有序化、系统化，使其更易被检索和利用，如目录、题录、文摘、索引、各种书目数据库等，是文献信息资源检索的主要工具。

（4）三次文献　是指对一次文献信息资源和二次文献信息资源的内容进行综合分析、系统整理、浓缩、评述等深加工，而形成的文献信息资源。如综述、述评、词典、百科全书、数据手册、年鉴、书目之书目等。三次文献信息资源的内容综合性强、信息量大，通常也可用作检索工具。

1.1.3.3　按载体形式划分

（1）印刷型　也称为纸质文献，是以手写、打印、印刷等为记录手段，将信息记载在纸张上形成的文献。它是传统的文献形式，便于阅读和流传，但存储密度小、体积大，不便于管理和长期保存。

（2）缩微型　是利用光学技术以缩微照相为记录手段，将信息记载在感光材料上形成的文献，如缩微胶卷、缩微胶片。特点是存储密度大、体积小，便于保存和传递，但必须借助专门的设备才能阅读。

（3）视听型　也称音像文献，是采用录音、录像、摄影、摄像等手段，将声音、图像等多媒体信息记录在光学、磁性材料上形成的文献。如音像磁带、唱片、幻灯片、激光视盘等。特点是形象、直观，尤其适于记录用文字、符号难以描述的复杂信息和自然现象，但其制作、阅读需要利用专门设备。

（4）电子型　也称数字化文献，是指以数字代码方式将图、文、声、像等信息存储到磁、光、电介质上，通过计算机或类似设备阅读使用的文献。电子型文献种类多、数量大、内容丰富，如各种电子图书、电子期刊、联机数据库、网络数据库、光盘数据库等。特点是信息存储量大，出版周期短、易更新，传递信息迅速，存取速度快，可以融文本、图像、声音等多媒体信息于一体，信息共享性好、易复制。电子型文献是本书主要探讨的文献形式。

1.1.4 文献信息检索及其类型

信息检索其实包含了两个层次的意思，即信息存储（storage）和信息获取（retrieval）。信息存储是将大量无序的信息集中起来，根据信息源的外表特征和内容特征，经过整理、分类、浓缩、标引等处理，使其系统化、有序化，并按一定的技术要求建成一个具有检索功能的数据库或检索系统，供人们检索和利用。而信息获取，或称之为狭义的信息检索（information retrieval），是指利用编制好的检索工具或信息系统，运用一定的检索方法和技巧，从已经组织好的大量文献集合中，查找（browse/search）以获取相关的文献的过程。信息存储是信息获取的前提和基础，而获取是存储的目的，两者密切相关，互为依存。当然，由于信息存储通常是由特定机构或组织完成的，因此狭义上的信息检索主要是指信息获取的过程，这也是本书中主要讨论的内容。不过，本书对于信息存储的基本原理也会做一定的介绍，以便使学习者能够掌握检索的高级技巧，能更加有效地获取信息。

信息检索的类型按照检索结果的内容划分为文献检索（document retrieval）、数据检索（data retrieval）和事实检索（fact retrieval）三种。文献检索是信息检索的主体，是以文献原文、文摘、题录、作者等为检索对象的一种检索。文献检索是一种相关性检索，它不能够直接提供用户所提出的技术问题的答案，只能提供了相关的参考资料供用户参考。数据检索，主要是获取相关的统计数字、统计图表、工程数据、技术参数、化学结构和反应式等。数据检索是一种确定性检索，检索结果能够提供确切的数据或数据范围，以直接回答用户所提出的问题。事实检索是获取某一事件发生的时间、地点、人物、过程和情景等事实。事实检索也是一种确定性的检索，即能够获取确定的事实，至于通过发生的事实能够得到什么样的推论，则需要进一步的分析和推理。

信息检索按文献检索的手段可划分手工检索和计算机检索两种。手工检索是指用户使用各种印刷型检索工具，包括目录、题录、索引、文摘等来获取相应的文献信息来源，并最终获取全文的过程。手工检索发源于图书馆的图书目录索引工作，后来随着科技期刊的大力发展，相应检索工具以文摘为主要形式逐渐发展为独立的出版物，典型的如美国《化学文摘》（"Chemical Abstracts"，简称 CA）、美国《工程索引》（"The Engineering Index"，简称 EI）。计算机检索是将大量的数字化的文献信息按一定的组织方式存储在计算机系统中，用户通过计算机来模拟人的手工检索过程，计算机将检索者输入检索系统的检索提问（即检索标识）按检索者预先制定的检索策略与文献数据库中的存储标识进行类比、匹配运算，通过"人机对话"而检索出所需要的文献的过程。手工检索是计算机检索的基础，计算机检索是手工检索的发展。从检索原理来讲，手检与机检并无差别，在进行检索之前都要进行检索课题的分析、检索工具的选用、根据检索课题的要求制定检索策略、选择检索途径和检索方法，然后才能进行检索操作。当然，相对手工检索，计算机检索的速度更快，信息存储更大，信息的类型更多样化、信息获取更加便捷。本教材主要讨论计算机检索，基本不讨论印刷型文献，这是为了适应当前海量信息存储和获取，以及知识数字化的大趋势。此外，本书是主要研究基于 Internet 环境下的检索，这一提法与计算机检索最大的差别在于数据系统与检索者的相对地理位置。网络是一种联机方式，它意味着允许信息存储系统（数据库）远离检索者所在的计算机，并且检索者无需要在某一固定的计算机终端上操作，而是可以在任何 Internet 接入设备上完成检索。

要进行信息检索就必须利用检索工具。所谓检索工具是指用于存储、查找和报道信息的系统化文字描述工具，是目录、文摘、索引、指南等的统称。

检索工具的特点包括：①详细描述文献的内容特征和外表特征；②每条文献记录必须有检索标识；③文献条目按一定顺序形成一个有机整体；④能够提供多种检索途径。

检索工具的类型包括：①目录型检索工具；②题录型检索工具；③文摘型检索工具；④索引型检索工具；⑤全文检索工具。

检索工具按收录范围划分为：①综合性检索工具，如《科学引文索引》、《中国期刊全文数据库》；②专科性检索工具，如《化学文摘》；③专题性检索工具，一般是内部使用的特色数据库；④全面性检索工具；⑤单一性检索工具。

检索工具按时间范围划分为预告性检索工具、现期通报性检索工具、回溯性检索工具等。

1.1.5 检索语言、方法与途径

1.1.5.1 检索语言

信息检索语言是信息组织与信息检索时所用的语言，即应文献信息的加工、存储和检索的共同需要而编制的一种专门的人工语言，是表达一系列概括文献信息内容和检索课题内容的概念及其相互关系的一种概念标识系统。检索语言在信息检索中起着极其重要的作用，它是沟通信息存储与信息检索两个过程的桥梁。在信息存储过程中，用它来描述信息的内容和外部特征，从而形成检索标识；在检索过程中，用它来描述检索提问，从而形成提问标识；当提问标识与检索标识完全匹配或部分匹配时，即为命中文献。

1.1.5.1.1 具体要求

检索语言的具体要求包括：a. 特征，标引文献信息内容及其外表特征，保证不同标引人员表征文献的一致性；b. 相关性，对内容相同及相关的文献信息加以集中或揭示其相关性；c. 有序化，使文献信息的存储集中化、系统化、组织化，便于检索者按照一定的排列次序进行有序化检索；d. 一致性，便于将标引用语和检索用语进行相符性比较，保证不同检索人员表述相同文献内容的一致性，以及检索人员与标引人员对相同文献内容表述的一致性；e. 高全准率，保证检索者按不同需要检索文献时，都能获得高的查全率和查准率。

1.1.5.1.2 分类

信息检索语言依其划分方法的不同，其类型也不一样。

（1）按表达文献的特征划分　检索语言可分为：a. 表达文献内容特征的检索语言，主要是指所论述的主题、观点、见解和结论等；b. 描述文献外部特征的检索语言，主要是指文献的题名（题目）、作者姓名、出版者、报告号、专利号等（图1-2）。将不同的文献按照题名、作者名称的字序进行排列，或者按照报告号、专利号的数序进行排列，所形成的以题名、作者及号码的检索途径（索引）来满足用户需求的检索语言。

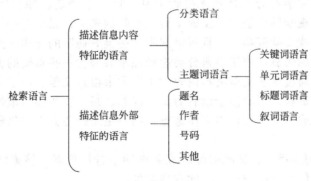

图 1-2　检索语言

（2）按照标识的性质与原理划分　可分为三大类。

① 分类语言　以数字、字母或字母与数字结合作为基本字符，采用字符直接连接并以

圆点（或其他符号）作为分隔符的书写法，以基本类目作为基本词汇，以类目的从属关系来表达复杂概念的一类检索语言。以知识属性来描述和表达信息内容的信息处理方法称为分类法。著名的分类法有《国际十进分类法》、《美国国会图书馆图书分类法》、《国际专利分类表》、《中国图书馆图书分类法》等。

② 主题语言 以自然语言的字符为字符，以名词术语为基本词汇，用一组名词术语作为检索标识的一类检索语言。以主题语言来描述和表达信息内容的信息处理方法称为主题法。主题语言又可分为标题词、元词、叙词、关键词。

a. 标题词：指从自然语言中选取并经过规范化处理，表示事物概念的词、词组或短语。标题词是主题语言系统中最早的一种类型，它通过主标题词和副标题词固定组配来构成检索标识，只能选用"定型"标题词进行标引和检索，反映文献主题概念必然受到限制，不适应时代发展的需要，目前已较少使用。

b. 元词：元词又称单元词，是指能够用以描述信息所论及主题的最小、最基本的词汇单位。经过规范化的能表达信息主题的元词集合构成元词语言。元词法是通过若干元词的组配来表达复杂的主题概念的方法。元词语言多用于机械检索，适于用简单的标识和检索手段（如穿孔卡片等）来标识信息。

c. 叙词：叙词是指以概念为基础，经过规范化和优选处理的，具有组配功能并能显示词间语义关系的动态性的词或词组。一般来讲，选取的叙词具有概念性、描述性、组配性。经过规范化处理后，还具有语义的关联性、动态性、直观性。叙词法综合了多种信息检索语言的原理和方法，具有多种优越性，适用于计算机和手工检索系统，是目前应用较广的一种语言。CA、EI 等著名检索工具都采用了叙词法进行编排。

d. 关键词：关键词是指出现在文献标题、文摘、正文中，对表征文献主题内容具有实质意义的语词，对揭示和描述文献主题内容是重要的、关键性的语词。关键词法主要用于计算机信息加工抽词编制索引，因而称这种索引为关键词索引。

③ 代码语言 指对事物的某方面特征，用某种代码系统来表示和排列事物概念，从而提供检索的检索语言。例如，根据化合物的分子式这种代码语言，可以构成分子式索引系统，允许用户从分子式出发，检索相应的化合物及其相关的文献信息。

1.1.5.2 检索途径

文献信息检索的途径与检索语言是对应的，因为检索语言的设定其实就是为了存储和检索信息而准备的，因此可以为每类检索语言建立对应的索引，然后就能够实现快速定位和检索。常用的检索途径如下：

（1）分类途径 按学科分类体系来检索文献。这一途径是以知识体系为中心分类排检的，因此，比较能体现学科系统性，反映学科与事物的隶属、派生与平行的关系，便于我们从学科所属范围来查找文献资料，并且可以起到"触类旁通"的作用。然而，由于当今自然科学各学科交叉越来越明显，使用学科分类途径经常会漏检一些重要的文献。

（2）主题途径 通过反映文献资料内容的主题词来检索文献。由于主题法能集中反映一个主题的各方面文献资料，因而便于读者对某一问题、某一事物和对象做全面系统的专题性研究。通过主题目录或索引，可以很方便地查到同一主题的各方面文献资料，这也是最为常用的检索途径。

（3）题名/关键词途径 在文献的标题或关键词中进行检索，检索结果相关度较好，但由于标题和关键词的信息量比较少，因此容易漏检。

（4）著者途径 从著者、编者、译者、专利权人的姓名或机关团体名称字顺进行检索的途径统称为著者途径，根据著者检索会存在同名同姓以及英文名称（或拼音）书写顺序的问题。

(5) 引文途径　文献所附参考文献或引用文献，是文献的外表特征之一。利用这种引文而编制的索引系统，称为引文索引系统，它提供从被引论文去检索引用论文的一种途径，称为引文途径。

(6) 序号途径　有些文献有特定的序号，如专利号、报告号、合同号、标准号、国际标准书号和刊号等。文献序号对于识别一定的文献，具有明确、简短、唯一性特点。依此编成的各种序号索引可以提供按序号自身顺序检索文献信息的途径。

(7) 代码途径　利用事物的某种代码编成的索引，如分子式索引、结构索引、环系索引等，可以从特定代码顺序进行检索。

1.1.5.3　检索方法

学习文献信息检索首先要掌握检索方法，因为检索方法与检索结果效率和有效性直接有关。检索方法按"查"（browse，浏览）和"找"（search，搜索），以及时间顺序可以分成以下四种：

(1) 常用法　是指直接利用检索系统（工具）检索文献信息的方法。它又分为顺查法、倒查法和抽查法。顺查法是指按照时间的顺序，由远及近地利用检索系统进行文献信息检索的方法。这种方法能收集到某一课题的系统文献，它适用于较大课题的文献检索。倒查法是由近及远、从新到旧，逆着时间的顺序利用检索工具进行文献检索的方法，此法的重点是放在近期文献上，因此使用这种方法可以最快地获得最新资料。抽查法是指针对项目的特点，选择有关该项目的文献信息最可能出现或最多出现的时间段，利用检索工具进行重点检索的方法。

(2) 追溯法　又称引文法，是指不利用一般的检索系统，而是利用文献后面所列的参考文献，逐一追查引用文献原文，然后再从这些原文后所列的参考文献目录逐一扩大文献信息范围，一环扣一环地追查下去的方法。这种方法像滚雪球一样，依据文献间的引用关系，获得相关的检索结果，其优点是较省时间且结果相关度极高，缺点是检索结果不够全面。美国《科学引文索引》（"Science Citation Index"，简称 SCI）就是按照这一原理编制的检索工具，它保证了文献之间较强的相关性和学术逻辑关系。

(3) 综合法　又称分段法。它是分期交替使用直接法和追溯法，以期取长补短，相互配合，获得更好的检索结果。

(4) 直接浏览法　不依赖任何检索工具或系统，直接阅读文献来源，包括全文、文摘或目录，以便获取与课题相关的文献。这种方法简单，但检索结果不够全面，只适合于特定情况下的检索，例如对于某种已经确定的杂志中出现的感兴趣的主题的检索。

1.1.5.4　检索步骤

要进行检索首先必须有一个检索的起点，即检索的课题。所谓课题，其实就是具有较大研究价值的、急需解决的、科学技术方面的"矛盾或冲突"所在。获得一个检索课题的方法有两种：一种是自己通过实验或生产活动，观察和思考获得的一个新的研究课题；另一种是利用别人研究的课题。对于科研专家，前一种获得课题的方法是比较常见的，但对于刚开始学习做科研的人，多数是以一个别人正在研究的课题为起点，而不是自己"想"出来一个课题，因为初级研究者很难提出一个比较有价值的学术课题。要获得一个别人正在研究的课题有两种比较简单的途径：一种是直接向高年级的研究生或老师要一个研究课题；另一种是从最新的本领域的核心期刊中寻找一个自己有兴趣且力所能及的研究题目。利用这种方法获得的课题，往往有研究的必要性和较大的现实研究意义，紧跟科学研究前沿，并且具有切实的可行性的（可预期性）。

表 1-1 列举了化学相关学科的部分核心期刊，学生可以选择某一期刊，将期刊的名称在互联网中检索，就能获得期刊官方网站的网址，通过浏览近期发表的论文标题，最终确定选

题。要说明的是，一开始就以一个正式发表的英文论文选题作为检索课题，虽然增加了学生的入门困难，但这是最快切入本学科研究前沿的方法。而本学科的科技前沿课题，正是研究者开展研究工作的方向所在。

表 1-1 化学相关学科核心期刊推荐

学科名称	核心期刊名称
综合	Nature
	Science
化学	Journal of the American Chemical Society
	Angewandte Chemie International Edition
	Chemical Communications
材料	Advanced Materials
	Nano Letters
环境	Environmental Science & Technology
	Applied Catalysis B: Environmental
能源	Energy & Environmental Science
	Electrochemistry Communications
	Journal of Power Sources
物理	Physical Review Letters
	Applied Physics Letters

在确定检索课题的基础上，具体文献检索的步骤一般分为：①分析研究课题，明确检索要求；②选择检索工具；③制定检索策略、途径和方法；④根据文献线索，查阅原始文献。在这个过程中，随着检索的深入，这 4 个步骤并不是简单的线性过程，而是要经过反复多次的循环，才能最终获取比较满意的结果。

1.1.6 检索结果的评价

对于检索系统来说，检索效果（retrieval effectiveness）是指检索系统检索的有效程度，它反映检索系统的能力。检索效果包括技术效果和经济效果两方面，技术效果主要指系统的性能和服务质量，它是由检索系统实现其功能的能力所确定的；经济效果主要指检索系统服务所花费的成本和时间，它是由检索系统完成其检索服务的代价所确定的。评价检索效果的指标有 6 项，包括：收录范围、查全率、查准率、响应时间、用户负担及输出形式。其中两个主要的衡量指标是查全率（recall ratio）和查准率（precision ratio）。查全率可由"被检出的相关文献数量"除以"检索系统中相关文献总量"求得，查准率可由"被检出的相关文献数量"除以"被检出的文献总量"求得。从不同检索语言出发得到的实验结果都表明了查全率与查准率之间存在对立关系，即查全率高时，查准率较低，反之亦然。

对于检索者来说，如何在较短的时间内，根据研究课题获得同时平衡了查全率和查准率的检索结果，是评价检索者检索能力的重要指标。要说明的是，以上的评价方法其实是基于定量的，定性的评价还应该包括检索结果的可信度和重要性等。另外，虽然查准率和查全率互为影响，但通常情况下，查准率明显要重要于查全率，因为大多数问题其实只需要一个或若干个可能的或有用的答案即可，并不是答案越多越好，除非是科技查新才比较重视查全率。通常提高检索效率的措施包括：选择合适的检索工具、准确使用检索语言、使用泛指性的检索语言以提高查全率、使用专指性的检索语言以提高查准率、善于利用各种辅助索引等。

1.1.7 Internet 环境下的文献信息检索

互联网的出现极大地改变了信息出版、信息存储和信息交流的方式，也极大地促进了信息处理技术的发展。

网络环境下信息的新特点包括：①信息类型的多样化，无论是出版的方式、文档的类型、媒体的形式，还是存储的介质，都发生了极大的变化；②数量和内容得到了极大的丰富，在互联网条件下，除了原有出版机构，可以说所有网络用户都参与了信息的"出版"，信息数量呈几何级数增长；③信息的分散性，互联网是一个分布式网络系统，各种信息存储在各类服务器甚至个人电脑上，并且其位置地址经常会发生变动，信息之间仅依靠超链接进行联系；④信息的共享性高，由于互联网实现了不受时间、地理、国界限制的联网，而且绝大多数信息都是数字化信息，因此信息很容易实现共享和交流；⑤信息更新非常速度快。

相对于传统的印刷型手工检索，计算机检索的最大优点是速度快，因此能够从更大信息量的资料中查找到相关的文献信息，而且可以随时修改检索方法和策略来获得不同的检索结果。而 Internet 提供了分布式的数据存储和检索系统，这极大地方便了服务商对所提供信息的管理和维护，并能够保证信息的一致性和时效性，也极大地使检索用户摆脱了时间、地点和终端数量上的限制，某种程度上也降低了获得文献信息的费用。此外，利用 Internet 可以从多个信息来源获取信息，从而对单一信息来源的文献资料进行补充、检验、确认、评估，并能实现用户间实现的交流和即时互动。

正是基于以上理由，特别是考虑到目前 Internet 文献检索系统已经相当成熟，考虑到印刷型科技检索工具正在逐渐退出历史舞台，而传统的基于光盘系统的机检或专线联机检索系统已经不适应时代的要求，本书将从 Internet 环境下的视角来认识和介绍文献与信息检索技术。

1.1.8 电子信息检索技术

基于电子信息的检索技术与传统的检索方式存在较大的差异。其主要原因是电子计算机在本质上是一种逻辑运算工具，其优势是运算速度极快，只要使用的逻辑是正确的，计算机可以在极短时间里寻找到与检索主题相关的大量信息。因此，在电子信息环境下，成功检索的关键在于构建有效的检索式，而高效检索式的关键，在于检索词的确定和逻辑运算符的使用。

1.1.8.1 布尔逻辑运算符

布尔逻辑运算符是由英国学者乔治·布尔发明的，用于表示多个词或事物之间的逻辑关系，主要包括逻辑"与"、逻辑"或"和逻辑"非"三种类型（表 1-2），通常用 AND、OR、NOT 表示。用布尔逻辑运算符连接检索词形成的检索式称为布尔逻辑检索式。布尔逻辑检索式是计算机信息检索中最常用的检索表达式。

运算符优先级顺序为 NOT、AND、OR，可以用括号"（ ）"改变它们的运算顺序。如 A and (B or C)，检索顺序为先检索 B 或 C，然后再与 A 进行交叉限定检索。

1.1.8.2 其他类型运算符

除了布尔逻辑关系，在实际计算机检索中，还必须配合一些较为特殊的运算符来进一步限定和构建更加复杂的检索式。不同的信息检索系统，所使用的运算符是不同的，需要通过阅读系统的使用说明来确定，下面介绍一些较为常见的运算符。

（1）词组检索　通常可以在所检索词上加双引号（" "）对所检索词视为词组进行处理，即双引号内作为整体不允许分拆。

表 1-2 布尔逻辑运算符

逻辑算符	含 义	表示关系	作用及表达
与(AND)	检索出的记录必须同时含有所有的检索词	概念交叉和限定 A and B 逻辑"与"运算	缩小检索范围,提高查准率 A and B
或(OR)	检出的结果中只需满足检索项中的任何一个或同时满足即可	并列关系 A or B 逻辑"或"运算	组配相同概念的检索词,如同义词、近义词等。扩大检索范围,提高查全率 A or B
非(NOT)	检出的记录中只能含有 NOT 算符前的检索词,不能同时含有其后的检索词	概念删除关系 A not B 逻辑"非"运算	缩小检索范围,提高检索的专指度 A not B

(2) 截词检索 截词在英文检索中经常使用,用于解决由于单词词性、单复数和动词不同形式引起的英文词尾的变化,或者用于检索一类有部分相同书写结构的词等。其目的是预防漏检,提高查全率。具体来说是使用截词符来代替检索词中的一个或若干个字母,因此截词符其实也就是通配符。按照截词的位置,可分为:后截词(前方一致)、前截词(后方一致)、中截词(中间不一致)。常用的截词符包括"*"和"?"。前者称为无限截词,代表若干个字符符号;后者称为有限截词,代表 0 个或 1 个字符。具体使用依不同检索系统的设置为准。

(3) 位置检索 利用位置逻辑算符来限定检索词与检索词之间的位置关系,从而使检索出的文献更确切地符合用户要求,提高查准率。在不同的检索系统中,所采用的位置算符是不同的,功能也有差异。例如使用 Near 运算符代表其前后两个检索词之间必须靠得很近或在同一个句子中。

(4) 限制检索 通过限制检索范围,缩小检索结果,达到精确检索的方法。检索方式主要包括限定字段检索和限定范围检索。限定字段检索是将检索词限定在特定的字段中。例如题名用 TI、作者用 AU、出版年份用 PY 表示。限定范围是限定检索的区间,典型的是限定时间或域名等。

(5) 二次检索 指在前一次检索的结果(记录集)中进行另一检索词的检索,以进一步缩小检索结果,提高查准率,更复杂的二次检索是对多个检索结果(记录集)进行布尔逻辑运算。

1.2 Internet 重要化学化工网站导航

要进行信息检索，首先是分析课题，然后选择合适的检索工具，再次才是确定检索的方法和策略。选择错误的检索工具，就相当于要在英文字典里查找中文，不管使用何种检索方法和技巧，显然是徒劳无功的。在 Internet 环境下，所谓检索工具其实就是特定网站（Website）提供的某类信息检索服务，检索就是用户进行人机交互，获得各种相关的信息或资源的过程。基于这样的考虑，在讨论如何"检索"信息之前，本部分将对 Internet 上重要的化学化工网站进行分类罗列，以便让学习者了解到 Internet 上都能提供哪些类型的信息和服务（即广义上的检索工具）。要说明的是，Internet 上的化学化工网站数量繁多，这里只是选择性地列举了极小的部分，仅仅是希望以此展现其丰富和多样化的内容和服务形式。另外，Internet 资源的其中一个缺点是网址经常会发生变动，遇到这种情况时，可以在搜索引擎中输入网站名称或网址中的关键词进行搜索，一般情况下就会获得新的访问网址了。

以下网站按照资源类型（功能）和学科类型进行分类，所有网站均按照："网站名称 ＋（网站说明）＋ 网址"的形式给出，学习者可以结合自己的兴趣，自行浏览其中部分网站，以进一步熟悉和了解 Internet 上的化学化工相关资源。

1.2.1 按资源分类

（1）搜索引擎与化学门户
- Google（全球最大通用搜索引擎）http：//www.google.com/
- 百度（全球最大中文搜索引擎）http：//www.baidu.com
- ChemWeb（化学虚拟社区）http：//www.chemweb.com/
- Chemie.de（化学搜索引擎）http：//www.chemeurope.com/en/search/
- Links for Chemists（化学信息导航）http：//www.liv.ac.uk/Chemistry/Links/links.html
- ChIN（中科院化学信息门户）http：//chin.csdl.ac.cn/
- Chemical Newsgroups（化学相关新闻组目录）http：//www.liv.ac.uk/Chemistry/Links/newsgroups.html
- Intute（科技资源导航）http：//www.intute.ac.uk/
- WorldWideScience.org（科技搜索引擎）http：//worldwidescience.org/

（2）文献检索类
- Google Scholar（Google 学术搜索）http：//scholar.google.com/
- Scirus（Elsevier 维护的学术信息搜索引擎）http：//www.scirus.com/
- SciFinder Scholar（CA 网络版入口）https：//scifinder.cas.org/
- ISI Web of Knowledge（SCI 检索入口）http：//www.isiknowledge.com/
- Ei CompendexWeb（EI 检索入口）http：//www.engineeringvillage.com/
- Dialog（联机检索系统）http：//www.dialog.com/
- ACS（美国化学会）http：//www.acs.org/
- RSC（英国皇家化学会）http：//www.rsc.org/
- ScienceDirect（Elsevier 出版的期刊网络版）http：//www.sciencedirect.com/
- InterScience（Wiley 出版的期刊网络版）http：//www.interscience.wiley.com/
- PQDT Open（硕博士论文）http：//pqdtopen.proquest.com/search.html
- Nature（《自然》杂志）http：//www.nature.com/

- Science（《科学》杂志）http://www.sciencemag.org/
- CNKI（中国期刊网）http://www.cnki.net/
- 万方（数字化期刊）http://www.wanfangdata.com.cn/
- 维普（中文科技期刊）http://www.cqvip.com/
- Derwent Innovations Index（德温特世界专利索引）http://www.isiknowledge.com/
- Google Patents（Google 检索专利搜索引擎）http://www.google.com.hk/?tbm=pts
- Free Patents Online（免费专利）http://www.freepatentsonline.com/
- Uspto（美国专利）http://patft.uspto.gov/
- Espacenet（欧洲及世界各国专利）http://worldwide.espacenet.com/
- 中华人民共和国国家知识产权局（中国专利）http://www.sipo.gov.cn/zljs/
- SooPAT（中国及世界专利搜索）http://www.soopat.com/
- IPDL（工业产权数字图书馆）http://www.ipdl.inpit.go.jp/homepg_e.ipdl
- WorldCat（世界各地图书馆馆藏目录）http://firstsearch.oclc.org/
- Library of Congress（美国国会图书馆）http://catalog.loc.gov/
- 中国国家图书馆·中国国家数字图书馆 http://www.nlc.gov.cn/
- CALIS（中国高等教育文献保障系统联合目录）http://opac.calis.edu.cn/opac/simpleSearch.do
- ISO（国际标准化组织）http://www.iso.org/

（3）物化数据类
- CRC Handbook of Chemistry and Physic（CRC 物理化学手册）http://www.hbcpnetbase.com/
- NIST Chemistry WebBook（化学数据参考）http://webbook.nist.gov/chemistry/
- ChemSpider（检索 1000 万个化合物的结构性质）http://www.chemspider.com/
- eMolecules（按化学结构搜索物性）http://www.emolecules.com/
- ChemDB Portal（化合物检索）http://www.chemdb-portal.cn/
- ASU Libraries：Property Data Index（物理、化学性质数据索引）http://www.asu.edu/lib/noble/chem/property.htm
- DiscoveryGate（MDL 数据库集成研究平台）https://www.discoverygate.com/
- ChemIDplus Lite（化合物信息检索）http://chem2.sis.nlm.nih.gov/chemidplus/chemidlite.jsp
- ZINC（330 万化合物结构及属性）http://blaster.docking.org/zinc/
- IUPAC/NIST Solubility Database（溶解数据库）http://srdata.nist.gov/solubility/sol_main_search.aspx
- Supercritical Solubility Database（超临界溶解度）http://database.iem.ac.ru/scf/
- 国家标准物质资源共享平台 http://www.ncrm.org.cn/
- 物竞化学品数据库 http://www.basechem.org/
- WebElements（网上元素周期表）http://www.webelements.com/
- Chemical Elements（网上元素周期表）http://www.chemicalelements.com/

（4）商业化工类
- 阿里巴巴（综合性电子商务站点）http://china.alibaba.com/
- 慧聪化工商务网（电子商务站点）http://www.hc360.com/
- chem.com（全球 500 家化学试剂生产厂家）http://www.chem.com/

- KellySearch（检索 4 万种化合物的厂商）http://www.kellysearch.com/
- LabHoo（实验室设备、产品、厂商目录）http://www.labhoo.com/
- 盖德化工网 http://china.guidechem.com/
- 化学工业资源搜索引擎 http://www.chemindustry.com/
- 化学品搜索引擎 http://www.chemindex.com/
- 中国化工信息网 http://www.cheminfo.gov.cn/
- ChemNet（中国化工网）http://www.chemnet.com.cn/
- ChemACX.com（化学品目录）http://www.chemacx.com/
- Alfa Aesar（化学品目录）http://www.alfa.com/
- ChemExper（化学品目录）http://www.chemexper.be/
- 阿拉丁试剂 http://www.aladdin-reagent.com/
- 中国化工设备网 http://www.ccen.net/
- 仪器信息网 http://www.instrument.com.cn/
- 中国化工仪器网 http://www.chem17.com/
- 中国化学仪器网 http://www.chemshow.cn/
- VWR International（实验室用化学品、仪器、设备等）https://us.vwr.com/
- China-1818.net（中国日化网）http://www.china-1818.net/

(5) 计算软件类
- Gaussian（高斯）http://www.gaussian.com
- HyperChem（分子模拟）http://www.hyper.com/
- aspen ONE（过程模拟）http://www.aspentech.com/
- Accelrys（数据库和软件工具）http://accelrys.com
- MDL Information Systems, Inc.（化学软件公司）http://www.mdli.com/
- Advanced Chemistry Development（化学软件公司）http://www.acdlabs.com/
- ChemSW（化学软件公司）http://www.chemsw.com/
- SGI（化学软硬件公司）http://www.sgi.com/industries/sciences/chembio/
- CambridgeSoft Corporation（化学软件公司）http://www.cambridgesoft.com/
- 创腾科技有限公司（计算化学软件）http://www.neotrident.com/
- 宏剑讯科软件技术有限公司（计算化学软件）http://www.hongcam.com.cn/
- Software Categories（化学软件目录）http://www.chemistry-software.com/categories.htm
- AMSOL（半经验量子化学计算）http://t1.chem.umn.edu/amsol
- ChemTK（QSAR 软件）http://www.sageinformatics.com/
- Q-Chem（量子化学计算软件包）http://www.q-chem.com
- WebMO（基于 3W 界面的计算化学软件包）http://www.webmo.net
- AOMix（分子轨道分析软件）http://www.sg-chem.net/aomix/
- WaveMetrics（数据处理、图形显示及编程工具）http://www.wavemetrics.com/
- KnowItAll（萨特勒红外光谱数据库、化学结构及光谱处理）http://www.knowitall.com/academic/welcome.html
- Miner 3D（数据可视化软件）http://www.miner3d.com/
- CrystalMaker Software（晶体结构可视化软件）http://www.crystalmaker.com/
- MOLMOL（生物大分子 3D 结构分析和显示、NMR 结构解析）http://www.mol.biol.ethz.ch/wuthrich/software/molmol/

- PowerMV（高通量筛选软件，统计分析、分子显示、相似性搜索等）http://nisla 05. niss. org/PowerMV/
- Umetrics（实验设计、多变量数据分析）http://www.umetrics.com/
- Deconvolution and Entropy Consulting（谱图分析）http://www.deconvolution.com/
- Scientific Instrument Services（质谱软件）http://www.sisweb.com/software.htm
- Origin（科技绘图及数据分析软件）http://www.originlab.com/
- SigmaPlot（科技绘图与数据处理）http://www.sigmaplot.com/
- XML-CML（化学标记语言相关软件）http://www.xml-cml.org/
- JCAMP-DX［国际纯粹与应用化学联合会（IUPAC）谱图数据格式］http://www.jcamp-dx.org/
- Jmol（分子可视化软件）http://jmol.sourceforge.net/
- chemoCR（化合物结构图片识别）http://infochem.de/en/mining/chemocr.shtml
- MDL Chime（在网页显示化学结构的插件）http://accelrys.com/products/informatics/cheminformatics/
- LabView（仪器编程软件）http://www.ni.com/labview/

（6）化学品安全类
- Where to find MSDS on the Internet（MSDS 资源导航）http://www.ilpi.com/msds/index.html
- MSDS-SEARCH（250 万 MSDS）http://www.msdssearch.com/msdssearch.htm
- ChemWatch（MSDS 数据库）http://www.chemwatch.net/
- SIRI MSDS Index（MSDS 资源）http://hazard.com/msds/
- 中文 MSDS http://cheman.chemnet.com/notices/
- Acute Toxicity Database（急性毒性数据库）http://www.cerc.usgs.gov/data/acute/acute.html
- IRIS（对人体有害物质信息库）http://www.epa.gov/iris/
- IPCS INCHEM（化学安全信息）http://www.inchem.org/pages/search.html
- TSCATS（毒性物质与环境数据库）http://www.srcinc.com/what-we-do/enviromental/scientific-databases.html
- Database of Intoxicated Cases due to Organic Solvents（有机溶剂中毒症例数据库）http://www.med.nagoya-u.ac.jp/hygiene/dicos/
- Right to Know Hazardous Substance Fact Sheets（危险品事实数据库）http://web.doh.state.nj.us/rtkhsfs/indexfs.aspx
- CAMEO Chemicals（危险化学品检索）http://cameochemicals.noaa.gov/
- Everything Added to Food in the United States（美国食品添加剂目录）http://www.fda.gov/Food/IngredientsPackagingLabeling/FoodAdditivesIngredients/ucm 115326.htm
- Carcinogenic Potency Database（致癌潜因数据库）http://potency.berkeley.edu/
- FIRE-CHEMISTRY List（火灾化学）http://www.jiscmail.ac.uk/lists/fire-chemistry.html
- Household Products Database（家用化学品健康与安全信息数据库）http://householdproducts.nlm.nih.gov/
- 中国食品安全网 http://foodsafety.ce.cn/

（7）其他类
- ISIHighlyCited（最有影响的科学家和学者）http://isihighlycited.com/

- The Nobel Prize in Chemistry（诺贝尔化学奖）http：//www.nobelprize.org/nobel_prizes/chemistry/
- IUPAC Nomenclature（IUPAC推荐的化学命名、符号、术语规则）http：//www.chem.qmw.ac.uk/iupac/
- Chemwiki（动态的化学百科全书）http：//chemwiki.ucdavis.edu/
- General Chemistry Glossary（常用化学术语）http：//antoine.frostburg.edu/chem/senese/101/glossary.shtml
- Encyclopaedia Britannica（不列颠百科全书）http：//www.britannica.com/
- Chemistry OpenCourseWare（麻省理工学院 化学开放课程）http：//ocw.mit.edu/courses/chemistry/index.htm
- PSCI-COM（科普讨论组）http：//www.jiscmail.ac.uk/lists/psci-com.html
- 国家自然科学基金委员会 http：//www.nsfc.gov.cn/
- 在线新华字典 http：//xh.5156edu.com/
- Online chemical dictionary（在线化工字典）http：//cheman.chemnet.com/dict/zd.html
- Graduate Schools（国外教育资源）http：//www.gradschools.com/

1.2.2 按学科分类

（1）无机化学
- IUPAC Stability Constants Database（金属配合物稳定常数数据库）http：//www.acadsoft.co.uk/
- KEGG LIGAND Database（配体数据库）http：//www.genome.jp/kegg/ligand.html
- Coordination Compounds（配位化合物教学资源）http：//www.chem.purdue.edu/gchelp/cchem/
- Inorganic Crystal Structure Database（无机晶体结构数据库）http：//icsd.ill.eu/icsd/index.html
- Crystallography Open Database（晶体结构数据）http：//www.crystallography.net/
- The Cambridge Crystallographic Data Centre（剑桥晶体结构数据库）http：//beta-www.ccdc.cam.ac.uk/pages/Home.aspx
- Chemical Database Service（化学数据服务中心）http：//cds.dl.ac.uk/
- Principal Metal Site on the Net（金属合金资源）http：//www.principalmetals.com/
- Database of Zeolite Structures（沸石结构数据库）http：//www.iza-structure.org/databases/
- Exploring the Table of Isotopes（同位素周期表）http：//ie.lbl.gov/education/isotopes.htm
- Radiation Chemical Data Center(放射化学数据中心)http：//www.rad.nd.edu/rcdc/
- Decay data search（放射性同位素核衰变数据查询）http：//ie.lbl.gov/toi/
- China Rare Earth Information Net（中国稀土信息网）http：//www.cre.net/

（2）有机化学
- Organic Chemistry Portal（有机化学门户）http：//www.organic-chemistry.org/
- Organic Chemistry Resource（有机化学资源）http：//www.organicworldwide.net
- Synthetic Pages（合成化学数据库）http：//cssp.chemspider.com/

- Chemical Synthesis Database（化学合成数据库）http：//www.chemsynthesis.com/
- SPRESIweb（化学反应、合成方法库）http：//www.spresi.com/
- Fluoride Action Network（氟化物行动网）http：//www.fluoridealert.org/

（3）分析化学
- spectroscopyNOW（光谱门户）http：//www.spectroscopynow.com
- Absorption or Emission spectra of elements（元素吸收和发射光谱）http：//jersey.uoregon.edu/elements/Elements.html
- Sadtler（红外谱图数据库检索）http：//www.bio-rad.com/
- Organic Compounds Database（有机物性质和光谱数据库）http：//www.colby.edu/chemistry/cmp/cmp.html
- ISMRM（核磁资源网）http：//www.ismrm.org/mr_sites.htm
- Natural Products 13C NMR Database（天然产物核磁数据库）http：//c13.usal.es/c13/usuario/views/inicio.jsp? lang=en&country=EN
- international mass spectrometry web resource（质谱资源）http：//www.i-mass.com/
- X-ray spectra Website（元素的X射线光谱）http：//ie.lbl.gov/xray/mainpage.htm
- Chromatography Online（液相-气相色谱）http：//www.chromatographyonline.com/lcgc/
- CASSS-An International Separation Science Society（色谱与分离）http：//www.casss.org/
- ChirBase（手性分离数据库）http：//chirbase.u-3mrs.fr/
- Applied Chemometrics（应用计量学）http：//www.chemometrics.com/

（4）物理化学
- ThermoDex（热力学数据手册）http：//www.lib.utexas.edu/thermodex/
- UIC Thermodynamics Research Laboratory（热力学数据、物性计算资源目录）http：//tigger.uic.edu/~mansoori/TRL_html
- NIST Chemical Kinetics Database（化学动力学数据库）http：//kinetics.nist.gov/kinetics/index.jsp
- Materials Science International Services（材料性质及相图）http：//www.msiport.com/
- Electrochemistry Dictionary and Encyclopedia（电化学资源）http：//electrochem.cwru.edu/ed/dict.htm
- NACE International-The Corrosion Society（腐蚀协会）http：//www.nace.org/home.aspx
- Database of Simulated Molecular Motions（计算机模拟的分子运动图像集）http：//projects.villa-bosch.de/dbase/dsmm/
- 量子化学网 http：//www.quantumchemistry.net/
- Photochemistry Database（光化学文献数据库）http：//pchem.chemres.hu/

（5）纳米科技
- National Science and Technology Library（纳米科技信息门户）http：//nano.nstl.gov.cn/
- 国家纳米科学中心 http：//www.nanoctr.cn/
- NanoScout（纳米资源目录）http：//www.nanoscout.de/
- The Nanotube Site（纳米管资源导航）http：//nanotube.msu.edu/

（6）高分子与材料

- MatWeb（材料信息资源库）http://www.matweb.com/
- Polymer Library（高分子数据库）http://www.polymerlibrary.com/
- Molecular Modelling Database（大分子结构数据库）http://www.ncbi.nlm.nih.gov/structure?db=structure
- Technology and Business Development in Chemicals and Materials（高分子产品数据库）http://www.specialchem.com/index.aspx
- Materials Information by Material（材料大全）http://www.azom.com/materials.aspx
- The Worldwide Composites Search Engine（复合材料搜索引擎）http://www.wwcomposites.com/
- Materials Properties Locator Database（材料性质数据库）http://libweb.lib.buffalo.edu/sel/searchSelMaterials.html
- China Materials Web（中国材料网）http://www.materials.gov.cn/
- 中国功能材料网 http://www.chinafm.org.cn/

（7）医药与生化
- DrugBank（药物数据库）http://www.drugbank.ca/
- Pharma Documentation Ring（制药业信息）http://www.p-d-r.com/
- Drugs.com（处方药信息）http://www.drugs.com/
- MedlinePlus（药物使用指南）http://www.nlm.nih.gov/medlineplus/druginformation.html
- United States Pharmacopeia（美国药典）http://www.usp.org/
- PubChem（有机小分子生物活性数据库）http://pubchem.ncbi.nlm.nih.gov
- Binding Database（非共价键化合物数据库）http://www.bindingdb.org/bind/index.jsp
- Osiris Property Explorer（分配系数、溶解度、成药可能性预测）http://www.organic-chemistry.org/prog/peo/
- ChemLin（生物化学图书馆）http://www.chemlin.de/
- 手性药物数据库 http://www.chemicalphysics.csdb.cn/pdrug.php
- 中医药在线（中医药数据库）http://www.cintcm.com/
- 丁香园（医药生命科学论坛）http://www.dxy.cn/bbs/
- Biochemical Periodic Tables（生物化学元素周期表）http://umbbd.ethz.ch/periodic/aboutperiodic.html

（8）环境与能源
- EnviroLink: The Online Environmental Community（环境网络资源）http://www.envirolink.org/
- Ecoportal（清洁能源、可再生能源导航站点）http://oekoportal.de/en
- BDPServer（预测化合物在环境中降解的情况）http://www.pdg.cnb.uam.es/BDPSERVER/
- Clean Air World（清洁空气世界）http://www.cleanairworld.org
- RTECS（化学物质毒性数据库）http://www.cdc.gov/niosh/rtecs/default.html
- Green Chemistry（美国环境保护署绿色化学资源）http://www.epa.gov/greenchemistry/
- Hydrologic Simulation Program Fortran（地表水污染模拟Fortran程序）http://

www.scisoftware.com/products/hspf_model_overview/hspf_model_overview.html?source=goto
- 中国 POPs 科技网（持久性有机污染物研究中心）http://www.china-pops.net/
- Energy Citations Database（能源文献数据库）http://www.osti.gov/energycitations/
- Biobank（生物质燃料数据库）http://www.ieabcc.nl/
- Phyllis（生物质成分数据库）http://www.ecn.nl/phyllis/
- WasteLink（放射性废物 Internet 资源导航）http://www.radwaste.org

1.3 Internet 入门

1.3.1 Internet 的历史

要明白什么是网络，以及网络的作用和意义，最简单的方法是了解一下人类远程电子通信和计算机网络发展的历程（图 1-3）。

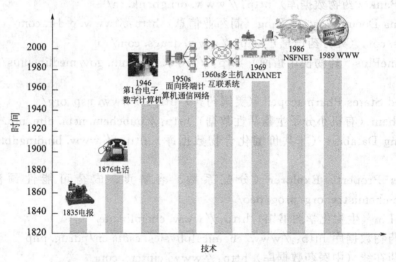

图 1-3　人类远程电子通信和计算机网络发展简史
（"1950s"表示 20 世纪 50 年代；"1960s"表示 20 世纪 60 年代）

远距离通信一直是人类共同的梦想之一。早期的通信主要是以人工方式进行，直至 1835 年莫尔斯（Morse）发明了电报，1886 年马可尼（Marconi）发明了无线电报，1876 年贝尔（Bell）发明了电话机，从而开始了近代通信的历史。之后长达百年的时间里，通信业务基本上是这两种形式，为人们快速传递信息提供了方便，促进了人类社会的极大进步。

计算机是由早期的电动计算器发展而来的。1946 年，美国宾夕法尼亚大学莫尔电工学院制造了世界上第一台电子数字计算机"ENIAC"，它的体积庞大，占地超过 170m^2，重约 30t，耗电接近 150kW，主要用于计算弹道。1956 年，晶体管电子计算机诞生了，这是第二代电子计算机，体积有所缩小但运算速度大大地提高。1959 年出现了采用集成电路的第三代电子计算机。20 世纪 70 年代起，计算机进入第四代，以大规模集成电路和超大规模集成电路为基础。随后，个人计算机（PC）由美国苹果公司和 IBM 公司推出市场并逐渐在普通家庭中得到普及。

在计算机网络出现之前，电子信息交换主要是通过磁盘进行。1946 年电子计算机刚问世时，由于当时计算机的数量非常少且极其昂贵，而通信线路和通信设备的价格相对便宜，很多人都想去使用主机中的资源，共享主机资源和进行信息的采集及综合处理就显得特别重要。同时，随着计算机软硬件的发展，出现了高速大容量存储器系统，并开发了多通道程序和分时操作系统，使计算机能够同时处理多个应用进程，允许多个用户通过终端（指不具有处理和存储能力的计算机）分时访问一台主机。为了进一步实现远程使用，以避免每次上机都必须进入计算机机房进行操作，科学家利用通信手段，将终端和主机进行远程连接，使用户在自己的办公室通过终端就可以使用远程的计算机。1954 年，以单主机互联系统为中心，具有通信功能、面向终端的计算机系统诞生了，这就是第一代计算机网络。

为了克服单主机系统的缺点，提高网络的可靠性和可用性，随着计算机技术和通信技术的进步，人们开始研究将多个单主机系统相互连接的方法。20 世纪 60 年代中期到 70 年代中期，发展出以多处理机为中心，利用通信线路将多台主机连接起来，为终端用户提供服务的系统，这就是第二代计算机网络。第二代网络是通过研究、设计、完善计算机网络体系统结构和协议而逐步发展出来的。这一代网络的典型代表是 20 世纪 60 至 70 年代初期由美国国防部高级研究计划局研制的 ARPANET 网络，其目的是把美国的几个军事部门和科学研究机构的电脑主机连接起来，以便具备多个军事指挥中心和实现部门间信息联系和资源共享，属于内部网络。从这个意义上说，Internet 可以说是美苏冷战和核战威胁的产物。

20 世纪 80 年代是计算机局域网络发展盛行的时期，当时采用的是具有统一的网络体系结构并遵守国际标准的开放式和标准化的网络，克服了原来不同网络体系和厂商之间设备不能互联的缺点，这是网络发展的第三代阶段，已经完全具备了实现大规模计算机互联的基础。80 年代中期，为了满足各大学及政府机构的资源共享和促进科学研究工作发展的需要，美国国家科学基金会（NSF）在全美国建立了 6 个超级计算机中心，并资助了直接连接这些中心的主干网络的建设，使得无论是联网速度、覆盖范围、连接主机数量，还是信息资源互享都得到了极大的发展，这就是 NSFNET，即 Internet 的前身。

进入 20 世纪 90 年代后至今都属于第四代计算机网络时期，即国际互联网与信息高速公路阶段，其主要特点是网络化、综合化、高速化、便捷化及计算机协同化。虽然计算机网络无论是从通信技术还是运算能力的发展都非常快，然而早期的计算机用户主要是研究机构和科学家，因为普通百姓根本不明白要用计算机网络来做什么。1989 年 3 月，蒂姆·伯纳斯·李（Tim Berners-Lee）提出万维网［World Wide Web（WWW），一种基于超文本方式实现文档和超媒体资源相互链接和存取的技术］设想，并于 1990 年在日内瓦的欧洲粒子物理实验室里开发出了世界上第一个网页浏览器。这一系统极大地简化了信息资源连接和整合的步骤，并且大大地改善了网络用户的使用方式和体验，最终让 Internet 得到广泛的普及和应用，深深地改变了人类的生活面貌，从此 Internet 发展一发不可收拾。

总之，所谓计算机网络，是指将地理位置不同的、具有独立功能的多台计算机及其外部设备，通过通信线路连接起来，在网络操作系统、网络管理软件及网络通信协议的管理和协调下，实现资源共享和信息传递的计算机系统。通过这一系统，人们可以在任何提供网络接入条件的地方，通过各种互联网服务，快速地获取海量的信息资源并加以利用，为自己的工作和生活提供各种帮助。进一步讲，计算机网络并不仅仅是计算机的连接，实际上它实现了不同地域和时点的人与人的互联，即思想、信息和资源的互联，因此必将在人类发展史上写下重要的一页。

未来 Internet 的发展，在速度上将会不断加快并倾向于发展高速无线网络，从连接设备上将不再仅限于计算机而是扩展至所有的信息化设备，在数据存储和软件应用上将主要以"云端"应用为主，在数据运算能力上将实现计算机的大规模并联运算，在网络信息安全方面将得到更大的提高。近年来开始快速发展的"移动互联网"（Mobile Internet）正反映了这种期望：基于高速无线网络接入、轻客户端（如手机、平板电脑、信息家电），通过将数据处理任务交给功能强大的主机群（服务器）进行运算并返回结果的系统，运算结果也可以随时保存网络上，而且返回结果将更加智能化和人性化。

1.3.2 Internet 的基本应用

Internet 提供的主要服务包括 WWW、电子邮件、即时通信和文件传输等。

1.3.2.1 WWW 和网络浏览器

WWW（World Wide Web），即 Web，通常称为万维网或全球信息网，其发明者是蒂姆·伯纳斯·李。WWW 是基于 Internet 的信息服务系统，它向用户提供一个以超文本（Hypertext）技术为基础的多媒体的全图形浏览界面。在 Web 系统中，所有能够被访问的资料和信息称为"资源"，并由一个 URL 地址（uniform resource locator，统一资源标识符）加以标识。所有资源通过超文本传输协议（hypertext transfer protocol，HTTP）传送给使用者，用户通过简单地点击超链接（hyperlinks，指向一个 URL）来获得资源。而使用超文本标识语言（hyper text markup language，HTML）对各种资源，包括文本、图像和视频等多媒体、超链接等，集成和组织在一起的文档，称为网页（web page），所谓上网就是浏览网页。因其使用广泛和影响极大，万维网常被当成 Internet 的同义词，不过其实万维网只是 Internet 中运行的其中一项服务。

网络浏览器（web browser）是万维网服务的客户端浏览软件，用于向万维网服务器发送各种请求，并对从服务器发来的超文本信息和各种多媒体数据格式进行解释、显示和播放。毫不夸张地说，网络浏览器就是大众通往互联网的大门。个人电脑上常见的网页浏览器包括微软的 Internet Explorer（IE，基于 Trident 排版引擎）、Mozilla 的 Firefox（基于 Gecko 排版引擎）、Google 的 Chrome（基于 WebKit 排版引擎）、苹果公司的 Safari（基于 WebKit 排版引擎）和 Opera 软件公司的 Opera（基于 Presto 排版引擎）。所谓网页浏览器的排版引擎（layout engine）也被称为页面渲染引擎，其实就是网络浏览器的内核。除了以上主流的浏览器外，其他各种各样的浏览器，其实都是基于上述几个排版引擎（内核）加上各种个性化功能封装而成，其本质没有区别。例如，使用 Trident 引擎的除了 IE 外，主要还包括 Maxthon（傲游浏览器）、GreenBrowser、360 安全浏览器、世界之窗浏览器等；使用 WebKit 引擎的如世界之窗浏览器极速版、360 安全浏览器、QQ 浏览器、Maxthon 3 等；也有同时使用以上两种引擎的，例如搜狗浏览器和猎豹安全浏览器等。由于 WebKit 引擎具有速度快和相对安全等优点，目前来看有后来居上的可能性。下面以世界之窗浏览器（极速版）、搜狗浏览器为代表进行介绍。前者使用的是 WebKit 内核，与 Google Chrome 相比，加入了较多方便国人使用习惯的功能；后者使用双内核，对网页兼容性更好，且内致代理服务器能够跨越教育网和电信网双平台，因此适合于教育系统人士使用。

世界之窗浏览器极速版是凤凰工作室基于 Chromium 浏览器开源项目开发的一款网络浏览器，它继承了 Chromium 浏览器的排版引擎的优点：高效的多进程封装、良好的软件兼容性、对网页渲染速度更快、更安全、支持对 PDF 和 Office 文档的在线预览。与 Google Chrome 浏览器相比，世界之窗浏览器对一些细节功能进行改造，更适合国内互联网情况并符合国人上网习惯，其软件界面如图 1-4 所示。用户界面非常简洁，主要包括：①工具栏，特别是第 4 个按钮用于对近期关闭的网页进行恢复；②地址栏和搜索框合并，在这个地址栏中输入关键词按回车键可以直接进行检索，允许使用鼠标选中网页中的文字进行拖放搜索，并可自定义搜索引擎；③Chromium 引擎和 Internet Explorer 引擎的切换，增强兼容性；④工具按钮，取代了传统的菜单，提供各种功能，例如打印和浏览器选项等；⑤标签栏，多窗口多进程，每个标签设独立关闭按钮，防假死功能更稳定，非正常关机自动恢复；⑥新建

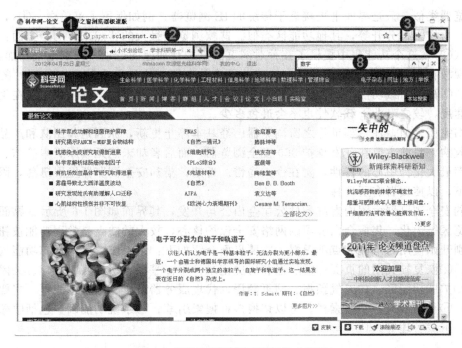

图 1-4 世界之窗浏览器（极速版）主界面

窗口按钮；⑦功能区，包括静音按钮、窗口激活选项、缩放工具、下载管理工具等；⑧搜索栏（通过按 Ctrl＋F 键显示），用于搜索当前网页中的关键词，通过高亮关键词显示搜索结果。此外，可以方便地对浏览器进行扩展，例如利用 Google 的翻译引擎实现几十种语言的全文对译等。

搜狗浏览器是由搜狗公司（搜狐子公司）开发的，其界面如图 1-5 所示。其功能与世界

图 1-5 搜狗浏览器主界面

之窗浏览器类似，只是界面上更接近于传统的 IE 浏览器，例如保留了菜单栏（④），且地址栏（②）与搜索框分开等，其他功能区类似。这款浏览器最大的特点来自两个方面：①搜狗加速器（⑨），这个功能集中提供了几种对网页浏览进行加速的选项，特别是全网加速功能，能够实现教育网和电信/网通网的双向加速，可使教育网用户访问电信和国外网站的速度明显加快；②高速下载功能，功能区（⑦）中提供了一个搜狗特有的下载模块，其在网上下载文件的速度，较之专业下载软件也不会逊色多少。

  本书完稿之前，注意到世界之窗浏览器已经基本停止更新，原因是其团队和产品已被奇虎 360 收购，目前主要在开发维护 360 安全浏览器，而后者却未能延续原版本简洁、一切以用户效率最大化为中心的特性，实在令人痛惜。近期，猎豹安全浏览器发展迅猛，因此追加介绍一下，以使读者有所选择。

  猎豹安全浏览器由国内老牌软件公司金山公司开发，其界面如图 1-6 所示。界面相当简洁，浏览区极大化，集成金山公司的网络安全保护核心，较大的缺点是常用功能按钮过于缩小化，刚开始使用时可能有点不习惯。主要界面介绍如下：①系统菜单，所有功能均可在此处点开；②恢复被关闭的页面；③后退和历史记录；④标签栏，多标签、新建、关闭、刷新标签；⑤扩展功能区，如天气预报、网页翻译、代理服务器设置、广告过滤等，需要自己下载安装；⑥重新载入；⑦搜索栏，可以切换多种搜索引擎；⑧系统功能区，包括收藏夹、安全中心、下载管理等。

图 1-6 猎豹安全浏览器主界面

1.3.2.2 电子邮件

  电子邮件（electronic mail，简称 E-mail）是一种用电子手段提供信息交换的通信方式，也是 Internet 应用最广泛、最受欢迎的服务之一。通过网络的电子邮件系统，用户可以用非常低廉的价格，以非常快速的方式，与世界上任何一个角落的网络用户联系，这些电子邮件可以是文字、图像、声音等各种方式。实际上，电子邮件的起源甚至要早于 Internet 和 WWW，可以追溯到 ARPANET 时期。

  E-mail 地址的通用格式为 user@hostname.domain-name，即由三部分组成：第一部分是用户信箱的账号（用户名）；第二部分"@"是分隔符；第三部分是用户信箱的邮件接收服务器域名，用以标志其所在的位置。

跟其他 Internet 服务一样，E-mail 也是基于服务器/客户端模式。E-mail 服务器工作原理一般用户可以不理会。客户端有两种形式，一种是应用软件模式，典型的如 Outlook Express（图 1-7），另一种是网络浏览器（Web）模式，典型的如网易 163 邮箱（图 1-8）。与客户端软件相比，浏览器模式更加灵活，特别是不受到特定计算机终端的制约。随着大附件上传功能和大规模网络在线数据存储技术的发展，Web 模式已经成为当前电子邮件的主要服务形式。

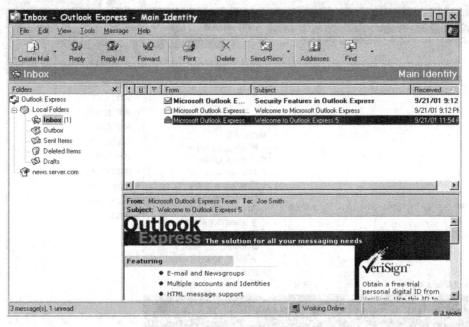

图 1-7　Outlook Express 界面

图 1-8　网易 163 邮箱

1.3.2.3 即时通信

即时通信（instant messaging，简称 IM）是一个终端服务，允许两人或多人使用基于互联网的即时传递文字信息、文档、语音和视频交流，典型代表有 QQ（图 1-9）、飞信、MSN 等。当下，在移动互联网的大环境下，兼具网络即时通信和传统手机语音通信的"微信"手机聊天系统，正在重新定义大众通信的方式。

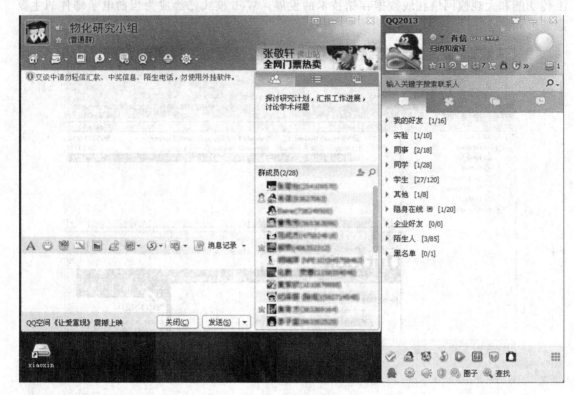

图 1-9 QQ 软件界面

1.3.2.4 FTP 文件传输

FTP（file transfer protocol）文件传输协议也是 Internet 上的一个极其重要的应用。Internet 上有大量的文件服务器，存放有众多的多媒体文件和计算机应用软件，在其传输协议支持下，用户可以请求服务器将其文件传输复制到本地计算机上，称为下载（download）；反之也可以把文件上传到远程服务器上，称为上载（upload）。FTP 的应用有匿名 FTP 和注册 FTP 两种方式，涉及用户与某台计算机连接时的访问权限问题。目前应用最多的是匿名 FTP，它允许用户自由访问，下载其中的公用文件。FTP 的应用程序有多种，比较经典的要算 CuteFTP 系列（图 1-10）。不过，由于 WWW 的功能日益强大和用户使用习惯的问题，目前文件的下载上传已经逐步发展为网络浏览器模式，特别是网盘，更是把云存储和文件管理做到了一个新的层次。图 1-11 显示了金山快盘的界面，该网络硬盘同时基于网络浏览器和客户端软件，以极快的速度实现多台计算机和网络云端的文件同步。

1.3.2.5 其他服务

除了以上几种主流的服务形式外，Internet 上常见的服务还包括 BBS（bulletin board system，电子公告牌）、Mailing List（新闻组）、Telnet（远程登录）等。在互联网发展的早期，这些主要基于文本方式的服务，数据传输速度快且能够节省流量费用，因此曾经是

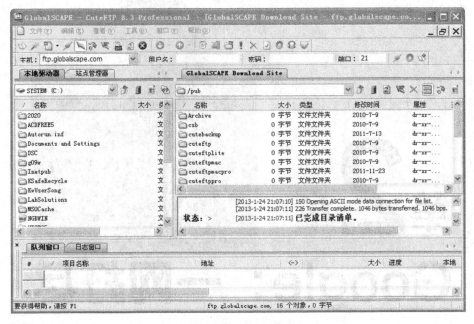

图 1-10　CuteFTP 软件界面

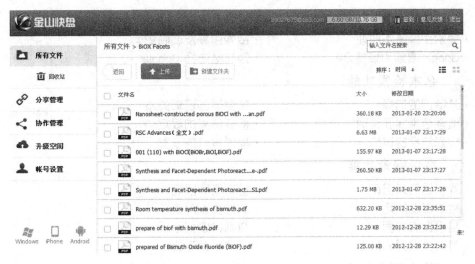

图 1-11　金山快盘管理界面

Internet 的主要服务形式。但随着网络软硬件技术的快速发展，以及通信费用的下降，这些服务目前已经比较少使用了。

第2章 Chapter 2

Google：一网打尽

本章核心内容概览

搜索引擎与 Google
- 搜索引擎基本原理
- Google 搜索引擎简介
- 搜索引擎发展简史
- 为什么选择 Google

基本检索功能
- 关键词的选择
- 检索结果界面说明
- 检索结果的评价
- 关键词的逻辑关系
- 检索结果的限定
- 检索偏好的设置

高级搜索功能
- 双引号与通配符
- 检索范围限定
- 高级搜索界面
- 英文关键词的确定
- 检索位置限定
- 文件类型限定
- 特殊检索指令
- 一些搜索建议

附属系统介绍
- 学术检索
- 图书检索
- Google 翻译
- 专利检索
- 图片检索
- Google 快讯

其他搜索引擎简介
- 中文搜索引擎
- 英文搜索引擎

2.1 搜索引擎简介

2.1.1 搜索引擎基本原理

Internet 上究竟存在多少信息呢？根据统计和估算[1]，截止到 2011 年底，全世界有超过 21 亿的网络用户，31 亿个邮箱账号，超过 5.5 亿个网站（图2-1）。至于网页数量，目前已经多到无法估计，全球最大搜索引擎 Google 在 2008 年 7 月声称该系统已经索引了超过 1 万亿个的网页[2]，那么 Internet 上网页的数量显然至少要数倍于这个数字。如果按 5 万亿网页折算成图书，则粗略估算这些信息量相当于 500 亿本 16 开本 300 页的书籍。显然，这个信息量是惊人的（目前全球最大图书馆——美国图会图书馆的藏书为 1.3 亿本[3]，其书架的总长超过 800km）。面对这么庞大的信息量，通常意义上的文字搜索功能已经没有任何价值。其幸运的是，人类开发了搜索引擎（search engine）技术来解决这个问题。可以这样说，搜索引擎就是我们在互联网上"冲浪"的明灯或领航员，让我们不至于迷失方向，让我们能到达信息的彼岸。

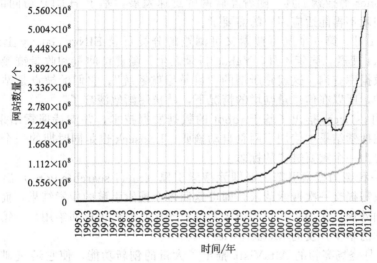

图 2-1 Internet 上的网站数量及其发展趋势（1995.9—2011.12）
—— 网站总数；—— 活跃网站数

对于"搜索引擎"，大众所关注的通常是其"搜索"（search）功能，却不知"引擎"（engine）才是这一系统的核心。搜索引擎的工作原理大致可以分为：

（1）搜集信息　利用称为网络蜘蛛（Web spider）的自动搜索机器人程序，通过一个网站作为入口，然后链接上该网站上每一个网页上的超链接，并收集每一个超链接目标页面的内容，并将抓取的信息存放于搜索引擎系统的数据库中，根据这一原理不断反复操作，爬行每一个存在的超链接。理论上，如果有足够的时间，使用这个方法可以遍历整个 Internet，即收藏到互联网上所有的网页信息。一个搜索引擎所收录的网页总数量以及网络蜘蛛爬行的速度（即数据库更新周期）是评价搜索引擎的重要指标。

（2）整理信息　整理信息的过程称为"创建索引"。搜索引擎不仅要保存搜集起来的信

---

[1] Internet 2011 in numbers (http://royal.pingdom.com/2012/01/17/internet-2011-in-numbers/)
[2] We knew web was big (http://googleblog.blogspot.com/2008/07/we-knew-web-was-big.html)
[3] Library of Congress, United States (http://www.loc.gov/index.html)

息，还要将它们按照一定的规则进行编排，这样响应用户搜索时能够迅速找到所要的资料而无需反复读写磁盘。"索引"技术正是搜索引擎面对庞大信息量能够如此高效的核心技术，其基本原理是建立关键词词典索引库。

（3）接受查询　用户向搜索引擎发出查询，搜索引擎按照每个用户的要求检查自己的索引库，在极短时间内找到用户需要的资料，并通过一定的算法对检索结果进行排序并返回相关信息给用户。返回的内容主要是网页摘要以帮助用户判断此网页是否含有自己需要的内容，同时提供原文网页超链接（网址），通过链接用户便能到达含有自己所需资料的网页；而排序就是确定检索结果与检索输入项的相关性，通常可以选择按相关度或时间排序。检索响应速度和相关度排序，特别是后者，是评价一个搜索引擎的最重要指标。因此，世界上真正可用的搜索引擎，比大部分人想象中的少得多，绝大多数的网站上的所谓"搜索引擎"功能，其实只是对其他引擎的封装而已，并不是真的有自己独立的搜索系统。

2.1.2 搜索引擎发展简史[1]

1990 年，当时万维网还未出现，为了查询散布在各个分散的主机中的文件，曾经出现过 Archie、Gopher 等搜索工具。随着互联网的迅速发展，基于 HTTP 访问的 Web 技术的迅速普及，它们就不再能适应用户的需要了。

在 1994 年 1 月，第一个既可搜索又可浏览的分类目录 EINet Galaxy 上线，它还支持 Gopher 和 Telnet 搜索。同年 4 月，Yahoo 目录诞生，随着访问量和收录链接数的增长，开始支持简单的数据库查询。这就是所谓的"目录导航系统"。它们的缺点是站点收录、更新都要靠人工维护，所以在信息量剧增的情况下，就被逐渐地淡忘了。

1994 年 7 月，Lycos 推出了基于 robot 的数据发掘技术，并支持搜索结果相关性排序，并第一个开始在搜索结果中使用了网页自动摘要。Infoseek 也是同时期的一个重要代表，它们是搜索引擎史上一个重要进步的标志。

1995 年，一种新的搜索引擎工具即元搜索引擎（meta search engine）出现，利用元搜索引擎，用户只需提交一次搜索请求，即可返回多个搜索引擎的检索结果，而更好的元搜索引擎会先进行预处理（例如去除相同结果和重新排序）然后再返回给用户。第一个元搜索引擎是华盛顿大学的学生开发的 Metacrawler。

1995 年 12 月登场亮相的 AltaVista 推出了大量的创新功能，使它迅速到达当时搜索引擎的顶峰。它是第一个支持自然语言搜索的搜索引擎，具备了基于网页的内容分析、智能处理的能力；是第一个实现高级搜索语法的搜索引擎（如支持 AND、OR、NOT 等）；同时 AltaVista 还支持搜索新闻组、搜索图片等具有划时代意义的功能。同时期还有 inktomi、HotBot 等搜索引擎。

1997 年 8 月，Northernlight 公司正式推出搜索引擎，它第一个支持对搜索结果进行自动分类，也是当时拥有最大数据库的搜索引擎。

1998 年 10 月，Google 诞生。它是目前世界上最流行的搜索引擎，具备很多独特而且优秀的功能，并且在多个方面实现了革命性的创新。本章将主要介绍 Google 搜索引擎的检索技术。

1999 年 5 月，Fast 公司发布了自己的搜索引擎 AllTheWeb，它的网页搜索可利用 ODP 自动分类，支持 Flash 和 pdf 搜索，支持多语言搜索，还提供新闻搜索、图像搜索、视频、MP3 和 FTP 搜索，拥有极其强大的高级搜索功能，曾经是最流行的搜索引擎之一。

在中文搜索引擎领域，1996 年 8 月成立的搜狐公司是最早参与网络信息分类导航的网站，与 Yahoo（雅虎）系统接近。由于其人工分类提交的局限性，随着网络信息的暴增，逐

---

[1] 维基百科（http://zh.wikipedia.org/wiki/搜索引擎）

渐被基于 robot 自动抓取智能分类的新一代信息技术取代。

1998 年 1 月，台湾中正大学吴升教授所领导的 GAIS 实验室创立了 Openfind 中文搜索引擎，是最早开发的中文智能搜索引擎，采用 GAIS 实验室推出的多元排序（PolyRank）核心技术。截至 2002 年 6 月，宣布累计抓取网页 35 亿，并开始进入英文搜索领域。

北大天网搜索由北大计算机系网络与分布式系统研究室开发，于 1997 年 10 月正式在 CERNET 上提供服务，由国家 973 重点基础研究发展规划项目基金资助开发，收录网页约 6000 万，利用教育网的优势，有强大的 ftp 搜索功能。然而，该项目只是学术基础研究项目，多年来一直未能商业化，目前已经基本被放弃。

百度中文搜索由超链分析专利发明人、前 Infoseek 资深工程师李彦宏和好友徐勇在 2000 年 1 月创建，除了网页信息检索外，也支持图片、Flash、音乐等多媒体信息的检索，是目前中文领域最大和最流行的搜索引擎。

2004 年 8 月 3 日，搜狐公司推出中文搜索引擎"搜狗"。

2005 年，拥有中国最大 IM 用户群资源优势的腾讯推出自己的搜索引擎"搜搜"。

2006 年 9 月，微软公司正式推出了拥有自主研发技术的 Live Search，宣布进军搜索引擎市场。2009 年 6 月 1 日，微软正式上线搜索引擎 Bing，中文名"必应"。基于微软自家 Windows 平台和 Internet Explorer 浏览器的优势，Bing 在国际搜索领域占有一定的份额。

2006 年 12 月，网易公司推出中文搜索引擎"有道"。其中网页搜索使用了其自主研发的自然语言处理、分布式存储及计算技术，图片搜索首创根据拍摄相机品牌、型号甚至季节等条件搜索的高级搜索功能。

2012 年 8 月，奇虎 360 推出综合搜索业务。以 360 综合搜索上线为导火索，引发的 360、搜狗、百度三家公司之间的中文搜索口水大战，简称 3SB 大战。

搜索引擎发展至此，在技术上已经趋于成熟，所谓的搜索大战说到底是利益谁属的商业战争，并未真正从技术或用户体验上取得明显的进步。未来的搜索技术的方向，在于移动互联网、实时社交信息、搜索智能化、跨平台搜索等能否取得进步。

2.1.3 Google 搜索引擎简介

Google 是由美国 Google 公司推出的一个互联网搜索引擎，是互联网上最大、影响最广泛的搜索引擎。一组数据足以表明 Google 的强大：每天处理来自世界各地超过 2 亿次的查询、占全球搜索引擎使用率的 80％以上（图 2-2）、搜索的网页数超过 1 万亿、收录信息来源超过 50 种文字、界面操作语言达 132 种、可搜索包括 html、pdf、doc 等 13 种文件格式、服务范围覆盖世界 250 个国家与地区。作为上市公司，Google 公司按市值为全球第二大 IT

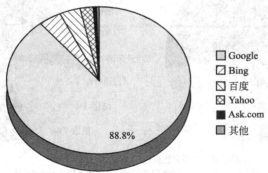

图 2-2　2012 年 10 月全球主要搜索引擎市场份额统计 ❶

---

❶　http：//www.karmasnack.com/about/search-engine-market-share/

公司（仅次于苹果，超过了微软），2011年财富世界美国500强排名73，最佳雇主排名第一，2012年第一季度净利润28.9亿美元。

"Google"一词源于单词"Googol"，目前的拼写形式据说是因拼错而产生的。"Googol"指的是10的100次幂，写出的形式为数字"1"后跟100个"0"，以此来代表在互联网上可以获得的海量资源。Google搜索项目最早是由两名斯坦福大学的博士生拉里·佩奇和谢尔盖·布林于1996年建立的，他们开发了一个对网站之间的关系做精确分析的搜寻引擎（当时称作BackRub），其精确度超过了当时互联网上使用的其他搜索技术。

对于搜索引擎来说，搜索结果的排序（即相关度或精确度）最为重要的。这是由于检索结果数量极大（一个检索请求可能获得数亿个符合要求的结果），用户不可能阅读所有结果，一般来说排在最前面的20～30个结果是决定性的。换句话说如果前面20个结果还没有我们所需要的信息，则要么检索方式是不正确的，要么搜索引擎不合格。对于相关度排序，Google使用一种称为PageRank的专利算法，配合搜索关键词来为搜索结果网页排序。PageRank技术的基本原理是通过所谓的页面反向链接（backlinks）技术，即通过其他网页对特定网页或网站的超链接的加权，以评估这个网页或网站的重要性（价值）。简单来说，就是将从网页A指向网页B的链接解释为由网页A对网页B所投的一票，这样，PageRank会根据网页B所收到的投票数量来评估该页的重要性。此外，PageRank还会评估每个投票网页的重要性，因为某些网页的投票被认为具有较高的价值，这样，它所链接的网页就能获得较高的价值。PageRank分数越高，则显示在搜索结果的位置越靠前。更重要的是，这种搜索结果排序的算法没有人工干预或操纵，不受付费排名影响且公正客观，这也是为什么Google会成为一个广受用户信赖的信息来源的重要原因。此外，Google系统提供极为简洁的搜索界面，也一向为人所称道。

2.1.4 选择Google的原因

Google系统，无论从收录的信息量、检索响应速度，还是检索结果相关度排序能力，甚至是用户界面体验，虽不能称之为完美，但应该是当前世界上最好的搜索引擎了（图2-2）。其实，百度应该说做得也很不错，没有选择百度作为重点介绍的原因，一个是因为百度使用的技术，大多数与Google是兼容的，因此无需重复学习；另一个更重要的原因是因为百度不收录非中文网页，这就相当于主动放弃了世界上95%的信息量（图2-3），对于自然科技领域来说，这个比例甚至还要更高。面对一个开放和快速变化的世界，以及平等分享信息的权利，我们没有理由放弃非母语的信息资源，基于这一理由，Google是当前唯一选择。

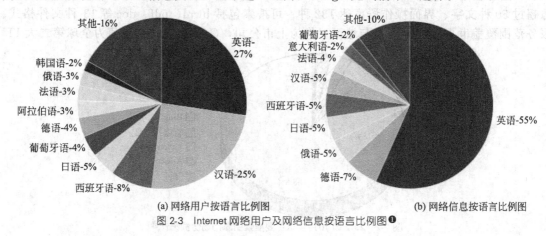

(a) 网络用户按语言比例图　　　　　　　　　　(b) 网络信息按语言比例图

图2-3　Internet网络用户及网络信息按语言比例图 ❶

---

❶ Wikipedia(http://en.wikipedia.org/wiki/Internet)

2.2 Google 的基本搜索功能

2.2.1 关键词和检索式

搜索其实就是一个人机对话的过程，即检索者提出问题，计算机来回答问题的过程。然而，计算机是一个逻辑工具，是一个计算机器，而不是一个有智力的生物，因此我们不能期望它能够"理解"人类的语言。实际上，我们输入的任何信息对计算机来说都是一个编码串。总之，任何人想从计算机和网络中有效地获取信息，都必须按照计算机的逻辑语言来进行，即你聪明地提出问题，计算机才能给出合理的答案，反之亦然。

要合理地提出问题，其实就是输入合适的检索式，即"关键词"（keyword）和关键词间的逻辑组合。这样，搜索引擎就能够为每个关键词获得一个结果记录集（因为搜索引擎在建立索引时就是按词来建立的），然后通过关键词的逻辑关系来合并和确定最终的检索结果集合。反之，如果用户输入的是一个句子，那么计算机系统就必须先"理解"你输入的句子，即把句子分成词并建立词间逻辑关系，然后才去进行检索和合并。显然，计算机的"理解"与我们的"理解"是存在偏差的，这样我们就得不到合理的答案。

对于"关键词"的选择，首先可以从词性加以考虑，如把词分成实词和虚词。虚词大量出现在各种各样的句子中，因此没有明确的指向，一般不能使用。而在实词中，比较有价值的是名词、形容词（定语）和动词。其次，要从词的范围大小来加以考虑，有些词表达的是很大的概念，而一些表达的是很小的概念。例如化学、电化学、电池、废电池，所表达的概念依次缩小。概念大的词即泛指，输入泛指词将得到很多的结果但比较全；概念小的词即特指，输入特指的词可以获得比较精确的结果但有可能漏掉一些其他的结果。分别以"电池"和"废电池"为关键词进行检索，显然概念越大的关键词检索结果越多，使用概念小的关键词则比较准确，如图 2-4 所示。选择特指性关键词的重要技巧是使用与检索目标有关的描述性字词，因为字词越独特，越有可能获得相关程度较高的结果。但要注意的是，如果输入的搜索字词确实很少使用，那么即使它的意思正确，也可能与你所需的网页存在偏差。Google 中进行检索的其他约定包括：不考虑标点符号、检索结果自动包含关键词的同义词、对英文不区分大小写、自动识别相同词干的词等。

图 2-4　泛指性和特指性关键词的检索结果

如果有多个关键词，则要确定关键词之间的关系。对于关键词的逻辑关系，主要包括 AND、OR、NOT 三种，分别代表交集、并集和差集。简单地说，"Keyword1 AND Keyword2"代表检索结果要同时满足两个关键词的条件；"Keyword1 AND Keyword2 AND Keyword3"代表检索结果要同时满足三个关键词的条件。所以，对于 AND 操作，输入的关键词数量越多，检索结果数量越少、越相关。反之，"Keyword1 OR Keyword2"代表检索结果只要满足两个关键词的一个就行；"Keyword1 OR Keyword2 OR Keyword3"代表检索结果只要满足三个关键词的一个就行。所以，对于 OR 操作，输入的关键词数量越多，检索结果数量越多。而"Keyword1 NOT Keyword2"代表检索结果要包含有"Keyword1"但是不能够包含"Keyword2"，这个显然是一个限定条件，以减少检索干扰结果。

以上三种逻辑操作，其实在计算机各种系统中都是普遍存在的，只是使用的操作符有所不同。在 Google 系统中，空格" "或加号"+"代表逻辑 AND（和）关系，这也是缺省的逻辑关系；大写 OR 代表逻辑 OR（或）关系（注意这个 OR 一定要大写，且前后都要加空格）；减号"-"代表逻辑 NOT（非）操作。除了三种逻辑操作，还可以使用括号"( )"来进行优先组合运算。例如，可以使用关键词组合"废电池（回收 OR 利用）"，来检索有关废电池回收和利用的信息，注意输入时必须同时输入空格，结果见图 2-5。由于本例中使用了括号，括号里面是优先运算的，因此"回收 OR 利用"只需要满足其中一个即可，而"废电池"后面用了空格，代表是 AND 操作，因此要同时满足条件。本例充分显示了计算机是一种逻辑工具的特性，从本质上说，这是数学表达式，也就是计算机认可的语言。

图 2-5 多关键词逻辑运算实例

总之，使用泛指性的关键词、关键词数量越少或关键词之间使用 OR 操作，则检索结果越多越全；而使用特指性的关键词、关键词数量越多且关键词之间使用 AND 操作，则检索结果越少越准确。这两者并没有谁更优的问题，而是需要反复评估，即反复考虑哪一个更加合适。当然，在实际应用中，要考虑到我们不可能有时间阅读特别多的检索结果，也就是说结果再多并没有太大的意义。因此，选择什么样的词，关键还是看能否达到检索的目的，如果检索目标只是想得到一个答案，那么有几个可能的结果就足够了，因此一般来说检索时还是应该重点考虑检索的相关性（查准率）。

此外，由于考虑到检索效率的问题，Google 会自动忽略一些常用的词和字符。例如"http"".com""and""the""where""how""what""or""a""I""的"等。这类字词不仅无助于缩小查询范围，反而会大大降低搜索速度（使用这类高频词检索会返回大量的结果）。当然，如果要让这些一般的词包含在搜索要求内，可以在该词之前加上一个"＋"符号（后面没有空格），例如如果一定要检索结果中存在"how"，则可以输入"＋how"，这样，Google 将不去排除这个"本应该被忽略"的词。

最后要说明的是，Google 对于输入字符串的长度限制为最长 32 个字符，再长的检索式是没有意义的。另外，词的输入顺序对检索结果也有一定影响，因为 Google 认为两个相互接近的词是有紧密联系的。这种联系也包括次序，词之间的次序颠倒则含义显然有所不同。

2.2.2　检索结果界面与限定

Google 的检索结果界面如图 2-6 所示，各个项目解释如下：

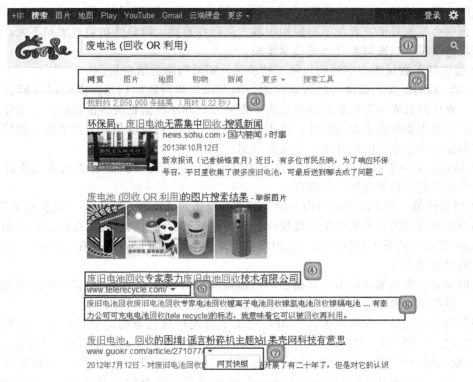

图 2-6　Google 检索结果界面

① 搜索框：用于随时修改检索关键词组合。

② 搜索工具栏（搜索选项）：用于切换搜索类型或进行搜索限定。搜索类型包括网页、图片、地图、购物、新闻等，点击"更多"还可以选择视频、图书、博客、论坛、问答、应用、专利等类型；点击"搜索工具"打开搜索限定选项（图 2-7），包括限定信息来源语言、

图 2-7 搜索工具（限定选项）

限定时间、限定结果（是否精确匹配）、限定地域等选项。要说明的是，Google 的界面选项和限定选项会根据需要或者在不同国别版本之间存在差异，但总体功能差别并不大，读者需要根据具体情况适当地调整自己的检索策略。

③ 检索结果数量和响应时间：用于初步估计需要阅读的信息量。

④、⑤ 检索结果：提供包括网页标题，网页来源和网址的信息。点击网页标题将访问该网页，提供网页来源和网址的目的是为了帮助用户判断该信息是否值得访问。实际上，除了搜索引擎努力提高检索相关度外，使用者对检索结果的判断也是极为重要的，而信息来源网站和网址正是这个判断的其中一个重要根据。

⑥ 检索结果网页摘要：只摘录与输入关键词有关的部分，并且检索关键词用红色字显示，以便用户能够快速抓住主要信息。

⑦ 网页快照：点击网址右边向下的三角图标会出现"网页快照"和"类似结果"选项。由于用户检索的其实是搜索引擎的数据库，其内容与真实网页内容之间存在版本的偏差，因此 Google 提供了其系统原始的版本供用户参考。如果原网页已经不存在，Google 会提供类似内容的网页供选择。

在搜索结果界面的最后面，会提供当前检索式的相关搜索，即一些其他用户采用的类似检索式，以帮助检索者寻找对自己最为合适的检索关系式。

信息的时效性是非常重要的，Google 提供了限定网页发布的时间的选项，包括时"间不限""过去 1 小时内""过去 24 小时内""过去 1 周内""过去 1 个月内""过去 1 年内""自定日期范围…"。限定的时间越近，代表所收录的信息越新（时效性）。也可选择自定日期范围，点击日历控件或以"mm/dd/yyyy"的格式输入要查找日期范围（起止时间），然后点击搜索即可。特别说明：如果点击上述时间限定后网页显示"该网页无法访问"，则可以点击浏览器的后退按钮返回原来的结果页面，然后选择自定义日期限定，检索结果如图 2-8 所示。限定日期后，还可以选择"按日期排序"以获得最新的资讯（图 2-9），或者点击"清除"去除日期限定。另外要说明的是，由于很多网站使用了动态网页技术，即网页本身不是一个静态文件，而是临时从数据库中生成的信息，因此搜索引擎对于网页发布时间的判

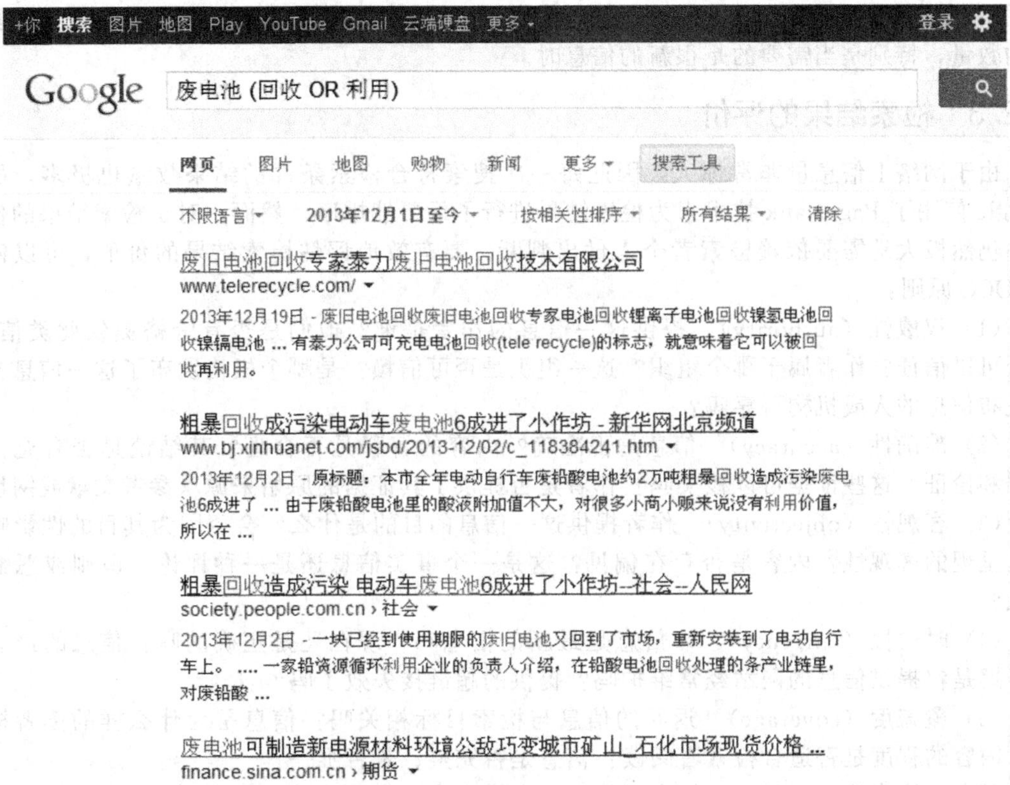

图 2-8　自定义日期限定检索结果

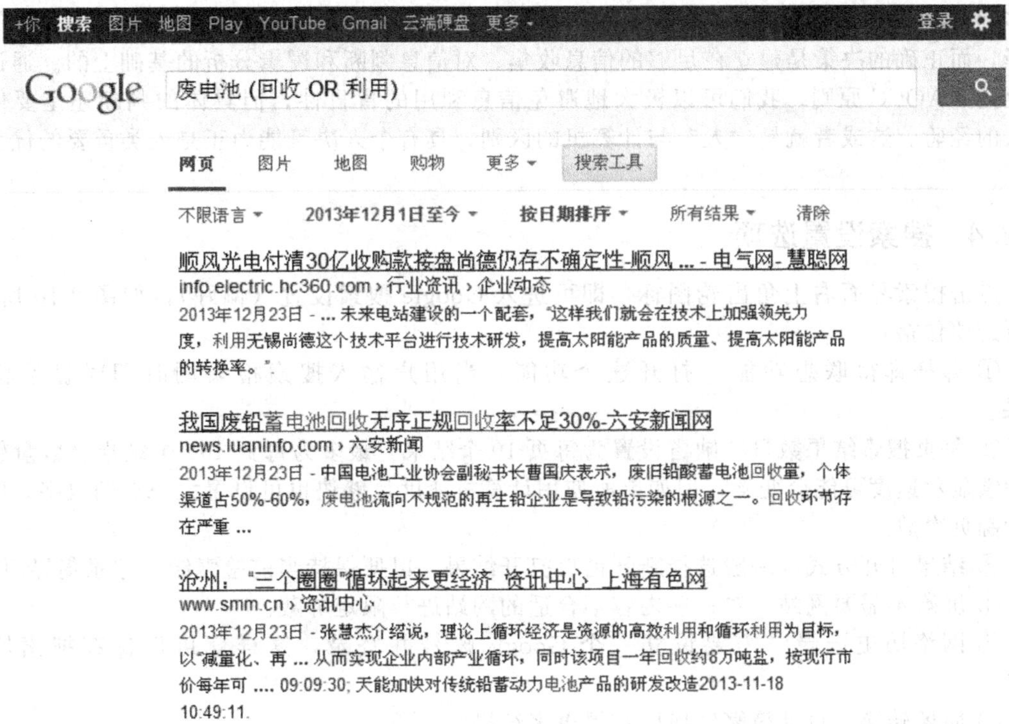

图 2-9　按日期排序结果

定并不容易,也并不非常之准确。不过即使如此,时间限定仍然能够极大地减少我们重复阅读的数量,特别是当需要的是很新的信息时。

2.2.3 检索结果的评价

由于网络上信息量非常惊人,因此每一次搜索符合检索条件的结果数量也极多,虽然Google使用了PageRank技术来为检索结果进行了重要性排序,然而,对于检索结果的价值评估仍然极大地需要依赖检索者个人做出判断。要有效地评估检索结果的价值,可以使用AAOCC原则:

（1）权威性（authority） 提供这一信息的作者是谁?他们是否有资格提供此类信息?是否可以信任?作者属于哪个组织?这一组织是否可信赖?是哪个机构发布了这一信息?这个发布信息的人或机构可靠吗?

（2）准确性（accuracy） 信息是否准确?内容的解释是否合理?其结论是否有充分的证据和论证?这些证据可以核实吗?作者是否提供了其证据的原始来源（参考文献或网址）?

（3）客观性（objectivity） 作者提供这一信息的目的是什么?会否因为其目的性影响到信息呈现的客观性?内容是否存在偏见?这是一个事实信息还是一种评论、讽刺或恶搞的信息?

（4）时效性（currency） 该信息是最新的信息吗?现在还是正确的吗?信息的最后更新日期是?提供信息的网站经常维护吗?提供的超链接失效了吗?

（5）覆盖度（coverage） 返回的信息与检索目标相关吗?信息是为什么样的读者提供的?内容的程度是否适合检索者阅读?信息是否完整、是否唯一?

其实,检索绝对不是输入检索词然后点击检索按钮那么简单,对信息的判断是一项非常复杂的工作,其难度和重要性远大于"检索"出结果本身。当今世界日趋复杂化和多元化,很多问题不只有一个答案,或者没有"正确"答案,很多时候可能要依赖于个人做出决策和选择,而正确的决策是建立在足够的信息收集、对信息判断和逻辑分析的基础上的。通过使用上述AAOCC原则,我们可以极大地避免信息利用的盲目性,但具体的判断还是要依据个人的经验。这或者就是"人"与计算机的区别,具有个人决策能力正是人类重要的优势和特征。

2.2.4 搜索设置选项

点击搜索界面右上角齿轮图标,即可进入Google搜索设置（偏好）,如图2-10所示。主要选项包括:

① 即搜即得联想功能 打开这个功能,当用户输入搜索检索词时即时显示检索结果。

② 每页搜索结果数目 缺省设置为每页10个结果,最多为每页100个结果。数量较多时检索显示速度可能会变慢,但如果所使用计算机速度足够快也可设置大一点的数字,以便减少翻页次数。

③ 结果打开方式 一般选择新开窗口打开结果,以便保持当前检索结果记录集界面。

④ 屏蔽不需要网站 对一些内容不合适的网站进行限定屏蔽。

⑤ 网络历史记录 需要设立一个Google账号并登录,这样就可以保存搜索历史记录。

⑥ 简繁转换 自动简繁转换以获得更多结果。

设置后,点击保存完成参数设定,以后系统即可自动根据这些设置选项提供所需要的搜索结果。

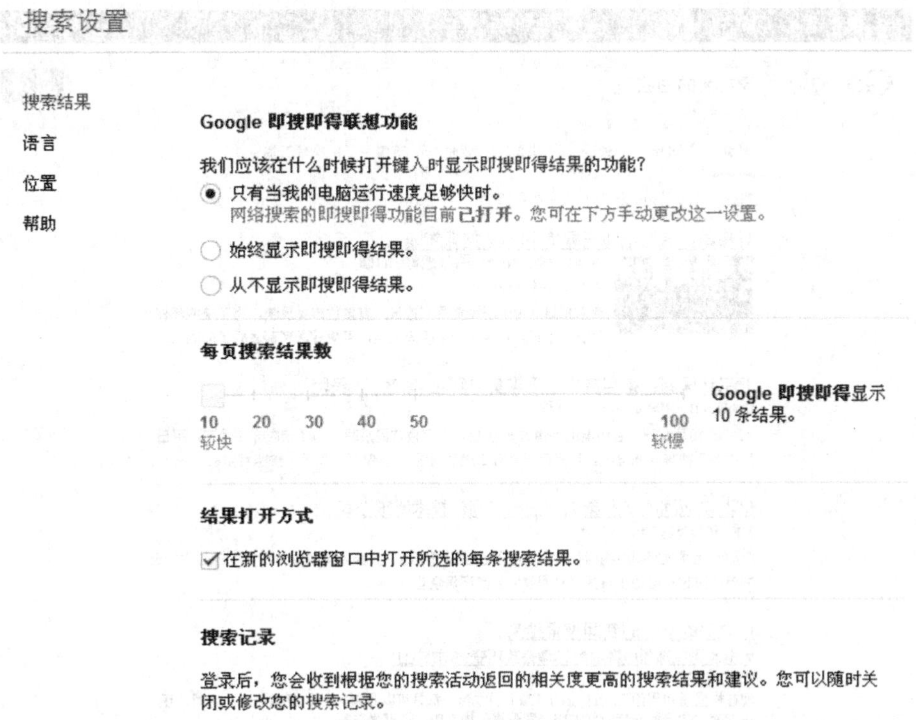

图 2-10　Google 搜索设置界面

2.3　Google 的高级搜索功能

2.3.1　双引号与通配符

如果要精确检索，可以使用英文双引号将搜索检索词括起来，以避免搜索引擎对输入检索词进行拆分；反之如果要模糊检索，则可以使用通配符"*"。

使用英文双引号进行精确检索实际上就是把整个输入字符串当成词组进行检索。图 2-11 是使用和未使用英文双引号进行检索后结果的比较，其中的（a）图未使用英文双引号，（b）图使用了英文双引号。从结果可以发现，使用双引号后检索结果数量减少，但精确程度提高；而不使用双引号，搜索引擎会自行处理输入字符串，根据内部设定的一些原则处理字符串（例如会把字符串分割成单词、忽略一些虚词等），结果是返回更多的与输入项类似的检索结果（与输入项不完全一致），而使用双引号就可以避免这些情况的发生。

通配符（wildcard）是一类字符，包括星号（*）、问号（?）和百分号（%）等，当进行网络或文件查找不确定的字符或者不想键入完整单词时，可以使用它来代替真正字符或单词，即"部分一致"。Google 对通配符支持比较有限，目前只支持"*"（星号），属于"全词通配符"（full-word wildcard），直接代替单词而不是单词中的某个或几个字母，一次检索可以使用多个星号。要注意的是，通配符最好是与双引号一起使用，以减少结果的不确定性。图 2-12 为分别使用""废*电池回收""和""废*电池*回收""（检索词均包含英文双引号，使用通配符最好要加英文双引号）进行检索的结果。可见，Google 返回了不同的结果，星号被若干个具体的字所代替。

除了通配符，Google 还支持一种近义词搜索功能，方法是在关键词前面直接加"~"（注意，这个是英文符号，不是"～"。后者是中文符号，所占宽度为英文字符的双倍。实际

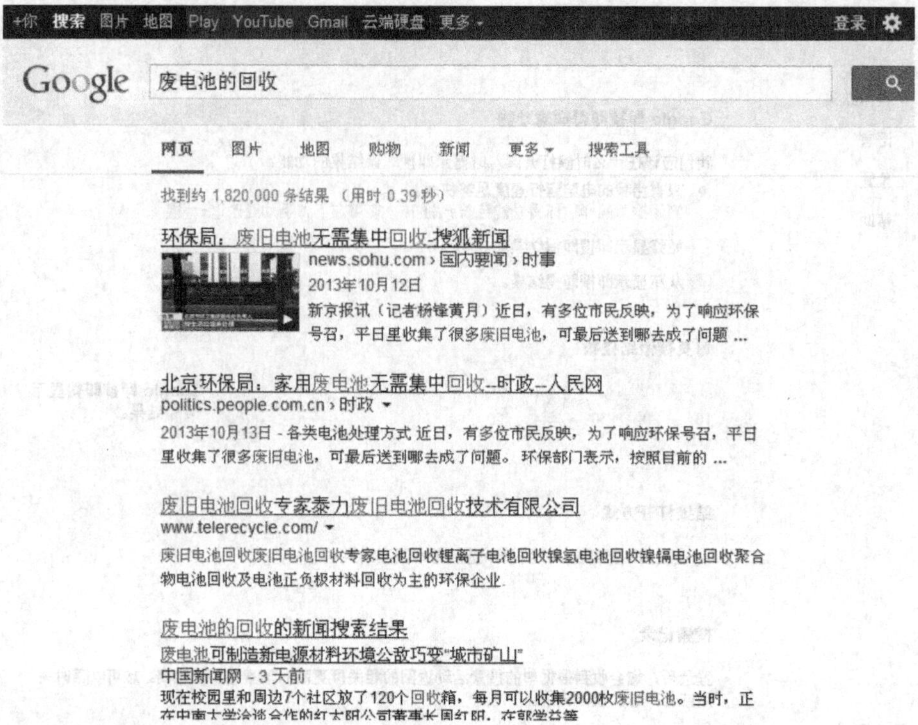

(a) 未使用英文双引号

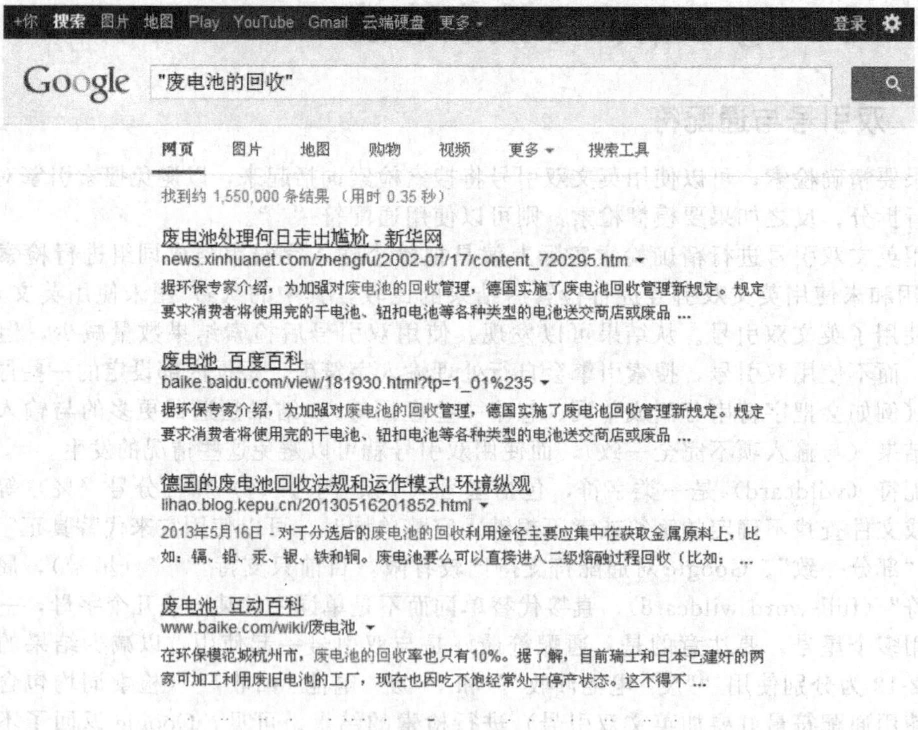

(b) 使用了英文双引号

图 2-11 是否使用双引号的检索结果比较

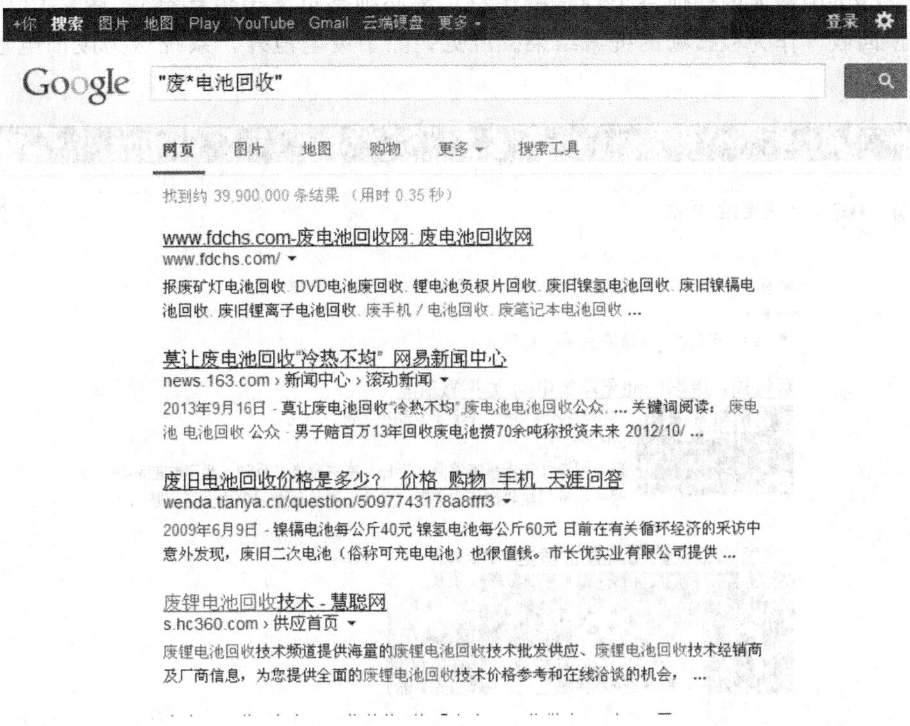

(a) 搜索""废*电池回收""(检索词包含英文双引号)

(b) 搜索""废*电池*回收""(检索词包含英文双引号)

图 2-12 使用通配符进行搜索

上，在 Google 中输入的任何一个特殊操作符，都必须是英文半角字符）。图 2-13 为使用了"~废电池 回收"作为检索项的搜索结果。可见，除了废电池外，系统认为废旧电池与废电池是同一含义。

图 2-13 近义词搜索

2.3.2 限定检索位置

位置限定操作符包括"intitle:""intext:""inanchor:""inurl:""allintitle:""allintext:""allinanchor:""allinurl:"等。使用这类语法意味着搜索关键词必须出现在网页的某个位置上，其中有"all"前缀的表示所有关键词都必须出现在指定位置，否则只要求第一个关键词符合要求即可。

"intitle:"和"allintitle:"限定了关键词必须出现在标题上。由于标题是"摘要的摘要"，因此关键词出现在文档标题通常意味着该文档与检索目标具有极高的相关度。图 2-14 显示了使用这两个操作符的检索结果。要注意的是，"intitle:"检索结果也出现了所有关键词同时出现在标题中的情况，这是因为结果相关度在两种情况下都为最高。另一对限定符"intext:"和"allintext:"则限定了检索项必须出现在网页文档内文。显然，内文的重要性不如标题。

"inurl:"和"allinurl:"限定了检索项要出现在超链接的网址部分；而"inanchor:"和"allinanchor:"则限定了检索项要出现在超链接的文字部分。本例使用"废电池"作为关键词，分别用"inurl:"和"inanchor:"的检索结果如图 2-15 所示。

另外要注意的是，所有位置操作符后面的英文冒号是必须的，而且操作符和关键词中间不能有空格。

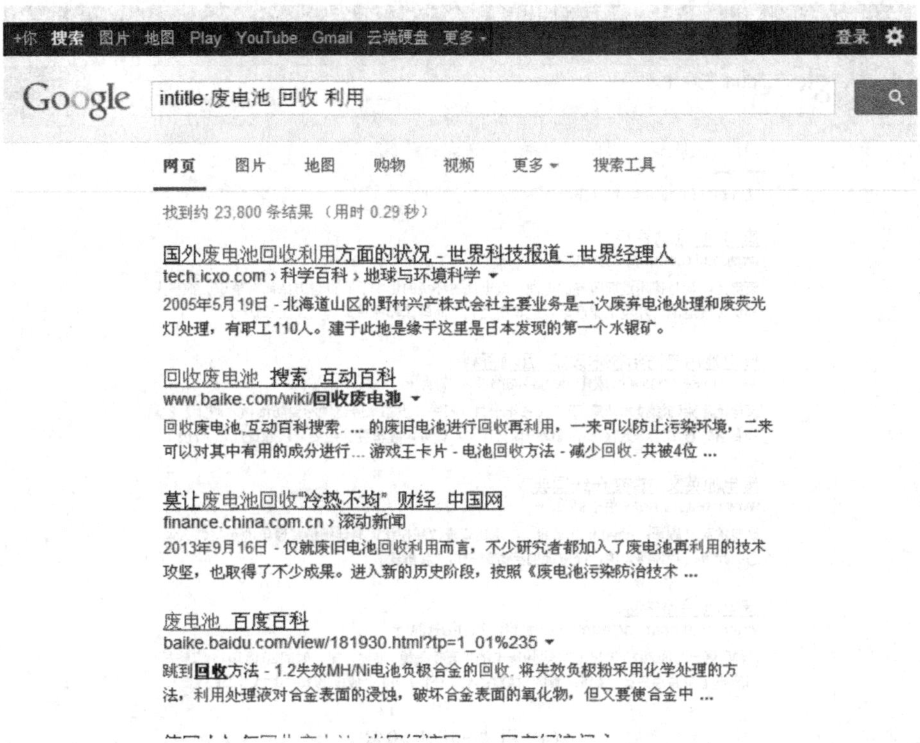

（a）用“intitle:”检索

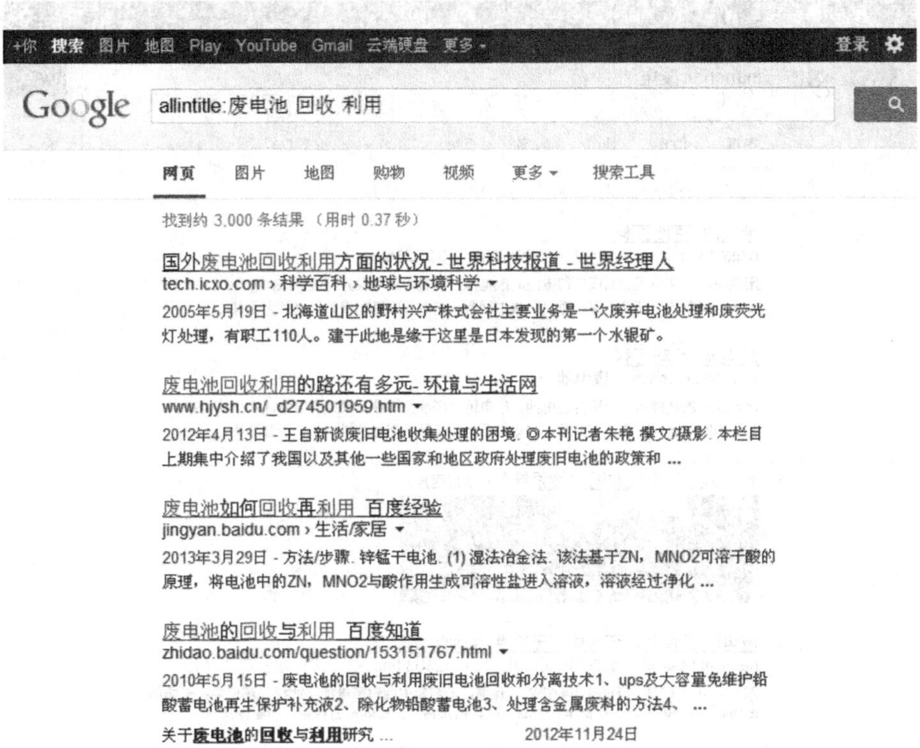

（b）用“allintitle:”检索

图 2-14　限定标题检索

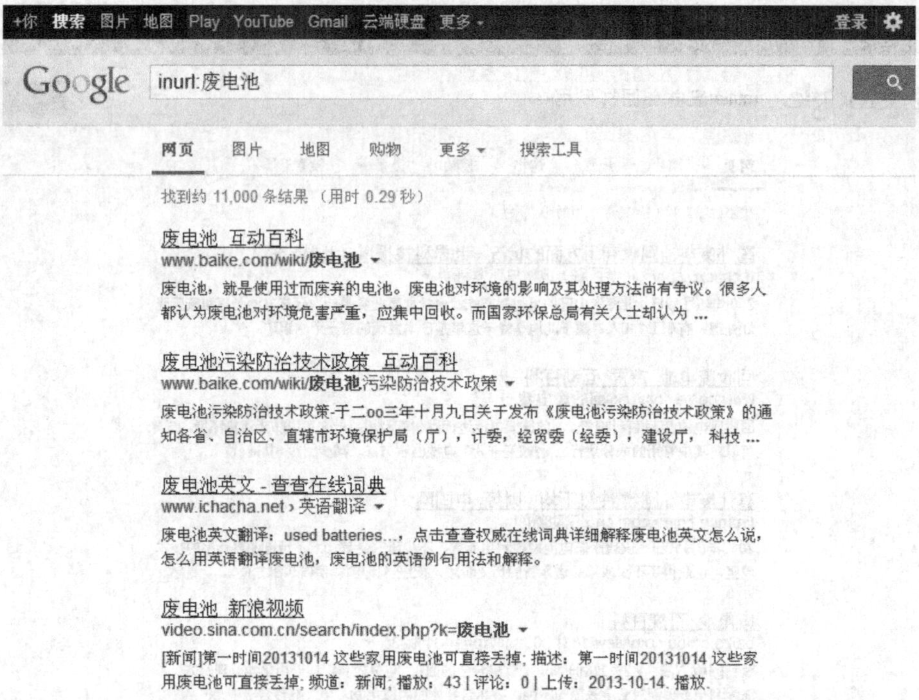

(a) 用"inurl:"检索

(b) 用"inanchor:"检索

图 2-15 "inurl:"和"inanchor:"的区别

2.3.3 限定检索域

如果希望只检索某个域名或网站下的网页，则可以使用"site:"操作符进行限定，操作时输入"关键词 site:域名"。限定域名的意义在于限定信息来源，因为信息来源对于信息的可靠性是非常重要的。例如"site:edu.cn""site:scnu.edu.cn""site:gov.hk"等。限定检索域的另一个重要作用是获得特定网站发布的信息，如图 2-16 所示。

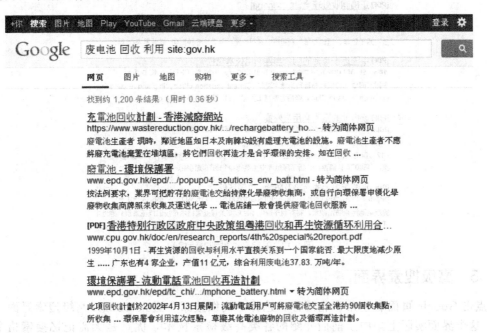

图 2-16 限定域名搜索

2.3.4 限定文件类型

除了网页之外，Google 还会自动检索互联网上 Word、Excel、PowerPoint、Flash 等 13 种非 html 格式的文档。限定文件类型（格式）的重要意义，除了获取特定文档的内容（不同格式一般有不同的用途，例如 Excel 或 PowerPoint 格式存放的"内容"肯定与网页存放的"内容"有极大的区别）外；另一个重要意义在于不同文件格式的信息可靠性不同，通常来说，某种文档类型使用的人越少则信息可靠性反而越高（而质量和可靠性较差的信息总是在大众中传播）。例如 PDF 文件格式的可靠性就很高，因为 PDF 文档格式保证了所有人看到的该文档的内容是完全一致的，并不会因为计算机系统的不同而产生阅读上的差异，因而这类文档多为学术论文、科技报告或政府公文；而网页格式的信息由于任何人都可以发布，因此通常可靠性一般，从某个意义上来说，QQ 信息和手机短信也有类似的性质。

要检索某种特定文档的内容，输入语法为"filetype:文档扩展名 关键词"，"filetype:"也可以使用"ext:"代替，关键词可以出现在"filetype:文档扩展名"前面或者后面，检索结果一致。这个语法可以接受的文档扩展名包括：doc（Microsoft Word）、xls（Microsoft Excel）、ppt（Microsoft PowerPoint）、rtf（Rich Text Format）、pdf（Adobe Acrobat PDF）、ps（Adobe PostScript）、swf（Shockwave Flash）、kml 或 kmz（Google 地球）、dwf（Autodesk DWF）、wri（Microsoft Write）、wks 或 wps（Microsoft Works）、ans 或 txt（Plain Text）、lwp （Lotus WordPro）、mw（MacWrite）、wks（Lotus 1-2-3）。扩展名后面括号为该扩展名的文件格式说明，检索时无需输入。检索实例如图 2-17 所示。

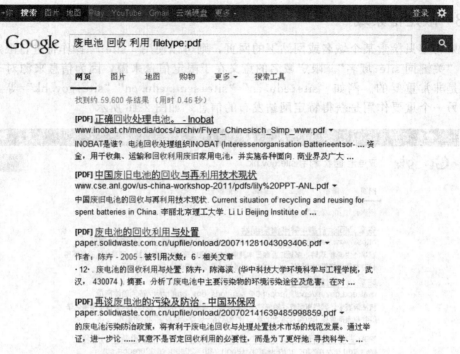

图 2-17　限定文件类型进行检索

2.3.5　高级搜索界面

点击 Google 页面右上角齿轮图标，选择"高级搜索"进入 Google 高级搜索界面（图 2-18）。这个界面实际上集中了前面介绍的各类高级检索技术，优点是无需记忆搜索指令（语

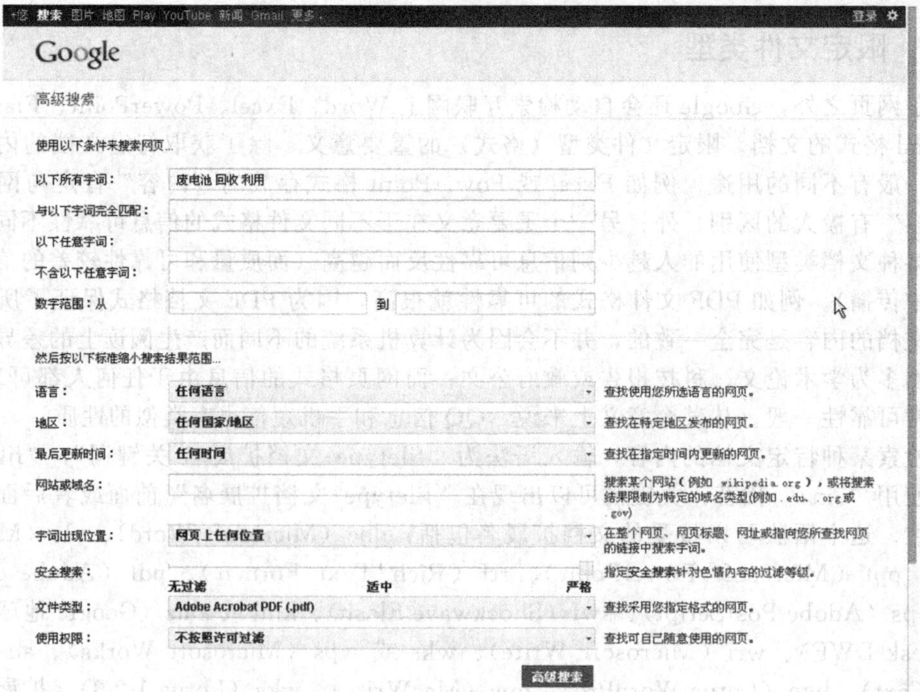

图 2-18　Google 高级搜索界面

法）。本书之所以不推荐高级检索界面而使用搜索指令，是因为使用这些指令更灵活，可以构建更复杂的搜索式，并可以随便修改和调整。高级搜索中输入项与对应搜索功能如表 2-1 所示。

表 2-1 Google 高级搜索项目

高级搜索内容	对应意义或指令
以下所有字词：	多关键词 AND 操作
与以下字词完全匹配：	词组，即加英文双引号
以下任意字词：	多关键词 OR 操作
不含以下任意字词：	NOT 操作
数字范围:从___到___	搜索数字范围
语言：	任何语言，或特定语言的网页内容
地区：	任何国家/地区，或特定地区发布的网页
最后更新时间：	任何时间，或时间范围，或最近时间范围
网站或域名：	对应 "site:" 指令
字词出现位置：	在整个网页、网页标题、网址或链接中的字词。对应 "intitle:" "inurl:" "inanchor:" 指令
安全搜索：	内容过滤等级
文件类型：	任意格式 或 指定格式 的 文档 对应 "filetype:" 指令
使用权限：	版权问题，查找可自己随意使用的网页

2.3.6 特殊检索指令

除了以上常规的检索方法和指令，Google 还支持很多特殊的检索指令。例如可以直接输入数学式来进行运算：当输入 "sin（log（sqrt（5＋2*3^4)))" 点击搜索时，返回的搜索结果的第一条不是使用这个式子作为字符串的匹配网页，而是该式的计算结果。关于 Google 计算的常用操作符请参考表 2-2。

表 2-2 Google 数字运算符参考

运算符	意义	实例
+ 或 plus	加	12 + 34
- 或 minus	减	3.4 - 5.6
* 或 times	乘	56 * 7
/ 或 divided by	除	7 / 8
% of 或 percent of	百分数	45% of 39
mod 或 %	余	15 mod 9
^ 或 **	幂	2 ^ 5
the nth root of	开方根	4th root of 16
reciprocal of	倒数	reciprocal of 7
sin,cos,tan,sec,csc,cot	三角函数	cos(pi/3)
arcsin,arccos,arctan,arccsc 等	反三角函数	arccos(0.5)
ln	自然对数	ln(16)
log	对数(以 10 为底)	log(16)

续表

运算符	意义	实例
exp	自然指数函数	exp(16)
!	阶乘	5!
e	自然对数的底	e
pi	π	pi/6
gamma	欧拉常数	e^gamma
i	虚数	i^2
Avogadro's number	阿伏加德罗常数 N	Avogadro's number
k 或 Boltzmann constant	玻耳兹曼常数 k	Boltzmann constant
Faraday constant	法拉第常数 F	Faraday constant
G 或 gravitational constant	万有引力常数 G	gravitational constant
molar gas constant	摩尔气体常数 R	molar gas constant
h 或 Planck's constant	普朗克常数 h	Planck's constant
c 或 speed of light	光速 c	speed of light
speed of sound	声速	speed of sound
in	各种单位相互转换	23 USD in Euros 3 miles in km 1500 in hex

再如使用"1800..1900",即两个句点来表示数字范围;使用"define:关键词"来寻找某个词的定义;使用"fy 单词"来进行翻译;使用"yb 城市名"或"qh 城市名"来获取邮编和区号;使用"tq 城市名"来获取某地天气,等等。

2.3.7 英文关键词的确定

对于自然科学类文献,英文文献比中文文献更有价值,这主要是由于当前世界上的科技成果大都是使用英文来发表(实际上,近年来每年中国人发表的英文论文已经超过全世界英文论文总量的 1/4,这也是为什么本书基本上不选择百度搜索引擎作介绍的主要原因,因百度对英文信息的检索能力极低)。要检索英文信息,就必须使用英文关键词进行检索。然而,英文关键词并不是直接将中文翻译成英文然后来检索那么简单,这主要是因为中英文并不是完全对应的。特别是科技英语,对于同一个意思,中文和英文都分别有多种的不同表达方法,因此不能够简单地使用英汉词典进行翻译。

那么如何确定英文关键词呢?方法是使用 Google 进行检索。具体是首先输入中文关键词,然后打一个空格(代表逻辑 AND)再输入中文关键词对应英文中比较容易确定的部分,最后再从检索结果中进行选择。例如要寻找到"废电池"对应的英文关键词,则输入"废电池 battery",输入结果如图 2-19 所示。从结果可见废电池对应的英文关键词包括"battery scrap""used battery"和"waste battery"等。要注意当前的检索结果实际上是来自于中文网页,使用的是中文的思维习惯。要进一步确定合适的关键词,可以分别使用三个关键词加上英文双引号(即词组检索,要求精确匹配)在 Google 中进行检索(这时候完全是基于英文信息的检索了)。检索结果表明,"battery scrap"的结果约 180 万条,"used battery"的结果约 160 万条,而"waste battery"的结果约 16 万条。因此,"废电池"的英文关键词应该是"battery scrap"和"used battery",而不是中文思维习惯上的"waste battery"。因

图 2-19 寻找到"废电池"对应的英文关键词

"废电池"并不是"废物",而是"废弃"(scrap)或者"用过"(used)。使用""battery scrap""为关键词精确检索结果如图 2-20 所示。再如检索"地沟油"可以输入"地沟油 oil",从结果中获取常用的翻译方法后再使用精确检索的方式在 Google 中再次检索,从结果数量中加以判断,结果发现"waste cooking oil"比"illegal cooking oil"或"swill-cooked dirty oil"更合适。以上两例对大众关注度较高的主题的检索结果表明,直接中英互译是很不妥当的,对于学术性更强的专业术语就更不能直译了。

实际上,选择英文关键词应该选择一些比较中性的、不带感情色彩的译法,这与科学习

图 2-20 英文关键词精确检索结果

惯是一致的，因为自然科学是关于"自然物质运动的规律"，科学家并不是法官或社会运动家。反而，一些大众报纸杂志的记者或撰稿人由于本身科学素养比较差，或者为了哗众取宠，经常在报道新闻或信息时带上个人的感情色彩。典型的是把科技看成两个极端，即要么认为科技很伟大，专家的话一定是正确的；要么认为科技会带来极大的破坏性，生存环境充满危机。实际上，科技本身是没有好坏善恶的，如果非说有，那就要看科技是什么人在使用了。总之，在科技信息里面，通常是比较"客观"地看待某件事某个现象，即使作者有个人的看法，一般也是根据大量的结果和相对合理的逻辑推导得出的。而且科学工作者通常也能理性地看待不同学术观点，因为真正搞清楚一个问题的真相实际上是非常不容易的。要有效地获利这些科技信息，就要站在科学工作者中立的角度，选择合适的检索词。

2.3.8 一些搜索建议

为了提高检索效率，关键词及其逻辑组合的选择是最重要的。对于检索关键词的选择，最聪明的做法是，在检索之前就"猜测"检索结果页面中有可能出现的词，然后使用这些词来检索。换句话说，你必须预先知道可能答案的一些特征，这样才能快速找到答案，而不是一无所知过分依赖计算机的处理。要做到这一点，丰富的"检索经验"非常重要。检索是一项技能而不是知识，因此经常实践是很有必要的。此外，检索结果的数量对于检索者进行阅读和判断也相当重要。表 2-3 列举了一些基本的检索思路，用来缩小或扩大检索结果，一般要求是，相对准确地获取目标相关信息的同时，尽量保证信息有多种来源，以便综合起来获得最终结论。总之，检索是一种不断"尝试"的操作，获取的信息是否有效，取决于能否"减少某个问题的不确定性"，最终形成个人相对合理的、适合于个人的决策。

表 2-3 缩小或扩大检索结果的方法

如果结果太多,则进行限制	如果检索结果很少,则适当扩大
增加一个关键词	减少一个关键词
使用词组(即用双引号)	取消双引号
使用特定词(范围小的专用词)	使用范围大的泛指词
使用 AND 和 NOT 操作(-)	使用 OR 操作
减少检索式中的 OR 操作	增加同义词或近义词(OR 操作)
限制域名或网站(site:)	不限定域名/网站,或将限定域名变短
限定时间	不限定时间
限定检索位置(intitle:等)	不限定位置
限定文件类型(filtype:)	不限定文件类型
限定检索语言的网页	不限定语言
限定某个国家或地位的网页	不限定检索区域
同时使用以上多个限定的组合	不限定

2.4 Google 的附属功能

Google 系统除了网页检索外,还提供了多种其他服务,以下简单介绍部分在科技文献信息检索中比较有用的附属功能。

2.4.1 学术检索

在网络浏览器地址栏输入 "http://scholar.google.com" 即可进入 Google 学术搜索 (Google Scholar), 如图 2-21 所示。总体界面与 Google 网页搜索类似, 区别在于这个系统只检索学术信息, 如学术期刊、专利和图书等, 而不检索一般的网页。当然, 由于学术信息

图 2-21 Google Scholar 界面

与网页信息具有不同的属性,因此其检索方法也略有差异。

从某个意义上,Google Scholar 是科技文献检索的最优入口,这是因为:首先,Google Scholar 是真正意义上的"全文"文献检索,并且使用了 Google 系统最核心的相关度排序算法,因此无论是从"查全率"或是"查准率"都比绝大多数只能检索摘要的系统要出色。其次,Google Scholar 提供了全面的学术信息来源,包括比较完整的学术期刊、专利和图书相关全文信息,并且涵盖了世界上几乎所有的重要的学术出版机构(因目前所有的重要学术机构都会出版网络版),而网络信息的抓取、索引和检索排序正是 Google 系统的强项。最后,Google Scholar 检索系统是免费的,这为大部分不能够在大学或科研机构内部工作的用户(通常学术数据库会限制用户的 IP 地址),提供了一个重要的获取较完整学术信息的工具。

当然,Google Scholar 也不是很完美的。首先,它不能够保证涵盖了所有学术出版信息,例如某些杂志并没有网络版,则不能够被其收录。其次,它对于所收录的学术文献是完全平等的,这意味着它会提供很多相关的,但是不重要的学术信息来源,而增加了检索者的阅读量。因为一般情况下,检索结果文献数量通常比检索者所能阅读的数量要多,因此通常只能选择一部分"重要的"文献来进行阅读,而 Google Scholar 并不能很好地解决这个问题(相对来说 Web of Science 系统在这个方面比较出色)。此外,Google Scholar 的高级检索功能还很有限。

使用"battery scrap"作为关键词(Scholar 也支持中文关键词),检索结果如图 2-22 所示。从图可见,检索结果为一个列表,每篇文献为一小段,包含文献标题、作者、文献来源和出版商、文献内文的摘要(高亮关键词)、被引用次数、相关文章、所有数个版本、保存等信息或功能。此外点击右上角的时间限制按钮,可以对文献的发表时间进行限制以获得最新的文献,或者改变检索结果的排序方式(缺省设置是按相关度排序,可以改成按日期排序,则最新的文献出现在最前面,但不保证高度相关性)。

图 2-22　Google Scholar 搜索结果

点击文献标题，会进入文献来源网站，以便获取文献全文，例如点击"A low-temperature technique for recycling lead/acid battery scrap without wastes and with improved environmental control"条目，结果如图 2-23 所示。要说明的是，要获取文献全文，取决于两种情况：一种是读者所在机构已经购买了该杂志或其所在的学术数据库；另一种是用户没有购买但是在 Internet 系统中能够找到全文的文献。对于后者，Scholar 会直接提供一个全文链接（置于文献标题右侧，显示来 为＊＊＊＊＊＊＊＊ [PDF]，参见图 2-24）。这也是 Scholar 这个系统对于没有在大学或科研机构工作的读者的重要意义，因为在正常情况下，没有权限的读者是没有机会获得文献全文的。除此之外，还可以点击"所有 n 个版本"，寻找不同的出版商信息源，以便从其他来源获得文献全文，因为某些文献会同时由不同的出版商加以发布，读者因此可以根据自身的情况通过合适的出版商获取全文。

图 2-23 获取文献全文

"被引用次数"是一个重要的指标，用于判断某个具体文献的相对学术价值，通常引用次数越多，说明文献的学术原创性和价值越大。实际上，系统缺省的排序方式即相关度排序，已经考虑了这个引用次数的参数，即通常引用次数比较多（但不一定最多，因还要考虑关键词相关度）会排在前面。点击这个"被引用次数"可以进一步了解这个指定的文献都被哪些文献引用过，如图 2-24 所示。通常，这些引用文献与原文献的相关度也非常高，因此也有可能需要阅读；另外还可以从引用文献得到一些启发，即原文献是如何被其他人进一步发展的，这通常是体系、角度、领域、思维方向的变化等。阅读被引文献对于提高研究者的科研能力很有帮助。

"保存"的功能用于建立在线个人学术图书馆（需要注册账号）。

点击"更多"可以获得将当前文献信息导出的功能，主要包括两种：一种称之为"引用"，即将当前文献呈现为参考文献的格式，支持 GB/T 7714（中国国标）、MLA、APA 等

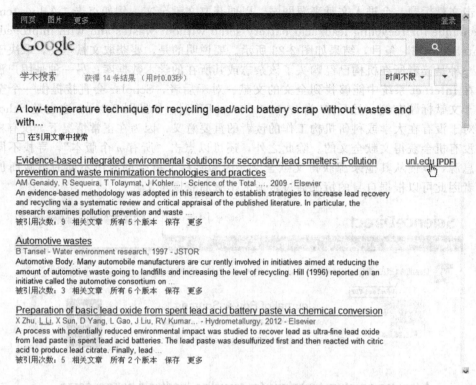

图 2-24 引用某篇论文的文献列表

三种格式，可以直接复制粘贴到自己的文章中；另一种是导出为文献管理软件的格式，支持 BibTeX、EndNote、RefMan、RefWorks 等比较常用的文献管理格式，通常输出为一个文件（内容比前面的"引用"要详尽），然后用户可以使用相应的软件来进行管理。另外，Scholar 允许设定图书馆链接，这样系统会为每个文献增加一个与读者所在机构图书馆的接口，可以充分利用图书馆资源，避免界面的切换和输入的误差。其快速定位文献的基本原理主要是基于文献 DOI（digital object unique identifier）号。

2.4.2 专利检索

在网络浏览器地址栏输入"http：//www.google.com/patents"或"http：//www.google.com/？tbm=pts"即可进入 Google 专利检索界面，如图 2-25 所示。总体界面与 Google Scholar 类似，只不过这个系统是专门检索专利信息的。

继续以"battery scrap"为关键词为例，检索结果如图 2-26 所示。从图可见，检索结果界面与 Google 网页检索类似。检索结果列表中，提供了包括专利名称、专利号、申请日期、公布日期、发明者、申请人、文本摘要、图形摘要、概述、相关信息等内容。此外，打开"搜索工具"可以对搜索搜索结果进行定制，具体包括时间、专利局、申请状态、专利类型、排序方式的限定等。

不同于科技论文，专利通常可以比较容易地获得全文，这是因为专利本来就是公开出版（发布）的，以便使其产品和权利广为人知。Google 专利检索系统中，大多数只需点击专利名称，即可以打开专利全文，以"Pretreatment method for recycling scrap lithium ion battery"专利为例，点击后显示网页格式的全文，点击"查看 PDF"后结果如图 2-27 所示，也可以直接下载 PDF 格式全文。Google 专利检索也是基于全文搜索技术，可以使用各类工具阅读全文内容，或者使用搜索栏快速地在专利全文中定位搜索关键词。

图 2-25　Google 专利检索界面

图 2-26　Google 专利检索结果

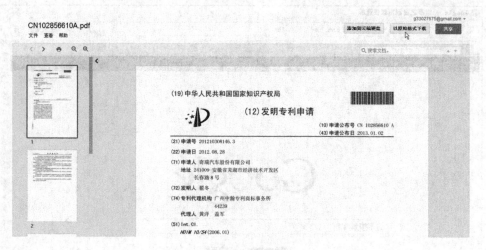

图 2-27　获取专利全文

2.4.3　图书检索

　　Google 的图书检索（http://books.google.com）为我们提供了一个使用全文检索技术来搜索图书和杂志内文的机会，其功能和检索效率比传统的图书检索（主要是书目、作者、出版者和关键词检索）强得多。以"battery scrap"为关键词的检索结果如图 2-28 所示。由图可见，检索结果包含了书名、出版商、出版时间、搜索关键词所在章节页码等信息。"搜索工具"则提供了一些限定和排序的选项。点击书名进入内文，见图 2-29，直接定位到图书正文中第一次出现该检索词的位置。要说明的是，由于受到版权的限制，通常读者只能阅

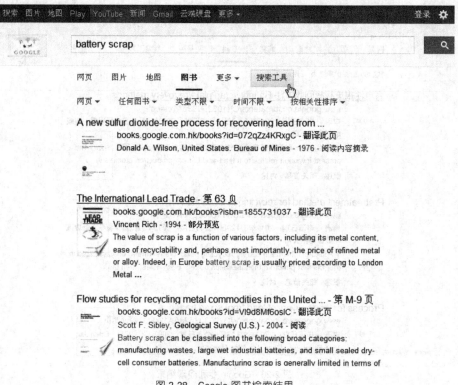

图 2-28　Google 图书检索结果

图 2-29 Google 图书全文界面

读到关键词所在前后几个页面的内容，如果读者确实需要该图书，Google 会提供相应在线书店链接或链接图书馆的索书号。这看起来好像很不方便，但实际上 Google 这种能够全文检索图书，实现快速图书内页正文定位关键词的功能，与传统图书检索相比，应该说是革命性的进步了，这一点对于科技检索尤为重要。这是因为科技检索，通常需要的是快速定位一个分子式或反应式、一个化合物的某种物理化学性质等，这些东西不可能在图书馆提供的图书卡（标题、作者、关键词、摘要等）中得到。

2.4.4 图片检索

Google 图片检索（http://images.google.com）提供了一个通过关键词搜索数十亿图片的功能。以 "battery scrap" 为关键词的检索结果如图 2-30 所示。检索结果为图片缩略图列表，用鼠标点击相应缩略图，会显示图片的更多信息，用于获取原图（更高质量）或者图片的来源网站。实际上，对于科技信息检索来说，某个图形的来源网站上的信息，比图片本身还重要，因为该网站除了提供图片外，还提供图片的其他信息的文字说明，而更重要的是图片来源网站的内容与检索主题通常密切相关。

图 2-30 Google 图片检索

搜索工具提供的检索结果限定选项包括时间、尺寸大小、类型和颜色等。例如将图形类型限定为"剪贴画",则结果如图 2-31 所示。

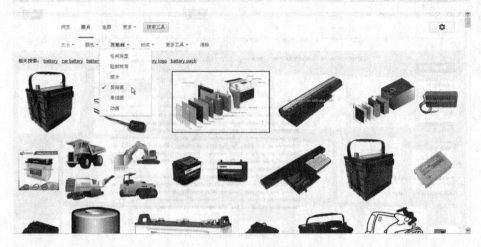

图 2-31 Google 图片检索结果显示

Google 图片检索有一个比较特殊的功能,即可以使用图片而不是关键词来检索图片,方法是点击搜索文本输入框右侧的相机图标(图 2-30)。打开后可以提供一个网络图片的地址或者直接上传本地图片,然后点击搜索,Google 将根据这个图片找到类似的相关图片。这对于我们希望获得一些图片而又很难使用语言来加以描述的情况是很有意义的。利用这个功能,甚至可以根据一个图片来定位某个人,或者根据当前的场景找到自己所在的地点,再结合 Google 地图功能,理论上只要找到标志性建筑,在有智能手机的情况下是不会迷路的。

2.4.5 Google 翻译

Google 翻译(http://translate.google.com)提供了数十种语种的实时互译。如图 2-32

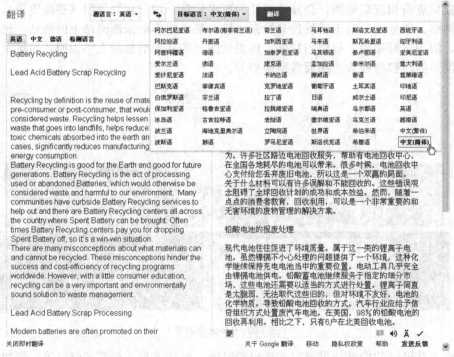

图 2-32 Google 文本翻译

所示，只需要将要翻译的文本粘贴到左边文本框中，选择语种或让系统自动确定语言，然后系统会在右侧极快地翻译成目标语言文本（机器翻译）。如果将鼠标移动到翻译后的文字上方，还可以显示对应的原文，以提高文本的可读性（机器翻译的质量不可能高，通常还需要人工进一步校对和润色）。

如果输入的不是要翻译的文字，而是输入一个网站地址，则 Google 翻译将会对整个网站的内容进行翻译，如图 2-33 所示。与文本翻译相类似，除了可以选择各种语言进行互译外，将鼠标移动到翻译后的文字上方，将出现原文，以便对照阅读，增加机器翻译的可

(a) 翻译前

(b) 翻译后

图 2-33 Google 的网站翻译

读性。

实际上，当我们使用 Google 搜索非界面语言的网页时，在检索结果中，标题的右侧，经常会自动出现"翻译此页"的超链接，点击这个超链接，也可以自动进入 Google 翻译系统界面。

2.4.6 Google 快讯

为了动态跟踪信息，Google 提供了"快讯"功能（http://www.google.com/alerts），如图 2-34 所示，这就是所谓的"主动推送"功能。要获取快讯功能，首先需要设定检索关键词、结果类型、发送频率、结果数量，然后输入正确的电子邮箱地址，最后点击创建快讯。Google 将发送一个确定邮件到该邮箱中，在得到了用户确认后，Google 按照设定的频率"自动"对其数据库进行检索，如果互联网上有"新的"内容，则会自动将新的检索结果发送到用户指定的电子邮箱中。

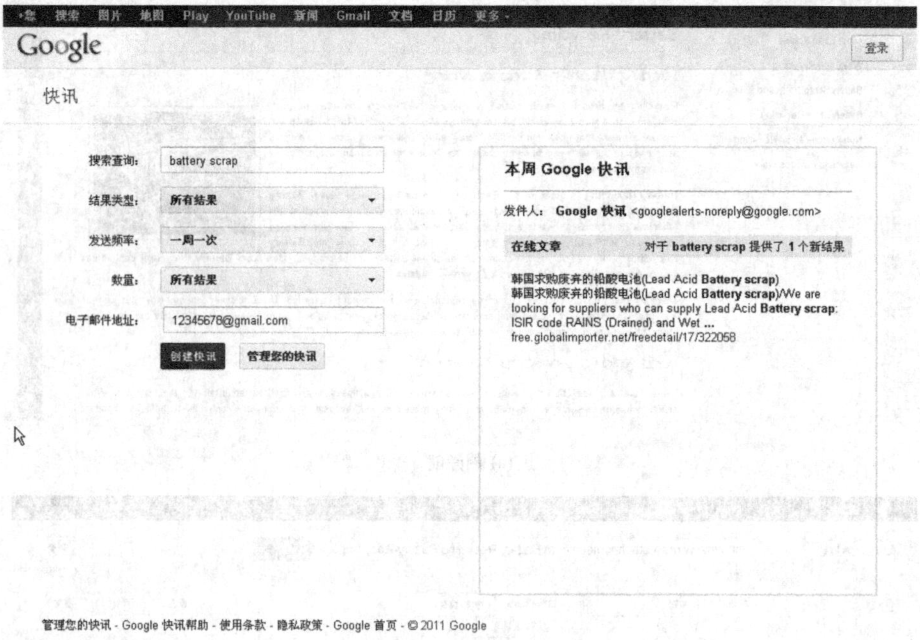

图 2-34　Google 的快讯功能

2.4.7 Google 镜像网站的问题

在 Google 搜索的时候，经常会遇到突然出现"该页无法显示"的提示，并且之后的十多分钟都无法正常连接 Google，解决这问题的方法是直接修改地址栏中 Google 的网站地址（直接修改 Google 的域名部分）然后按回车键。这个方法其实就是将搜索转向 Google 在全球的其他镜像网站，一般情况下，检索结果并没有分别。

Google 在全球的部分镜像网站地址如下：
www.google.com
www.google.com.sg
www.google.com.my
www.google.co.jp
www.google.co.uk

www.google.com.au
www.google.ca

2.5 其他搜索引擎简介

2.5.1 中文搜索引擎

（1）百度（http://www.baidu.com） 百度是全球最大的中文搜索引擎，收录了数十亿中文网页，是中国互联网用户最常用的搜索引擎，每天完成上亿次搜索。与Google相比，百度对于中文内容的信息完整性（中文信息容量）以及对中文用户输入搜索项的理解能力更强（很多初级检索者以句子或问题而不是以关键词组合进行输入，因此涉及中文内容的理解，这一点Google是比不上百度的），拥有百度百科、百度知道、百度文库等为广大中文用户所喜爱的功能，且绝大多数Google中的功能和指令都能够在百度系统中找到对应的项目，因此百度绝对是广大用户的一个好的选择。然而，百度的英文检索与Google相比差距极大，且在检索结果排序方面过分注重商业利益（竞价排名）导致其客观性不足，这使其不适合作为科研所需互联网信息检索的首选入口。百度提供的各类服务如图2-35所示。

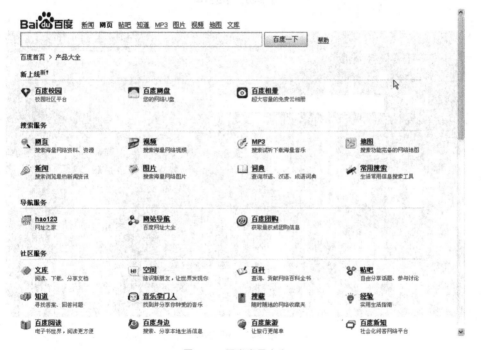

图2-35 百度产品大全

在这里要特别提及百度的百科服务。百度百科（图2-36）是百度公司推出的一部内容开放、自由的、完全免费的网络百科全书，涵盖内容非常广泛，是广大用户了解各种专业常识的重要入口。

（2）必应（Bing）（http://cn.bing.com/） 必应（Bing）是微软2009年推出的新版搜索引擎，与以前的MSN搜索相比，性能明显提高，在世界范围内的使用占有率也逐年提升，但目前整体性能与Google还存在较大的距离。必应首页如图2-37所示。

（3）搜狗（http://www.sogou.com/） 搜狗是搜狐公司（sohu.com）于2004年推出的全球首个第三代互动式中文搜索引擎。

图 2-36 百度百科

图 2-37 必应首页

(4) 有道搜索 (http://www.yodao.com/) 有道是网易 (163.com) 自主研发的搜索引擎。除了搜索引擎外，有道在英语在线翻译和词典方面做得也比较有特色。

(5) 360 综合搜索 (http://so.360.cn/) 360 综合搜索是 360 公司推出的独立搜索业务，将 360 搜索、百度搜索、谷歌搜索界面集成整合成一个页面，实现不同搜索引擎间的快速切换搜索。

(6) 雅虎全能搜索 (http://www.yahoo.cn/) 雅虎全能搜索索引全球 120 多亿网页，支持 38 种语言。

(7) 狗狗搜索 (http://www.gougou.com/) 中国最大的下载资源搜索网站，因版权问题，目前已经关闭。

2.5.2 英文搜索引擎

除了 Google 和 Bing 外，其他比较重要的英文搜索引擎包括：

（1）Yahoo（http：//www.yahoo.com） 老牌的互联网公司，搜索引擎的技术不是特别优秀，但收录信息量是除 Google 外最多的（图 2-38）。

图 2-38 Yahoo 搜索首页

（2）Ask Jeeves（http：//www.askjeeves.com）

（3）AllTheWeb.com（http：//www.alltheweb.com）

（4）HotBot（http：//www.hotbot.com）

（5）AltaVista（http：//www.altavista.com）

（6）LookSmart（http：//www.looksmart.com）

（7）Lycos（http：//www.lycos.com）

第3章 中文文献数据库：拓展视野

Chapter 3

本章核心内容概览

学术论文及其结构
- 学术论文的定义
- 学术论文的结构
- 学术论文的类型
- 参考文献的格式

中国知网

查找文献
- 期刊导航系统
- 高级检索方式
- 知网节
- 一框式检索
- 全文下载与阅读

结果分析
- 检索结果界面
- 检索结果分组
- 检索结果导出
- 检索结果分类
- 检索结果排序
- 检索结果分析

其他中文数据库简介
- 万方数据库
- 维普数据库

3.1 学术论文及其结构

3.1.1 学术论文的定义

学术论文，是某一学术课题在实验性、理论性或预测性上具有的新的科学研究成果或创新见解的科学记录，或是某种已知原理应用于实际上取得新进展的科学总结，用以提供在学术刊物上发表、在学术会议上交流或用作其他用途的书面文件。

学术论文的特点包括：

（1）科学性　要求作者在立论上不得带有个人好恶的偏见，不得主观臆造，必须切实地从客观实际出发，从中引出符合实际的结论。在论据上，应尽可能多地占有资料，以最充分的、确凿有力的论据作为立论的依据。在论证时，必须经过周密的思考，进行严谨的论证。

（2）创造性　科学研究是对新知识的探求。创造性是科学研究的生命。学术论文的创造性在于作者要有自己独到的见解，能提出新的观点、新的理论。没有创造性，学术论文就没有科学价值。

（3）理论性　学术论文在形式上是属于议论文的，但它与一般议论文不同，它必须是有自己的理论系统的，不能只是材料的罗列。应对大量的事实、材料进行分析、研究，使感性认识上升到理性认识。

（4）平易性　指的是要用通俗易懂的语言表述科学道理，不仅要做到文从字顺，而且要准确、简要、鲜明、力求生动。

3.1.2 学术论文的类型

学术论文有多种分类的角度，本书主要分成以下四种：

（1）研究论文　是对科学实验过程中获得结果的总结，用以报道学术价值显著、实验数据完整、具有原始性和创新性或社会效益和经济效益大的研究成果。研究论文主要包括期刊论文和会议论文。

（2）综述论文　是对某一时期内有关学科、专业或技术、产品所取得的科研成果、所达到的水平以及发展动向进行的综合叙述。

（3）学位论文　是表明作者从事科学研究取得创造性的结果或有了新的见解，并以此为内容撰写而成，作为提出申请授予相应的学位时评审用的学术论文。学位论文包含学士论文、硕士论文和博士论文三个级别。

（4）教学论文　结合教育教学理论和原理，对教学实践结果进行归纳总结的论文。

3.1.3 学术论文的结构

为了方便学术交流、信息存储、检索与利用，学术论文在结构上，如体例格式、参考文献、插图表格、数学公式、计量单位等方面，都要求符合一定的标准与规范。一般而言，学术论文包括 8 个必要的组成部分，包括题名、作者、摘要、关键词、引言、正文、结论和参考文献，其中前 4 个称为前置部分，后 4 个称为主体部分。

（1）前置部分（图 3-1）要求

① 题名（title）　即论文的题目。题名要求以准确、简洁、清晰的词语来反映论文的核心内容和学术价值。例如对研究对象、研究方法的限定，或者对研究结果、理论机制的反映。一般以不超过 20 个汉字或 10 个英文实词为宜，并避免使用不常见的缩写词、略

> **碳纳米管/半导体复合材料光催化研究进展**
>
> 肖 信[1,2]　张伟德[1]**
>
> (1. 华南理工大学化学与化工学院　广州 510640；2. 华南师范大学化学与环境学院　广州 510006)
>
> **摘　要**　碳纳米管具有良好的机械性能和导电性、高化学稳定性、大表面积以及独特的一维结构，与半导体光催化剂结合能够增强催化剂的吸附能力、提高光催化效率、扩展光响应范围，而且有利于回收催化剂，极大地提高了半导体光催化剂的综合性能。本文首先分析了半导体光催化剂和碳纳米管的特点，总结了碳纳米管增强半导体光催化的机理，然后分别从复合材料制备方法、复合半导体种类和典型的应用三个不同角度，归纳总结了近年来碳纳米管/半导体复合材料光催化的研究进展，最后对其发展趋势作了展望。
>
> **关键词**　碳纳米管　半导体　光催化　合成　应用
>
> 中图分类号：O643.36；O644.1　文献标识码：A　文章编号：1005-281X(2011)04-0657-12
>
> **Photocatalysis of Carbon Nanotubes/Semiconductor Composites**
>
> Xiao Xin[1,2]　Zhang Weide[1]**
>
> (1. School of Chemistry and Chemical Engineering, South China University of Technology, Guangzhou 510640, China; 2. School of Chemistry and Environment, South China Normal University, Guangzhou 510006, China)
>
> **Abstract**　Because of their unique one-dimensional geometric structure, large surface area, high electrical conductivity, elevated mechanical strength and strong chemical inertness, carbon nanotubes (CNTs) provide new features as supports for semiconductor photocatalysts with enhanced catalytic properties. The CNTs not only provide large surface for the dispersion of active semiconductors, but also improve the adsorption of the photocatalysts, enhance their photocatalytic activities, extend the light responding region and make them more easily recycled. The synergistic effect of the carbon nanotubes and semiconductors endows the nanocomposites with superb properties and excellent performance. In this review, based on the analysis and comparison of the advantages and disadvantages of semiconductors and carbon nanotubes, the enhancement mechanisms of the CNTs/semiconductor catalysts are introduced. Afterwards, the relevant literature and advances in photocatalysis of the CNTs/semiconductors are summarized according to (1) the preparation methods of composite materials, for example, direct deposition, sol-gel method, hydrothermal/solvothermal process, chemical vapor deposition and so forth; (2) the type of semiconductors, such as oxides, sulfides, nitrides and complex oxides, and (3) their typical applications, including the degradation of pollutants in water and air, photocatalytic splitting of water for hydrogen generation, used as antibacterial materials and as catalysts for the synthesis of organic compounds. Finally, the prospects and challenge for these composite materials are also discussed.
>
> **Key words**　carbon nanotubes; semiconductors; photocatalysis; synthesis; applications

图3-1　论文前置部分示例

语或代号。当题名不能完全显示论文内容时，也可以用副题名来补充说明论文中的特定内容。

② 作者（author）　作者信息包括作者姓名、工作单位、联系方式等，写在论文题目之下（部分信息以脚注形式呈现）。作者信息的作用有三：一是表明该项研究成果为作者所拥有；二是表明作者承担的责任；三是有助于读者与作者的联系。作者可以是单一作者，也可以是多作者。多作者的署名，按照对研究工作与论文撰写的贡献大小进行排名，但其中的通信作者（corresponding author，名字右上角加星号"*"标记）是实际的责任人，不管其排名处于哪一位置，其重要性基本上与第一作者相同甚或更加重要。同一作者可以有多个工作单位或联系方式，通常使用上标加以区分。

③ 摘要（abstract）　摘要是对论文内容不加注释和评论的简短陈述，是学术论文不可缺少的组成部分。摘要的作用是使读者在不用阅读论文全文的情况下，了解论文所涉及的主要内容，从而决定是否继续阅读全文。因此摘要应是原文的缩影，并可以替代原文独立阅读。摘要在内容上一般包括以下方面：a. 论文所研究问题的背景或意义；b. 论文研究的主要内容；c. 主要研究成果；d. 研究成果的意义。研究论文的摘要一般以150～300个字或实词为宜，学位论文或会议论文的摘要字数通常会较长，论文摘要的位置排在作者下方。

④ 关键词（keywords） 关键词是从论文中选取出来的，能够表达全文主题内容的单词或术语，是为了方便报告、论文的存储和检索而标出的简单的语词。关键词一般选取 3～6 个，排在摘要下方，也有部分杂志不要求提供关键词。

论文的前置部分是传统文献检索系统主要检索的依据，也是文献出版中免费公开的部分。对于读者来说，就是要根据这部分的信息，来判断是否要继续获取（花钱）和阅读（花时间）论文全文；对于作者来说，就是要在有字数限制的条件下，准确、简明、全面地反映论文的主体内容和研究成果，对读者进行有效的引导。为了方便国际交流，较好的中文学术论文，其前置部分通常以中英文双语呈现。

(2) 主体部分要求

① 引言（introduce） 引言又称前言，其内容一般包括：论文所研究课题的背景、目的、范围，对前人已有的工作的评价，理论基础和实验依据，预期的结果、实验设计、研究意义等。引言在文字上要求精练，篇幅一般不应太长，要能够吸引读者读下去。引言篇幅大小，需视整篇论文篇幅的大小、论文内容的需要来确定，一般 300～1000 字。引言部分对于一个研究论文来说是极其重要的，因为这一部分实际上是"解题"（对论文题目，即研究目标、研究内容、研究手段和研究意义的进一步解释和分析），主要是回答了"作者为什么要做这个研究"（即做这个研究的意义和价值在哪里），这就涉及作者对其研究课题所在细分领域的前沿问题以及国内外同行研究进展的把握。从这个意义上来说，写不好引言的作者，是没有资格从事后面的研究工作的，因其连什么才值得去研究都搞不清楚。引言部分过于简陋，没有解释"为什么要做"而直接进入"做了什么实验"，正是目前中文论文的整体学术水平低下的集中反映。

② 正文（body） 正文是一篇论文的主体，占据论文的最大篇幅。论文所体现的创造性成果或新的研究结果，都将在这一部分得到充分的反映。因此，要求这一部分内容充实，论据充分、可靠，论证有力，主题明确。为了满足这一系列要求，同时也为了做到层次分明、脉络清晰，常常将正文部分分成几个大的段落，并使用目录层次结构加以区分。对于研究性论文来说，正文部分通常包括实验（experimental）和结果与讨论（results and discussion）两部分。实验部分具体包括所使用的材料、材料的制备方法、表征技术、性能测试方法等的客观性描述。"结果与讨论"实际上是两部分内容：结果即实验结果，是描述性说明内容；讨论即对实验结果的分析、讨论和推测，是议论性内容。结果与讨论可以分开写作，但一般情况下是合并在一起来写的（夹叙夹议）。

③ 结论（conclusion） 是该论文的最终的、总体的结论，即整篇论文的结局，不是某一局部问题或某一分支问题的结论，也不是正文中各段小结的简单重复。结论应当体现作者更深层的认识，而且是从全篇论文的全部材料出发，经过推理、判断、归纳等逻辑分析过程而得到的新的学术总观念、总见解。

④ 参考文献（references） 本文引用的参考文献列表，与正文引用一一对应，是正文引用文献的来源链接，要确保读者能够根据这个链接找到唯一的原文。

除了论文的前置部分和主体部分，学术论文中出现的图表也要求格式规范。具体来说，图形必须包括图形本身和图形标题。图形标题写在图形下方，是对图形的文字说明，并要根据正文中提及的先后顺序连续编号，如图 3-2 所示。表格包含表格标题和表格本身，标题写于表格上方且要连续编号。表格建议采用"三线表"，即由三条横线组成，其中两条是表格的边界，另一条界于表头和内容之间，不出现表格竖线，如图 3-3 所示。

学术论文，其实也是一篇议论文，而一篇好的文章其基本要求是一样的，即是古人所说的"虎头猪肚豹尾"——开头要能吸引人（创新），中间内容要丰富、论证要科学和严密，结尾要有所呼应、层次要再提升，全文阅读起来要顺畅。

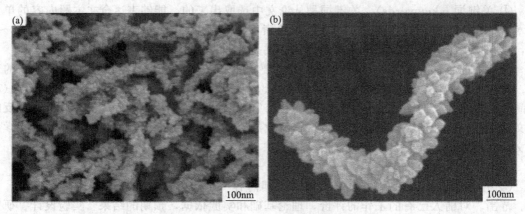

图5 以 TiF_4 为钛源制备的 TiO_2-MWCNTs 材料的形貌[41]
Fig. 5 SEM images of TiO_2-MWCNTs synthesized by one-pot chemical approach[41]

图 3-2 学术论文图形示例

表1 碳纳米管/半导体复合光催化剂的种类及制备方法总结
Table 1 The types of semiconductor/CNTs composites and their synthetic routes

semiconductor \ method	mixing	sol-gel	solvo-hydro-thermal	CVD	electric spin	ultrasonic	microwave	liquid	gas	hydrolysis	others
TiO_2	12, 26, 27, 51, 52	11, 25, 28, 29, 53—64	7, 22, 31, 56, 57, 65	8, 33, 35, 66—68	69—71	72		41	39	40	73, 74
ZnO	24		44, 75	32, 65, 76, 77							
CdS								78			79
ZnS							80				
ZnSe							81				
WO_3								45			
$InVO_4$			47								
Ta_3N_5	82										
Fe_2O_3	49										
$ZnFe_2O_4$			50								
M(OH)											83

图 3-3 "三线表"示例

3.1.4 参考文献的格式

在撰写学术研究的成果时，通常要提及他人的研究成果，这一过程叫做参考或引用。对于一篇学术论文来说，无疑论文的内容是最主要的，但从科研的规律来看，任何研究都是在前人研究的基础上进行的，所以，学术论文引用、参考、借鉴他人的科研成果，都是很正常的，而且是必需的。引用他人的研究成果的目标可能包括：引用他人正式公开发表的结论来增强自己论文中观点的可信性；对他人的研究结果进行评价，例如在某一领域取得的进展、提出的理论、工作的特点或不足之处进行评述，从中引出本研究的必要性、研究意义或新角度和新方法；引用他人提出的理论模型来解释或推算本文的实验结果；引用他人的研究结果与自己的研究结果进行比较。如实地呈现参考文献不仅表明作者对他人劳动的尊重与承认、对他人研究成果的实事求是的科学态度，也展示了作者的阅读量的大小，并能很好地呈现本研究工作在某个学科领域的位置。在一篇学术论文中，引言（introduce）和讨论（discussion）是引用最多参考文献的地方。通常，一篇论文的参考文献数量，以 30~50 篇为宜，综述论文则可达到 300 篇左右。

参考文献，包括正文中的标注和论文最后所附参考文献列表两个部分，两者是一一对应的关系，即在正文中呈现参考文献的标注编码，在文后能找到该标注对应的文献来源。一般情况下，一个文献只允许使用唯一的一个标注编码（但在文中可以反复引用）。正文中引用文献的标注方式有两种：顺序编码制和著者-出版年制。最常用的是顺序编码制，我国国家标准 GB/T 7714—2005《文后参考文献著录规则》规定了，文献编码是以上角标的形式，使用中括号（"["和"]"）将参考文献编号括起来，例如"[7]"；如果要引用两个文献，则两个文献之间用逗号隔开，例如"[7,22]"；如果要引用两个以上并且编号相连的文献，则可以使用半字线"-"隔开，例如"[7-12]"；对于要引用多个文献，但文献不一定连续的情况，则使用混合格式，例如"[7-12,15,21,23-25,51]"。在英文论文中，使用的规则与国标基本一致，但一般情况下不使用上标形式，如图3-4所示。在社会科学类的学术论文中，则多见著者-出版年制，使用小括号，括号里面为作者姓名和年份，中间用逗号隔开。

> So far, researchers have tried to remove APAP from water by various techniques, including physical adsorption [10], enzymatic oxidation [11], UV photodegradation [12], Fenton reaction [13], ozone oxidation [14], electrochemical processing [15], and photocatalytic degradation [16–18]. Among these methods, the heterogeneous photocatalytic technique offers advantages because of its high degradation of APAP and its high mineralization efficiency, low toxicity, low cost, and ability to function under ambient conditions [19,20]. However, although the photocatalytic decomposition of APAP using TiO_2-based photocatalysts with UV light irradiation has been studied extensively [3,16–18,20–22], to the best of our knowledge, the degradation of APAP using a non-titania photocatalyst under visible light irradiation has not been reported. It therefore remains a great challenge to explore new photocatalysts to facilitate the photodegradation of APAP. These new photocatalysts must show high activity, high mineralization efficiency and visible light-driven for efficient utilization of solar light or indoor illumination, and can be used to gain an understanding of the reaction mechanisms for photocatalytic degradation of APAP under visible light irradiation.

图 3-4 学术论文引用范例

论文末尾的参考文献列表，与正文的标注一一对应，目标是帮助阅读者找到本文所引文献的原文，不同期刊所要求的参考文献格式千差万别，但万变不离其宗。对于一篇出版在期刊中的论文文献，其有效指向（链接）信息主要包括：作者、论文标题、出版信息（期刊名称、出版年份、卷、期、页码）。其中，出版信息非常重要，因为根据论文的出版信息，总是可以找到唯一的文献来源。此外英文期刊名称通常使用缩略词表示。对于作者姓名列表，作者之间用逗号分隔，如果作者人数过多，则通常只呈现前三人姓名，第四人起使用"，等"字代表（英文用"，et al."）。我国国家标准 GB/T 7714 要求完整呈现上述三种信息，并在论文标题（或书名）后面增加一种文献类型识别码，具体如下：

期刊文章	J	标准	S
专著	M	报纸文章	N
论文集	C	报告	R
学位论文	D	资料汇编	G
专利	P		

国标中的参考文献格式具体实例见表 3-1，注意所有标记符号都必须使用英文半角字符，符号后面必须有一英文空格。对于电子文献类型另有多种特殊标志，实际学术论文应用不多，本章不加以讨论。

表 3-1 参考文献格式示例（国家标准）

类型	格 式 示 例
学术期刊中析出的文献	[序号] 作者.题名[文献类型标志].刊名,出版年份,卷号(期号):起页-止页. [1]高景德,王祥珩.交流电机的多回路理论[J].清华大学学报,1987,27(1):1-8. [2]高景德,王祥珩.交流电机的多回路理论[J].清华大学学报,1987(1):1-8.(缺卷) [3]Chen S,Billing S A,Cowan C F,et al. Practical identification of MARMAX models. Int J Control,1990,52(6):1327-1350.
学术著作	[序号]作者.书名[文献类型标志].版次(首版免注).翻译者.出版地:出版者,出版年:起页-止页. [4]竺可桢.物理学[M].北京:科学出版社,1973.1-3. [5]霍夫斯基主编.禽病学:下册[M].第7版.胡祥壁等译.北京:农业出版社,1981:7-9. [6]Aho A V,Sethi R,Ulhman J D. Compilers Principles. New York:Addison Wesley,1986:277-308.
论文集中析出的文献	[序号]作者.题名[文献类型标志]//主编.论文集名.出版地:出版者,出版年:起页-止页. [7]张全福,王里青."百家争鸣"与理工科学报编辑工作[C]//郑福寿主编.学报编论丛:第2集.南京:河海大学出版社,1991:1-4. [8]Dupont B. Bone marrow transplantation in severe combined inmunodeficiency[C]//White H J,Smith R,et al. Proc. of the 3rd Annual Meeting of Int Soc for Experimental Hematology(ISEH). Houston:ISEH,1974:44-46.
学位论文	[序号]作者.题名[文献类型标志].保存地点:保存单位,年份. [9]张竹生.微分半动力系统的不变集[D].北京:北京大学数学系,1983. [10]余勇.劲性混凝土柱抗震性能的实验研究[D].南京:东南大学,1998.
专利文献	[序号]专利申请者.题名:国别,专利号[文献类型标志].公开日期. [11]姜锡洲.一种温热外敷药制备方法:中国,88105607.3[P].1989-07-26.
技术标准	[序号]起草责任者.标准代号 标准顺序号—发布年 标准名称[文献类型标志].出版地:出版者,出版年. [12]全国文献工作标准化技术委员会第六分委员会.GB 6447—86 文摘编写规则[S].北京:中国标准出版社,1986.
报纸文献	[序号]作者.文献题名[文献类型标志].报纸名,出版日期(版面次序). [13]谢希德.创新学习的新思路[N].人民日报,1998-12-25(10).
电子文献	[序号]作者.文献题名[文献类型标志/文献载体标志].出版地.出版者,出版年[引用日期].获取和访问路径. [14]王明亮.标准化数据库系统工程新进展[EB/OL].[1998-08-16]. http://www.cajcd.edu.cn/pub/980810-2.html.

3.2 中国知网

3.2.1 知网简介

中国知网，是中国知识基础设施工程（CNKI，china national knowledge infrastructure）的研究和建设成果。国家知识基础设施（national knowledge infrastructure）的概念首先由世界银行于 1998 年提出。1999 年 6 月，为实现知识资源传播共享与增值利用，在我国教育部、中宣部、科技部、新闻出版总署、国家版权局、国家计委的大力支持下，由清华大学、清华同方发起，同方知网（北京）技术有限公司成立。经过十多年努力，CNKI 集团采用自主开发并具有国际领先水平的数字图书馆技术，已建设成为世界上全文信息量规模最大的"CNKI数字图书馆"，深度集成整合了期刊、博硕士论文、会议论文、报纸、年鉴、工具书等各种文献资源，并以"中国知网"（www.cnki.net，图3-5）为网络出版与知识服务平台，为全社会知识资源高效共享提供最丰富的知识信息资源和最有效的知识传播与数字化学习服务。CNKI系统的主要特点包括：①内容完整，是目前国内最大的中外文学术资源整合服务平台，且更新速度快；②功能强大，可以多数据库一站式检索，也可以单库检索，检索结果能够进行深度分析；③知识服务，以知网节为核心，通过某一已知结果与其他资源建立深度关联，并能对资源进行统计分析获取发展趋势。

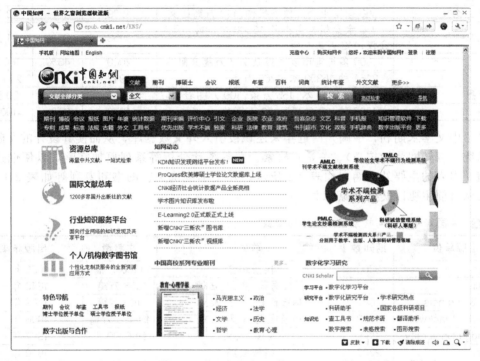

图3-5 CNKI主页

中国知网主要服务内容包括：中国知识资源总库、数字出版平台、文献数据评价、知识元检索等。中国知识资源总库是这一系统的核心，是"十一五"国家重大出版工程项目研究成果，是一个大型动态知识库、知识服务平台和数字化学习平台。中国知识资源总库拥有国内9000多种期刊、420多家博士培养单位的博士学位论文、650余家硕士培养单位的优秀硕士学位论文、约900家全国各学会/协会重要会议论文、1000多种报纸、2000多种各类年鉴、数百家出版社已出版的图书、百科全书、中小学多媒体教学软件、专利、标准、科技成果、政府文件、互联网信息汇总以及国内外1200多个各类加盟数据库等知识资源，如图3-6和表3-2所示。其中，最为重要的是中国学术期刊网络出版总库（全文）和中国博士和优秀硕士学位论文全文数据库。中国学术期刊网络出版总

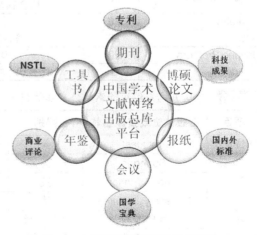

图3-6 中国知识资源总库内涵示意图

库最早能追溯到 1915 年，内容覆盖自然科学、工程技术、农业、哲学、医学、人文社会科学等各个领域，分成 10 大专业文献库，168 个专题数据库，近 3600 个子栏目。中国博士和优秀硕士学位论文全文数据库则是国内最全、出版周期最短、数据最规范、最实用的博士、硕士学位论文全文数据库之一。

表 3-2 中国知识资源总库资源概览

文献类型	现在资源量	收录起始年	完整率	每年更新
期刊	9317 种期刊,3500 万篇文献	1915	99%	240 万篇
博士论文	420 家博士学位授予机构,14 万篇论文	1999	96%	2.1 万篇
优秀硕士论文	650 家博士学位授予机构,113 万篇论文	1999	96%	13 万篇
会议论文	900 余家机构主办的 13000 个国际、国内会议,142 万篇文献	1953	95%	21 万篇
报纸	1000 多种地市以上报纸 787 万篇文献	2000	43%	160 万篇
年鉴	2161 种 15300 本,1260 万条	1912	96%	210 万条
统计年鉴	685 种 4247 本,155 万条,100 万图表	1949	99%	20 万条
工具书	4067 种,1500 万词,80 万图片	1973	35%	1000 册

除了中文学术期刊，中国知网近年来还积极引入外文数据库，从而使其设计的文献资源关联系统（以知网节为核心）、一站式检索、文献统计分析等系列更加完整，以便创造更多的价值。引入的主要外文期刊如表 3-3 所示，外文学位论文、图书和专利等如表 3-4 所示。外文文献目前主要以文摘资源为主。

表 3-3 中国知网系统可检索的外文期刊资源

出版单位	期刊数	学科	文献量	出版年限
Elsevier	3200	科技综合	1100 万篇	1880 年—
Springer	1961	科技医药、商业、法律	366 万篇	1840 年—
Taylor & Francis	1587	科技医药、社科人文	109 万篇	1789 年—
John Wiley-Blackwell	1600	科技医药、社科人文	约 100 万篇	1996 年—
Cambridge University	266	科技、人文	约 6000 篇	1987 年—
ProQuest	2200	科技医药		1840 年—
Multi-Science Press	28	科技	7000 篇	1961 年—
Bentham Science	90	科技	1600 篇	2010 年—
Earthsan	20	环保,建筑	1300 篇	1990 年—
Annual Reviews	32	生物医药、生命科学、物理、社会科学、经济学	28000 篇	1932 年—
Berkeley	16	科技	3300 篇	1998 年—
IOS	89	科技医药	3 万篇	1987 年—
Jaypee Brothers	20	医药	约 8000 篇	1965 年—
Academy	9	计算机、语言学、能源	3000 篇	2006 年—

表 3-4 中国知网系统可检索的外文其他资源

项目	出版单位或资源名称	国别	文献量	学科	出版年限	收全率
学位论文	ProQuest	美	120 万篇	综合	1997 年—	100%
图书	Springer	德/英/美	6 万册	科技医药、商业、法律	1840 年—	99%
	Taylor & Francis	英	2 万册	科技医药、社科人文	1904 年—	99%
	Manson Publishing	英	200 册	科技、农业	1994 年—	99%
其他重要资源	世界专利	7 国 2 组织	2320 万	综合	1970 年—	100%
	国外标准	7 国 12 组织	32 万	综合	1919 年—	100%

3.2.2 查找文献

文献在数据库中是以"记录"存在的，文献"检索"，就是获得与课题相关的"记录集"。所谓一个记录，是某个文献的相关特征描述（即检索字段），根据文献类型的不同，每种文献的记录描述字段有所不同。例如对于一篇期刊论文来说，主要包含期刊信息（外部特征）和论文信息内容（内部特征）两大类，期刊信息即期刊名称、期刊出版号、主管单位、出版年、卷、期、页码等，而论文信息则主要包括标题、摘要、关键词、全文等信息。要"查找"到某一文献并下载其全文，可以采用两种方法（图3-7），一种是"找"（browse），即通过定位、阅读具体杂志来获取具体论文；另一种方法是"查"（search），即检索，对于后者，CNKI中有两种方式，即一框式检索（比较简单）和高级检索（比较复杂，考虑关键词逻辑关系）。

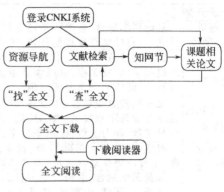

图 3-7　CNKI 系统查找文献流程

3.2.2.1 期刊导航

阅读期刊论文的最简单方法是仿照传统纸质期刊的阅读方式，即通过找到一个具体的期刊，然后阅读期刊的目录，找到感兴趣的标题，定位页面，最后阅读全文。这种方式的优点是可以长期跟踪某几种特定的期刊（现刊和过刊阅读），适合于用来阅读本学科的核心期刊，不过这种"人工"浏览的方式显然不合适于信息量很大的情况。

在 CNKI 系统中，由于期刊众多，在阅读之前，首先要定位期刊。用鼠标点击主页右上角"出版物检索"超链接，打开出版物检索系统（图3-8）。有三种方法来找到一个特定的期刊。

图 3-8　出版物检索

第一种是通过期刊分类系统，共有 10 大类 168 个子类，如图 3-8 和表 3-5 所示。通过选择其中一个类别，进行子类浏览（图 3-9），然后通过翻页的方式，最终找到一个期刊来进行阅读。

表 3-5　中国知网期刊分类

一级分类	二级分类
基础科学类	基础科学综合、自然科学理论与方法、数学、非线性科学与系统科学、力学、物理学、生物学、天文学、自然地理学和测绘学、气象学、海洋学、地质学、地球物理学、资源科学
工程科技（A 类）	工程科技 A 类综合、化学、无机化工、有机化工、燃料化工、一般化学工业、石油天然气工业、材料科学、矿业工程、金属学及金属工艺、冶金工业、轻工业手工业、一般服务业、安全科学与灾害防治、环境科学与资源利用
工程科技（B 类）	工程科技 B 类综合、工业通用技术及设备、机械工业、仪器仪表工业、航空航天科学与工程、武器工业与军事技术、铁路运输、公路与水路运输、汽车工业、船舶工业、水利水电工程、建筑科学与工程、动力工程、核科学技术、新能源、电力工业
农业科技类	农业综合、农业基础科学、农业工程、农艺学、植物保护、农作物、园艺、林业、畜牧与动物医学、蚕蜂与野生动物保护、水产和渔业
医药卫生科技类	医药卫生综合、医药卫生方针政策与法律法规研究、医学教育与医学边缘学科、预防医学与卫生学、中医学、中药学、中西医结合、基础医学、临床医学、感染性疾病及传染病、心血管系统疾病、呼吸系统疾病、消化系统疾病、内分泌腺及全身性疾病、外科学、泌尿科学、妇产科学、儿科学、神经病学、精神病学、肿瘤学、眼科与耳鼻咽喉科、口腔科学、皮肤病与性病、特种医学、急救医学、军事医学与卫生、药学、生物医学工程
哲学与人文科学类	文史哲综合、文艺理论、世界文学、中国文学、中国语言文字、外国语言文字、音乐舞蹈、戏剧电影与电视艺术、美术书法雕塑与摄影、地理、文化、史学理论、世界历史、中国通史、中国民族与地方史志、中国古代史、中国近现代史、考古、人物传记、哲学、逻辑学、伦理学、心理学、美学、宗教
社会科学（A 类）	政治军事法律综合、马克思主义、中国共产党、政治学、中国政治与国际政治、思想政治教育、行政学及国家行政管理、政党及群众组织、军事、公安、法理、法史、宪法、行政法及地方法制、民商法、刑法、经济法、诉讼法与司法制度、国际法
社会科学（B 类）	教育综合、社会科学理论与方法、社会学及统计学、民族学、人口学与计划生育、人才学与劳动科学、教育理论与教育管理、学前教育、初等教育、中等教育、高等教育、职业教育、成人教育与特殊教育、体育
信息科技类	电子信息科学综合、无线电电子学、电信技术、计算机硬件技术、计算机软件及计算机应用、互联网技术、自动化技术、新闻与传媒、出版、图书情报与数字图书馆、档案及博物馆
经济与管理科学类	经济与管理综合、宏观经济管理与可持续发展、经济理论及经济思想史、经济体制改革、经济统计、农业经济、工业经济、交通运输经济、企业经济、旅游、文化经济、信息经济与邮政经济、服务业经济、贸易经济、财政与税收、金融、证券、保险、投资、会计、审计、市场研究与信息、管理学、领导学与决策学、科学研究管理

图 3-9　期刊子类界面

第二类找到期刊的方法是通过期刊名称首字的拼音字母导航（图 3-10）。

图 3-10　按拼音字母导航

显然，无论是按类别，还是按字母，每一类别下的期刊仍然是太多了，因此快速定位某一期刊的第三种方法是期刊名称检索（图 3-11）。期刊名称搜索的结果会返回"部分匹配"结果（模糊搜索），以避免漏检。

图 3-11　期刊名称检索

点击某一期刊的封面，即进入期刊主页，如图 3-12 所示。页面左右上下分割形成三个功能区。左侧为期刊的基本信息，包括出版物编号、主办机构、收录情况和影响因子等。右下侧为过刊浏览区，按照出版年份和期数，依次点击即可获取当期目录（图 3-13）。浏览目

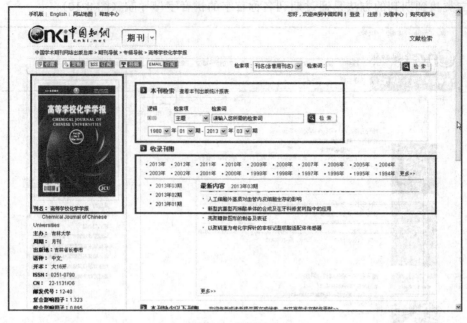

图 3-12 期刊主页

图 3-13 期刊目录浏览

录，点击某篇论文的标题即可显示该篇论文的内容，主要包括标题、作者等（图 3-14），点击标题下方的下载，选择 CAJ 或 PDF 下载格式，即可获取全文并进行阅读（关于下载、文档格式和阅读，后面章节有详细介绍）。可见，通过上述方式实现期刊和文章的阅读，与在图书馆进行传统的纸质阅读并无二致，只是从纸质转变为电子版而已。真正体现电子计算机和数字化信息优势的地方，在于图 3-12 右上侧的"本刊检索"功能，即通过输入关键词或关键词组合来快速搜索定位本期刊文章的功能。从图中可见，这一功能包括了对检索项的选择、检索词的输入、检索项之间的逻辑关系、发表时间的设定等。本章后面将会全面介绍

图 3-14 阅读论文摘要和获取全文

CNKI 的检索体系，本处就不再重点讨论。这里的检索与 CNKI 检索的区别在于这里是对当前刊物的检索，相当于限定了期刊名称。

3.2.2.2 一框式检索

为了提高用户体验，CNKI 新版本提供了一框式检索服务（类似于网络搜索引擎），可以很方便地切换不同的数据库或者直接全库检索，而界面保持不变，并且切换时无需重复输入检索词，系统会自动检索相应数据库并显示结果。打开"一框式"界面的方法如图 3-15 所示，集成的资源包括文献、期刊、博硕论文、会议录、报纸、百科、词典、年鉴、外文、法律、专利、标准、图片、成果、古籍、引文、手册等。其中的"文献"，数据库界面可实现对所有类型文献的跨资源检索，形成中文知识发现的集成融合环境。由于界面所限，部分资源类型必须将鼠标移动到"更多>>"才能显示出来。

图 3-15 打开"一框式"检索界面

本章以"锂离子电池正极材料磷酸铁锂的合成和性能"为课题举例。选择"文献"，并在"全文"字段中输入"磷酸铁锂"，如图 3-16 所示，CNKI 系统设定了一种称之为"智能提示"的功能，即在输入部分检索词的情况下，会为用户提供一系列检索词的扩展，帮助用户确定最终的检索词，并可减少用户的输入难度。这一功能与搜索引擎（如 Google 和百度等）在搜索框中的智能提示是类似的，不同的是 CNKI 的提示会根据检索数据库和检索项

图 3-16 智能提示

(字段) 的不同做出不同的提示，可以说是有所进步的。

选择"磷酸铁锂合成"并点击"搜索"按钮，检索结果如图 3-17 所示。从图可见，检索结果为一个记录列表，可以通过点击文章标题来阅读文献全文，或者通过翻页来寻找更多匹配的记录。除列表外，界面上的其他内容还包括对检索结果的统计、分组、排序和显示设定等，这些功能将在后面依次介绍。

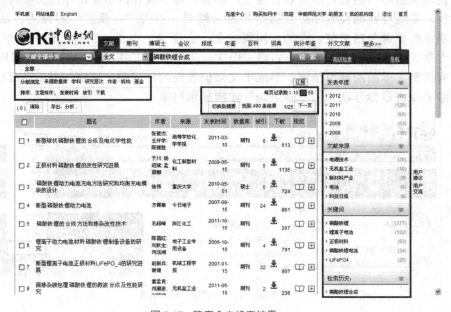

图 3-17 跨库全文检索结果

这里的所谓"文献"检索，其实就是跨库检索（同时检索多个数据库）。要定制跨库检索的范围，在界面中点击"跨库选择"可以定制要同时检索的数据库，如图 3-18 所示。由于跨库检索包含很多类型的信息来源，如果只希望获取某一类型资源的信息，可以对检索资源库进行限定单库。要切换到单库，无需再次输入检索词，用鼠标直接点击"期刊""博士"

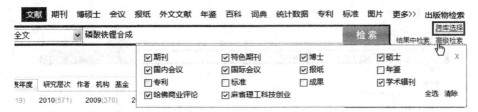

图 3-18 跨库检索选项

"硕士"以及"专利"等栏目按钮,其检索结果如图 3-19 所示。结果可见,跨资源的"文

(a) 在期刊中检索的结果

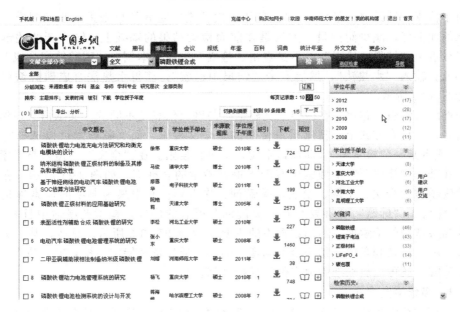

(b) 在博硕论文中检索的结果

图 3-19

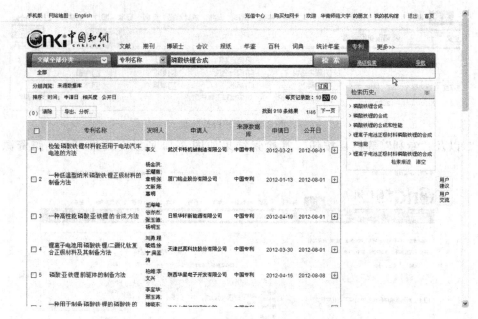

(c) 在专利中检索的结果

图 3-19 同一检索词在期刊、博硕论文和专利中进行检索的结果

献"检索结果最多,具体平台的检索结果较少,但检索结果较专业(信息类型比较单一)。实际上,用户对期刊论文、学位论文和专利文献的内容和检索目的显然是不同的。期刊的特点是全、新、多角度;学位论文的特点是系统,讨论全面深入;专利的特点是应用性强。因此,跨库一框式检索功能虽然很亲切(用户体验较好),但只适合于对检索时未能完全确定需要检索哪一种文献的情况。真正要获取较准确的检索结果,还是应该在单一资源类型中进行检索。

对于检索的结果(记录集),可以使用二次检索来对其结果做进一步的限定,以提高检索结果的相关度,减少阅读量。方法是在前面检索结果的基础上,输入新的关键词或检索式,然后点击"结果中检索"而不是点击"检索"按钮。本例在"磷酸铁锂合成"的检索结果基础上,输入"水热法",然后点击"结果中检索",获得水热法合成磷酸铁锂材料的文献,如图 3-20 所示。

与网络搜索引擎相比,在内容上文献信息与网页信息是不同的,文献信息显然要专业和严谨得多。在检索方式上,搜索引擎使用的是全文检索,而文献检索可以选择将检索字在"全文"或者某一"检索项"(即检索字段)中进行搜索。在"全文"中搜索与搜索引擎基本相同,在某一"检索项"中搜索则有助于提高检索的查准率。如图 3-21 所示,在期刊库中可选检索项包括全文、主题、篇名、关键词、作者等。其中最为典型的检索项是"主题"。"主题"包含了"标题"、"摘要"和"关键词"所有的内容,检索范围适中且相关度较高,因此成为最常用的检索项。不同数据库的主要检索项如表 3-6 所示。显然,某一关键词出现在正文中和出现在刊名中,是完全不同意义的事。通过选择特定的检索项,输入相应的检索词和检索式,就可以更加准确地定位到目标文献。

3.2.2.3 高级检索方式

与一框式检索相比,高级检索提供了更多的挖掘文献的途径,其专业性大大增强,是我们推荐的检索方式。实际上,当前环境下随着信息量快速增加、信息来源的多样复杂化等,进行信息检索,既要保证找到足够相关的信息,还要确保所阅读的是重要的信息(阅读时间

第 3 章 中文文献数据库：拓展视野

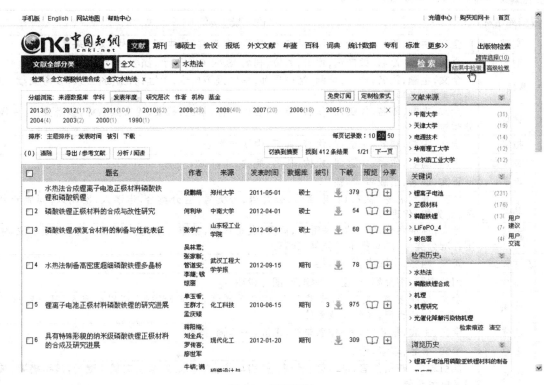

图 3-20 二次检索

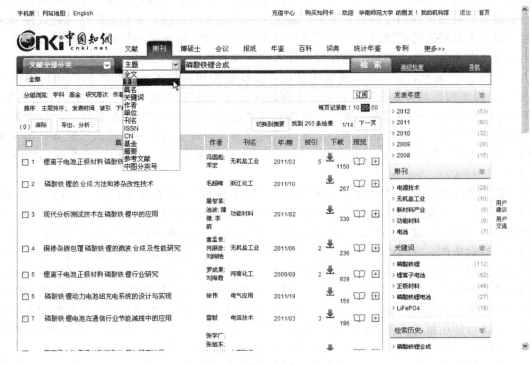

图 3-21 在期刊中检索某一字段

表 3-6　CNKI 系统中各数据库的检索项

数据库名称	检 索 项
文献	全文,主题,篇名,作者,单位,关键词,摘要,参考文献,中图分类号,文献来源
期刊	全文,主题,篇名,关键词,作者,单位,刊名 ISSN,CN,基金,摘要,参考文献,中图分类号
博硕士	全文,主题,题名,作者,导师,第一导师,学位授予单位,关键词,摘要,目录,参考文献,中图分类号,学科专业名称
会议	全文,主题,篇名,关键词,作者,单位,会议名称,基金,摘要,论文集名称,参考文献,中图分类号
报纸	全文,主题,题名,关键词,作者,报纸,中图分类号
外文文献	主题,篇名,作者,关键词,机构,刊名,摘要,年,ISSN
年鉴	正文,题名,出版者,年鉴
专利	全文,专利名称,关键词,申请号,公开号,分类号,主分类号,申请人,发明人,同族专利项,优先权,代理人
标准	全文,标准名称,标准号,关键词,摘要,发布日期,实施日期,发布单位名称,出版单位,中国标准分类号,国际标准分类号,起草人
统计数据	正文,题名,出版者,年鉴,卷
图片	图片主题,图片标题,图片关键词,图片说明
成果	全文,成果名称,关键词,成果简介,中图分类号,学科分类号,成果完成人,第一完成单位,单位所在省市,合作完成单位
法律	全文,主题,题名,作者,作者单位,来源,关键词,摘要
古籍	全文,书名,著者,卷名
引文	被引题名,被引作者,被引第一作者,被引单位,被引来源,被引文献关键词,被引摘要,被引文献分类号

有限),还要保证有足够的不同信息来源以获取较全面的信息,应该说还是有一定的困难的。期望通过一些"傻瓜式"的检索方法来实现以上目标是不现实的。通过对高级检索技巧的学习,有助于我们提高检索效率,减少大量无意义的阅读,并确保信息的有效性和完整性。要进入 CNKI 的高级检索非常简单,只需要在 CNKI 主页或一框式检索进行过程中,点击其界面右上角"高级检索"链接即可进入高级检索界面(图 3-22)。

从图 3-22 可见,与一框式检索相比,高级检索界面提供了复杂得多的界面选项(检索条件),以便构建足够复杂的检索式。除此之外,还可以通过切换不同的高级检索选项标签,例如基金检索、句子检索等,来实现特殊的检索要求。CNKI 的高级检索界面,与检索资源库的类型直接相关,在检索过程中,可以随时点击界面左上角下拉页面来选取具体的文献类型(图 3-23)。当然,重点还是期刊、博士及硕士论文和专利,以及称之为文献的跨库检索功能。

期刊高级检索拥有"检索""高级检索""专业检索""作者发文检索""科研基金检索""句子检索""来源期刊检索"等选项标签。每一个选项标签都可以打开其对应的页面。首先介绍标准"检索"选项标签,其页面如图 3-24 所示。其检索条件可分成三个部分,分别是关键词检索条件、时间检索条件和期刊来源检索条件。关键词检索条件除了与一框式检索一样可以选取不同检索选项如主题、作者等外,主要的区别包括在同一选项条件下可以进行关键词的逻辑运算(并含、或含、不含),并且允许选择检索的精确程度("精确"代表输入的字符串不可折分即词组检索,"模糊"代表字符串可以拆分)。如果要实现不同检索选项的逻辑运算,可使用鼠标直接点击"输入检索条件"下面的"＋"号,每点一次会增加一行检索条件,每一行均可以设定一个检索选项,检索项之间存在逻辑关系(并且、或者、不含),每个检索选项可以有两个关键词,两关键词之间可以有逻辑关系,如图 3-25 所示。检索项间的逻辑关系,与关键词之间的逻辑关系,两者是外部和内部的关系。内部的关系(同一检

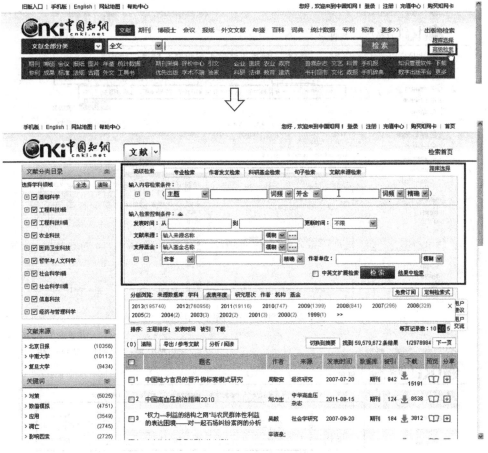

图 3-22 高级检索界面

图 3-23 在高级检索界面切换资源库类型

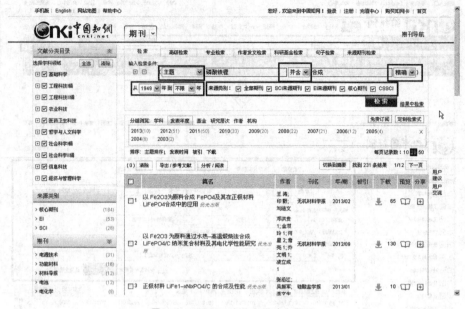

图 3-24 "期刊"库的高级检索界面

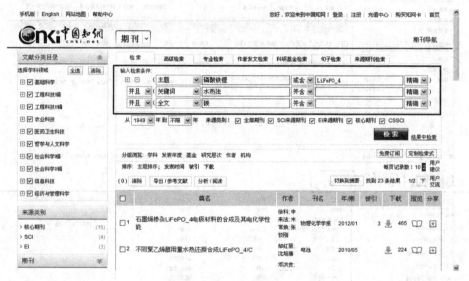

图 3-25 构建更复杂的检索式

索字段)可以理解为一个优先操作,即括号。如本例可以翻译成检索式:(主题 包含(磷酸铁锂 OR LiFePO_4) AND (关键词 包含 水热法) AND (全文 包含 碳)。可见,这种复杂的检索式是一框式检索所不能实现的。要说明的是,在 CNKI 系统中,涉及分子式存在下标的,其处理方式是在下标之前加入一个下划线,如本例输入的是"LiFePO_4"而不是"LiFePO4",以避免漏检。

时间检索条件相对来说比较简单,时间检索条件是限制论文发表的时间区域,即从哪一年份开始,到哪一年份结束。如果选择"不限",对起始时间来说是"最早收录时间",对结束时间来说是"最新"。通常情况下,为了减少阅读量,可以先检索近 5 年或近 3 年的文献进行检索和阅读,对该研究课题的内容和最新进展有了认识后,再逐渐扩大时间范围,以全面了解该课题的发展历程。

期刊来源检索条件是限制要检索的期刊范围，包括全部期刊、SCI来源期刊、EI来源期刊、核心期刊、CSSCI期刊等，可以单选或多选。SCI（Science Citation Index，科学引文索引），是由美国科学信息研究所（ISI）1961年创办出版的引文数据库，反映了自然科学研究的学术水平，是目前国际上三大检索系统中最著名的一种，收录范围是当年国际上的重要期刊，在学术界占有重要地位。这里所说的SCI是指SCI-E（SCI expanded，即SCI的扩展库）。至2012年，被SCI收录的中国期刊约80种，算是国内自然科学领域的顶级的期刊了。EI（The Engineering Index，工程索引），创刊于1884年，是美国工程信息公司（Engineering Information Inc.）出版的著名工程技术类综合性检索工具。EI选用世界上几十个国家和地区15个语种的3500余种工程技术类期刊和1000余种工程技术类会议录、科技报告、标准、图书等出版物，收录文献几乎涉及工程技术各个领域。相对于SCI，EI的收录范围较广，更侧重工程领域。中文核心期刊由北京大学图书馆与北京高校图书馆期刊工作研究会联合编辑出版，通过五项指标综合评估，收编包括社会科学和自然科学等各种学科类别的中文期刊。核心期刊收录的范围比较广泛，具有一定的权威性，可以作为衡量出版物是否属于严肃学术出版物的标准。选择这一个选项，可以避免浪费过多的阅读时间，避免受到非严谨文章信息的误导。CSSCI（Chinese Social Science Citation Information，中文社会科学引文索引），由南京大学编制，用于评价我国人文社会科学领域的学术刊物。

期刊高级检索的"高级检索"标签点击后的页面如图3-26所示。与标准检索页面相比，增加了"来源期刊""基金""作者""作者单位""优先出版""中英文扩展"等选项，其次是增加了"词频"选项。所谓"词频"，即关键词出现的次数。显然，专用关键词出现的次数越多，通常代表该文章与检索主题的相关度越高。

图 3-26 高级检索的"高级检索"页面

"专业检索"页面（图3-27）直接提供了一个文本框，由用户人工输入检索式，提供了构建最复杂检索式的机会。对于期刊论文来说，可检索字段包括 SU＝主题、TI＝题名、KY＝关键词、AB＝摘要、FT＝全文、AU＝作者、FI＝第一作者、AF＝作者单位、JN＝期刊名称、RF＝参考文献、RT＝更新时间、YE＝期刊年、FU＝基金、CLC＝中图分类号、SN＝ISSN、CN＝CN号、CF＝被引频次、SI＝SCI收录刊、EI＝EI收录刊、HX＝核

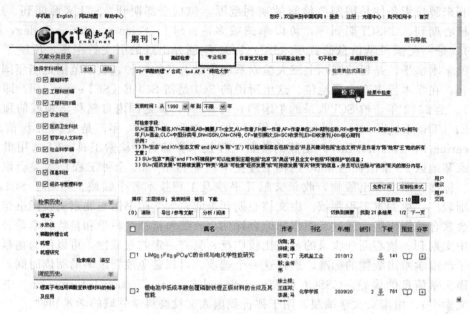

图 3-27 高级检索的"专业检索"页面

心期刊等。通过为各个检索字段设计一定的检索关键词，设定它们之间的逻辑关系，包括使用"AND""OR""NOT"等逻辑运算符和括号"（　）"将表达式按照检索目标组合起来，可最大程度地实现对数据库的信息检索。各类运算符的意义见表 3-7，其中 str 代表字符串，字符串间的符号即运算符。

表 3-7 专业检索运算符

运算符	检索功能	检索含义	适用检索项
= ′str1′ * ′str2′	并且包含	包含 str1 和 str2	所有检索项
= ′str1′ + ′str2′	或者包含	包含 str1 或者 str2	
= ′str1 ′-′str2′	不包含	包含 str1 不包含 str2	
= ′str′	精确	精确匹配词串 str	作者、第一责任人、机构、中文刊名/英文刊名
= ′str /SUB N′	序位包含	第 N 位包含检索词 str	
% ′str′	包含	包含词 str 或 str 切分的词	全文、主题、题名、关键词、摘要、中图分类号
= ′str′	包含	包含检索词 str	
= ′str1 /SEN N str2 ′	同段，按次序出现，间隔小于 N 句		
= ′str1 /NEAR N str2 ′	同句，间隔小于 N 个词		主题、题名、关键词、摘要、中图分类号
= ′str1 /PREV N str2 ′	同句，按词序出现，间隔小于 N 个词		
= ′str1 /AFT N str2 ′	同句，按词序出现，间隔大于 N 个词		
= ′str1 /PEG N str2 ′	全文，词间隔小于 N 段		
= ′ str $ N ′	检索词出现 N 次		

"作者发文检索"页面比较简单，如图 3-28 所示。可直接在输入第一作者或某一作者的姓名，通常选择精确检索；由于同名同姓的作者很多，因此通常还要输入作者单位名称，一般选择模糊搜索以避免作者单位书写差异造成的漏检。

"科研基金检索"页面用于对各类基金发文的检索和统计，如图 3-29 所示。点击"精确"后面的"···"按钮，可打开一个页面对各类基金进行选择。

图 3-28 高级检索的"作者发文检索"页面

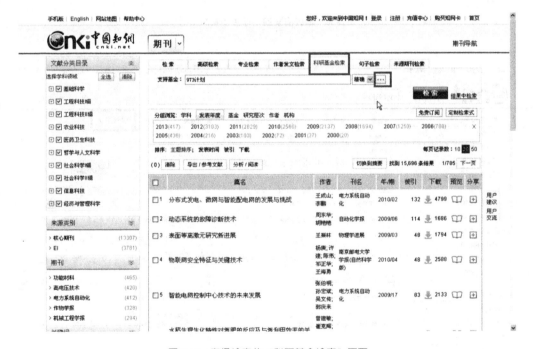

图 3-29 高级检索的"科研基金检索"页面

"句子检索"限定了两个关键词必须出现在同一句或同一段，以提高相关度，如图 3-30 所示。

"来源期刊检索"通过输入期刊名称进行检索，有点类似于获取特定期刊的论文目录，如图 3-31 所示。

如果选取不同的文献类型，所出现的高级检索界面、选项标签和检索选项是不同的，这主要是由于不同文献类型的文献存储语言（字段定义）不同所致。对博士、硕士论文来说

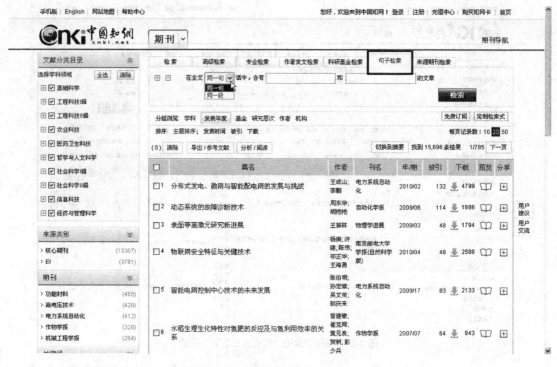

图 3-30 高级检索的"句子检索"页面

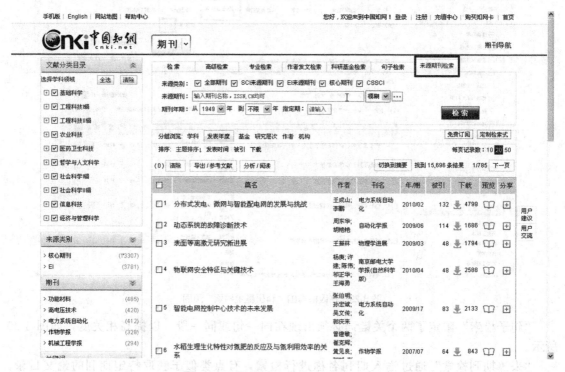

图 3-31 高级检索的"来源期刊检索"页面

(图 3-32),学科专业名称、导师和学位授予单位显然是相当重要的检索选项。而对于专利,申请人、申请单位和各类时间相当重要(图 3-33)。对于标准检索,发布单位和级别则是最

图 3-32 "博硕士"库的高级检索界面

图 3-33 "专利"库的高级检索界面

重要的（图 3-34）。除了这些区别之外，其他检索的方法和选项与期刊检索基本上是一致的，这里不再详细讨论。

3.2.2.4 全文下载与阅读

在完成检索后，有两种方式下载全文（登录后才能下载）：一种是直接点击论文标题后面的下载图标（向下箭头），则出现下载对话框（图 3-35），下载的是默认的 CAJ 格式；另一种是点击论文标题打开摘要页面（图 3-36），然后选择 PDF 格式或 CAJ 格式下载。要说明的是，CNKI 的全文下载是需要付费的。如果读者所在机构已经购买了 CNKI 系统（目前国内绝大多数高校已经购买）则可以直接下载，否则需要付费之后才会出现下载对话框。下载完成后，双击下载的文件，或者使用相应的阅读软件打开阅读，如图 3-37 和图 3-38 所示。

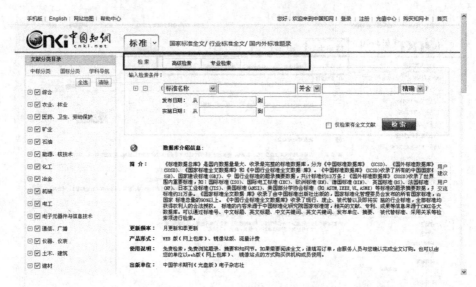

图 3-34 "标准"库的高级检索界面

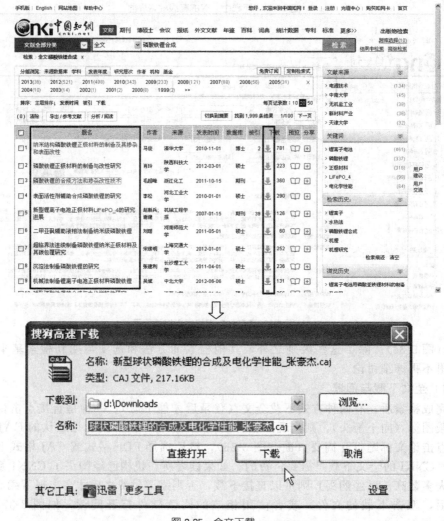

图 3-35 全文下载

图 3-36　论文摘要页面

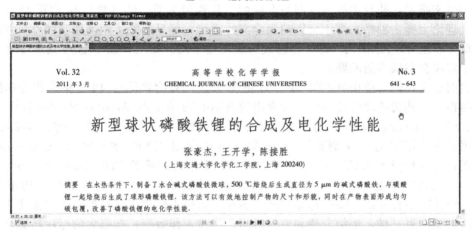

图 3-37　阅读 PDF 格式全文

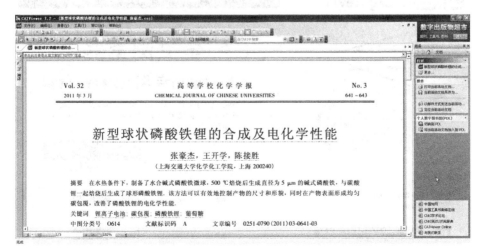

图 3-38　阅读 CAJ 格式全文

从图 3-37 和图 3-38 可以看出，除了软件界面略有不同，CAJ 和 PDF 两种格式的全文在内容和编排上是完成相同的。这是由于学术论文有一个非常严格的要求，就是要确保所有的读者，包括使用不同媒体（如电子文档、打印稿、纸质文档）、不同平台（如 Windows、Mac OS、Unix）、在不同语言环境（如中文和英文平台）条件下，所阅读到的论文内容和格式都必须严格保持一致，因为不如此就不能够实现世界范围内的学术交流。像 doc 这样广泛使用的大众化格式是不适合作为学术论文全文格式的，因其不能够保证在不同平台环境下内容显示的严格一致性。

PDF 是便携文档格式（portable document format）的英文缩写，是由 Adobe 公司开发的一种电子文件格式。PDF 格式能够将文字、字体（字体嵌入）、排版格式、颜色及独立于设备和分辨率的图形图像等封装在一个文件中，从而实现跨平台（跨操作系统和跨语言）无差别显示。PDF 文件以 PostScript 语言图像模型为基础，因此无论在哪种打印机上都可保证精确的颜色和准确的打印效果，即 PDF 会忠实地再现原稿的每一个字符、颜色以及图像。该格式文件还可以包含超文本链接、声音和动态影像等电子信息，支持长文件，集成度和安全可靠性都较高。此外，PDF 格式还具有较强的开放性，很容易实现与其他软件的接口，实现信息交换。总之，PDF 格式是国际上学术文献的通用和标准格式，也是本书推荐的论文全文格式。

CAJ 是中国学术期刊全文数据库（China Academic Journals）的英文缩写，是中国期刊网的专用全文格式，并与中国期刊网高度匹配。从性能来看，CAJ 格式与 PDF 格式并无明显差别，理论上哪一种格式都不会影响到全文的阅读。但目前除了中国期刊网外，并未见到其他系统使用这种 CAJ 格式，即文档格式的通用性不高。知网开发 CAJ 格式的主要目的应该是为了解决自主版本的问题。

要阅读全文，需要使用到 PDF 或 CAJ 的浏览器（阅读软件）。PDF 格式作为国际上通用的文档格式，其阅读软件比较多。最常用的有 Adobe 官方的 Acrobat Reader 软件、Foxit Reader、PDF-XChange Viewer 等。要阅读中国期刊网的专用格式，即 CAJ、NH 和 KDH 格式，则必须使用 CAJ 全文浏览器（CAJViewer）。点击 CNKI 主页中的"CAJViewer 下载"链接，可以免费下载 CAJViewer（图 3-39）。本书特别推荐 PDF-XChange Viewer 软件（图 3-37），这款软件免费、小巧、功能全面、支持多种语言。除了具有基本的 PDF 阅读器功能外，还具有多种功能：①多标签功能，多标签的引入使得浏览多个文档时像使用多选项卡浏览器浏览网页一样，更加方便和节省时间，提高工作效率；②强大的标注功能，可随意

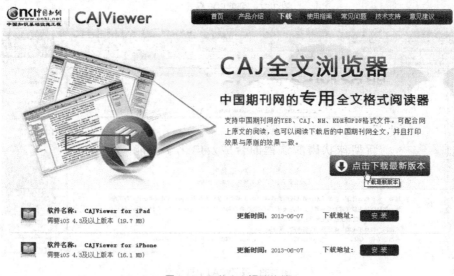

图 3-39　下载全文阅读软件

地在 PDF 文档上添加文字、注释，完美支持中文输入；③支持中文搜索功能，不仅支持当前打开页面搜索，还可以在指定目录下进行多个文件搜索；④截图功能，使用截图功能可轻松地在 PDF 文档上完成截图，而且可以通过参数设定，对截图分辨率进行设定，最高可设置为 2400dpi；⑤其他特色工具，包括距离工具、周长工具、面积工具、戳记工具（印章）等；⑥支持在网络浏览器中在线阅读 PDF 文件。CAJViewer 阅读器的优点是支持多种格式的阅读（包括 PDF 格式），并且支持 OCR（optical character recognition，光学字符识别）功能，因此可以轻松实现对论文全文的文字识别（抽取）。

　　博士、硕士论文下载与期刊论文下载略有差异，在检索结果中点击某篇学位论文的标题，出现图 3-40 界面。从界面可以看到，这里没有论文格式的选择（即博士、硕士论文不提供 PDF 格式的全文），而是出现"分页下载""分章下载""整本下载""在线阅读"四个选项。通常，"整本下载"可能是最主要的选择。通常为 NH 或 KDH 格式。下载完成后，使用 CAJ Viewer 阅读全文，如图 3-41 所示。博士、硕士论文除了全文较长分成若干章外，其他与普通论文并没有很大区别。

图 3-40　博士、硕士论文全文下载

图 3-41　学位论文全文阅读

直接全文下载有可能比较费时（所需的费用也比较多），此时可以选择分页或分章下载，点击后如图 3-42 和图 3-43 所示，点击相应的超链接实现全文的分段下载。一般情况下，分章下载的意义比较大，因为在这里可以看到全文的目录，根据需要下载部分内容。至于"在线阅读"只下载一个网络地址文件，需要联网才能进行全文阅读。

磷酸铁锂单分散球形粉体的合成与表征

1-5	6-10	11-15	16-20	21-25
26-30	31-35	36-40	41-45	46-50
51				

图 3-42　分页下载方式

磷酸铁锂单分散球形粉体的合成与表征

中文摘要	3-4
Abstract	4
第一章　绪论	7-26
1.1 燃料电池	7
1.2 超级电容器	7-8
1.3 锂离子电池	8-15
1.3.1 锂离子电池正极材料	8-9
1.3.2 LiFePO_4的结构与性能	9-10
1.3.3 LiFePO_4的充放电机理	10-12
1.3.4 LiFePO_4的制备方法	12-15
1.4 LiFePO_4研究现状	15-20
1.4.1 添加导电材料	17-18
1.4.2 晶格掺杂	18-19
1.4.3 粉体形态的控制	19-20
1.5 本论文的研究目的、内容和意义	20-22
参考文献	22-26
第二章　LiFePO_4微米单分散球形粉体的制备与表征	26-38
2.1 实验步骤	27-29
2.2 实验结果及讨论	29-35
2.3 小结	35-36
参考文献	36-38
第三章　LiFePO_4纳米单分散球形粉体的制备与表征	38-49
3.1 实验方法	38-39
3.2 结果与讨论	39-47
3.3 小结	47-48
参考文献	48-49
第四章　结论与展望	49-51
4.1 结论	49
4.2 展望	49-51

图 3-43　分章下载方式

如果不希望下载大量的全文，或者希望先对全文进行浏览后才决定是否下载，可以使用在线预览功能，见图 3-44。使用的是 Flash Paper 技术，数据加载速度非常快，并且支持无级缩放。

3.2.2.5　知网节

知网节是知识网络节点的简称，是 CNKI 系统的重要功能和创新。它以一篇文献作为其中心节点，通过分析该节点的相关文献（扩展信息），例如引用与被引用关系、相似文献、相关作者、相关分类等，从而建立与该文献相关的知识网络。通过知网节，使每篇论文从孤立走向网络、勾勒出该研究的前因后果、主动为用户提供更多主题相关的文献、推动了作者之间、期刊文献之间、读者之间的互动传播功能。在检索结果中，点击任一篇文献的标题，即可以进入该文献的知网节。知网节的内容非常丰富，以下分别加以介绍。

图 3-44 在线预览界面

（1）节点文献（图 3-45） 提供了本文献的基本信息，包括篇名、作者（中/英文）、作者单位（中/英文）、摘要、关键词、基金、文献出处（期刊信息）、节点文献全文搜索、知网节下载等。其中文献出处显示内容为：刊名（中文/英文）、编辑部邮箱、年期。

（2）知识网络中心（图 3-46） 点击知网节中作者、导师、作者单位、关键词和网络投稿人中的某一字段，可以链接到点击字段在中国学术期刊网络出版总库、中国博士学位论文全文数据库、中国优秀硕士学位论文全文数据库、中国重要会议论文全文数据库、国家科技成果数据库、中国专利数据库等数据库中包含的相关信息。

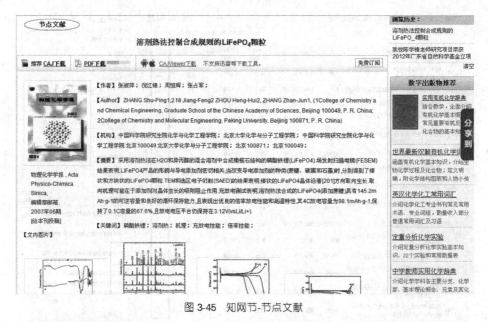

图 3-45　知网节-节点文献

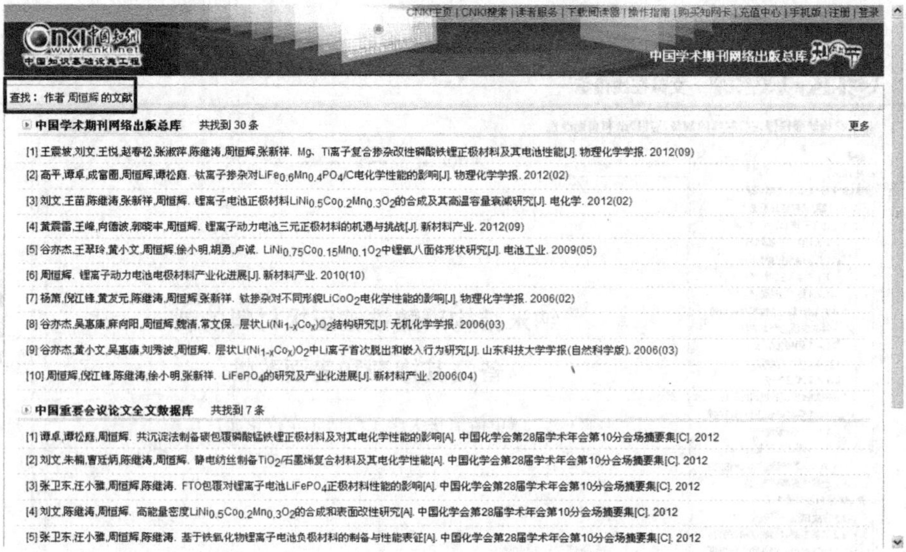

图 3-46　知网节-知识网络中心

(3) 引文网络 (图 3-47)　用于分析本篇文献的思想来源 (研究本文引用了哪些文献) 和后果 (本文发表后都被哪些文献所引用), 揭示了本研究主题的发展历程, 有助于进一步理解本文思想和拓展研究思路, 即所谓的 "越查越旧" 和 "越查越新"。以 "节点文献" 为中心: "参考文献" 是指本文引用的文献, 反映本文研究工作的背景和依据; "二级参考文献" 是指本文 "参考文献" 的参考文献, 进一步反映本文研究工作的背景和依据; "引证文献" 是指本文被哪些文献所引用了, 是本文研究工作的继续、应用、发展或评价; "二级引证文献" 是指引用了本文的文献又被另一些文献所引用, 更进一步反映本研究的继续发展和延伸; "共引文献" 是指与本文有相同参考文献的文献, 与本文有共同研究背景或依据; "同被引文献" 是指与本文同时被作为参考文献引用的文献。在引文网络下面则统计了以上文献在各个年份的出现次数。点击相应的超链接则会出现详细的文献信息, 并对这些文献进行了分类, 例如是中文还是外文, 属于哪一个文献库等。点击每一个相关文献, 则会出现该二级

图 3-47 知网节-引文网络

文献的知网节。总之，通过该引用与被引用的网络，用户可以从一篇文献出发，获得与之相关的大量的文献信息来源。

（4）相似文献（图 3-48） 与本文内容上较为接近的文献。

图 3-48 知网节-相似文献

（5）同行关注文献（图 3-49） 与本文同时被读者关注的文献，同行关注较多的一批文献具有学术上的较强关联性。

图 3-49 知网节-同行关注文献

（6）相关作者文献（图 3-50） 显示的是 20 个"相关作者"列表。所谓"相关作者"，是指与本文作者曾经合作发表过论文的作者，默认显示为第一个作者发表的文献，点击其他的作者名则显示该作者发表的文献。

（7）相关机构文献（图 3-51） 显示 8 个"相关机构"列表，所谓"相关机构"，是指与本文作者曾经合作发表过论文的机构（单位），默认显示第一个机构内作者发表的文献，点击其他机构名称则显示该机构内作者发表的文献。

图 3-50　知网节-相关作者文献

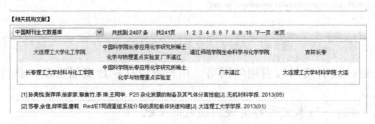

图 3-51　知网节-相关机构文献

（8）同分类文献（图 3-52）　从导航的最底层可以看到与本文研究领域相同的文献，从上层导航可以浏览更多相关领域的文献。

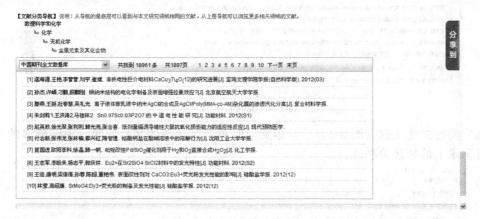

图 3-52　知网节-同分类文献

（9）全文快照搜索（图 3-53）　输入关键词，在没有下载全文的情况下实现"全文搜索"，以显示出在节点文献中含有相关关键词的句子。

（10）知网节下载　知网节中由于内容比较多，各类信息只能显示部分内容，如果希望获取知网节的完整内容，可以点击"知网节下载"（图 3-53），打开后如图 3-54 所示，完整的列举了所有相关的文献，点击"打印本页"可以将结果输出到打印机。

图 3-53　知网节-全文快照搜索

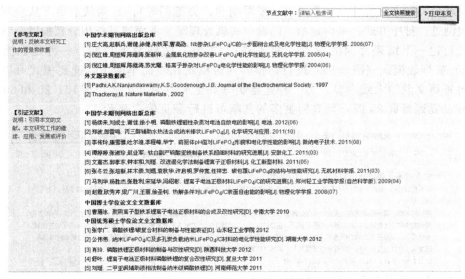

图 3-54　知网节下载-结果显示

要说明的是，"知网节"的想法是非常好的，但目前还远未能达到完美的程度。例如对各种引证关系还不是很全面。更重要的是，CNKI 系统对英文文献收录很少（正在努力改善），而中文文献的学术价值和参考文献体系（引用关系）并不是非常严谨，使得这个知识网络的价值大为逊色。

3.2.3　结果分析

3.2.3.1　检索结果界面

为了获得与研究主题相关的文献，除了运用多关键词逻辑组合和条件限定进行检索外，另一个重要的技术是对检索结果进行分析。图 3-55 给出了典型的期刊高级检索结果的界面，左

图 3-55　检索结果界面

侧包括文献分类和来源统计（文献类别、来源期刊、关键词等）；右侧从上到下从左到右分别为：分组浏览、排序方式、页面显示、已选中文献处理等。下面按其作用分别加以介绍。

首先讨论一下结果界面的设置（图3-56）。主要有两种设置功能：一种是在摘要模式（图3-56）或列表模式（图3-55）进行切换，列表模式比较简单明了，摘要模式可以更加清晰地了解每篇文献的大致内容；另一种是定制每页显示多少篇文献，有10、20和50三种选项，缺省设置是每页20篇，要看到更多的文献可进行翻页依次显示。

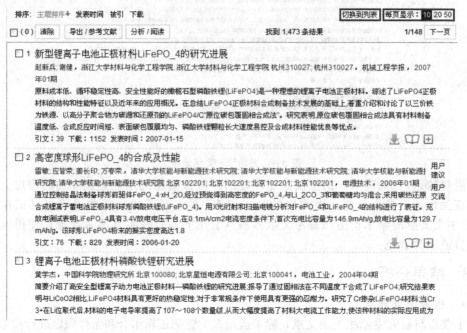

图 3-56 检索结果界面设置

3.2.3.2 检索结果分类

对检索的结果可以按照学科分类来进一步限定，如图3-57所示。通过点击每一学科展开子学科的结构，勾选学科名称前面的方框进行确认，允许多选，即可以获得当前检索结果

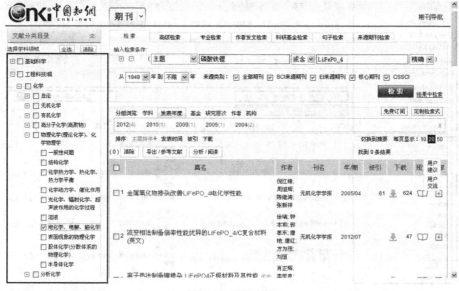

图 3-57 学科分类

与这些学科的交集，提高检索结果的相关性，减少无关文献的阅读量。要说明的是，随着学科之间交叉的明显加强，论文或期刊的学科分类所起到的作用越来越有限。

3.2.3.3 检索结果分组

可对检索结果的来源进行统计和分析，如图 3-58 所示。具体包括来源类别（是否 SCI、EI 和核心期刊收录）、期刊来源（按文献数量排序，一般只显示前 5 项，点击向下箭头进一步展开）、关键词统计等。通过点击相应的类别，即可对检索结果进行限定，以获得当前检索结果的子集。

图 3-58 来源统计

分组浏览的功能与来源统计类似，只是统计的类别不同，如图 3-59 所示。统计的类别包括学科、发表年度、基金、研究层次、作者、机构等，点击相应的类别，对当前检索结果进行统计，按文献数量高低排序。点击相应的统计关键字，获得当前检索结果的子集。

3.2.3.4 检索结果排序

可以对检索结果进行排序，以获得目标文献。排序的方式主要有 4 种，包括：按主题排序（相关度排序，图 3-55），这也是缺省的排序方式，能够获得相关度较高的文献；按时间排序（图 3-60），可以获得最新发表的文献；按被引次数排序（图 3-61），可以获得较有影响力的文献；按下载次数排序，可获得较多人下载的文献。如果检索结果数量太多，为了提高阅读效率，其中一种有效的技巧是分别使用这四种方式排序，并阅读排在最前面的文献，相当于阅读了与检索主题相关的且较重要部分文献信息。

3.2.3.5 检索结果导出

对于科技查新或文献调研，或者希望对检索结果进行管理，则需要将检索结果导出成特定的格式。首先是对检索结果进行勾选，然后点击"导出/参考文献"按钮（图 3-62）。再次对勾选的结果进行确定后，可以选择文献输出或生成检索报告。如果选择文献输出，则有多种的输出方式，包括国标的文献引用格式[图 3-63(a)]、科技查新格式[有文摘，图 3-63(b)]和几种较为常用的文献管理软件的格式（如 Refworks、EndNote、NoteExpress、NoteFirst 等）。

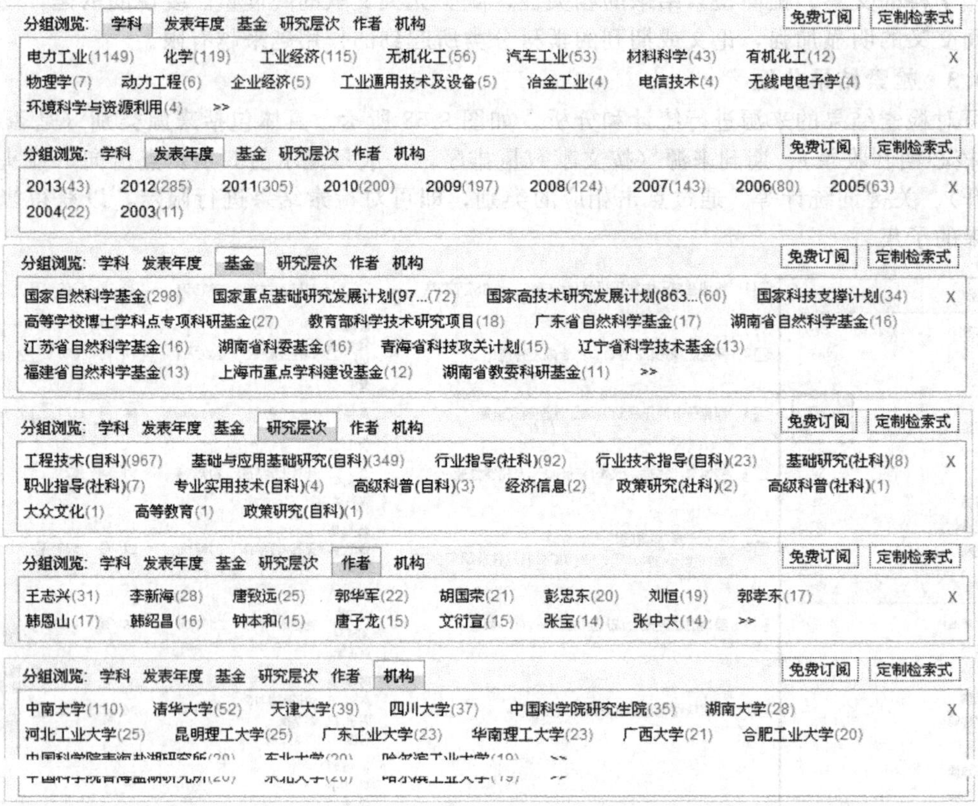

| 分组浏览 | 学科 | 发表年度 | 基金 | 研究层次 | 作者 | 机构 | | 免费订阅 | 定制检索式 |

电力工业(1149)　化学(119)　工业经济(115)　无机化工(56)　汽车工业(53)　材料科学(43)　有机化工(12)　X
物理学(7)　动力工程(6)　企业经济(5)　工业通用技术及设备(5)　冶金工业(4)　电信技术(4)　无线电电子学(4)
环境科学与资源利用(4)

| 分组浏览 | 学科 | 发表年度 | 基金 | 研究层次 | 作者 | 机构 | | 免费订阅 | 定制检索式 |

2013(43)　2012(285)　2011(305)　2010(200)　2009(197)　2008(124)　2007(143)　2006(80)　2005(63)　X
2004(22)　2003(11)

| 分组浏览 | 学科 | 发表年度 | 基金 | 研究层次 | 作者 | 机构 | | 免费订阅 | 定制检索式 |

国家自然科学基金(298)　国家重点基础研究发展计划(97…(72)　国家高技术研究发展计划(863…(60)　国家科技支撑计划(34)　X
高等学校博士学科点专项科研基金(27)　教育部科学技术研究项目(18)　广东省自然科学基金(17)　湖南省自然科学基金(16)
江苏省自然科学基金(16)　湖南省省委基金(16)　青海省科技攻关计划(15)　辽宁省科学技术基金(13)
福建省自然科学基金(13)　上海市重点学科建设基金(12)　湖南省教委科研基金(11)　>>

| 分组浏览 | 学科 | 发表年度 | 基金 | 研究层次 | 作者 | 机构 | | 免费订阅 | 定制检索式 |

工程技术(自科)(967)　基础与应用基础研究(自科)(349)　行业指导(社科)(92)　行业技术指导(自科)(23)　基础研究(社科)(8)　X
职业指导(社科)(7)　专业实用技术(自科)(4)　高级科普(自科)(3)　经济信息(2)　政策研究(社科)(2)　高级科普(社科)(1)
大众文化(1)　高等教育(1)　政策研究(自科)(1)

| 分组浏览 | 学科 | 发表年度 | 基金 | 研究层次 | 作者 | 机构 | | 免费订阅 | 定制检索式 |

王志兴(31)　李新海(28)　唐致远(25)　郭华军(22)　胡国荣(21)　彭忠东(20)　刘恒(19)　郭孝东(17)　X
韩恩山(17)　韩绍昌(16)　钟本和(15)　唐子龙(15)　文衍宣(15)　张宝(14)　张中太(14)　>>

| 分组浏览 | 学科 | 发表年度 | 基金 | 研究层次 | 作者 | 机构 | | 免费订阅 | 定制检索式 |

中南大学(110)　清华大学(52)　天津大学(39)　四川大学(37)　中国科学院研究生院(35)　湖南大学(28)　X
河北工业大学(25)　昆明理工大学(25)　广东工业大学(23)　华南理工大学(23)　广西大学(21)　合肥工业大学(20)
中国科学院青海盐湖研究所(20)　东北大学(20)　哈尔滨工业大学(19)　…

图 3-59　检索结果分组浏览

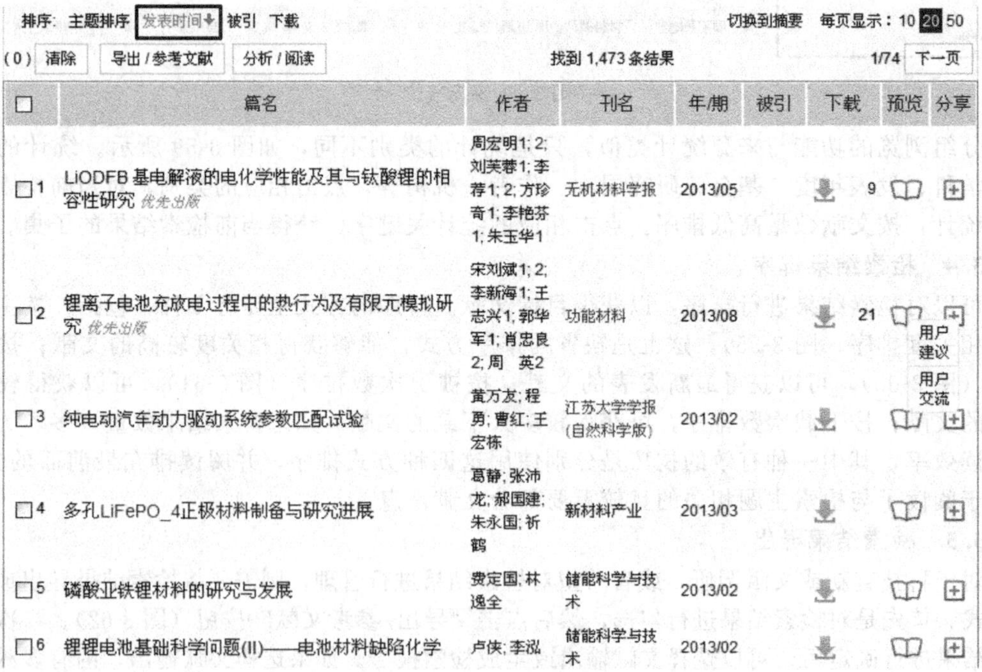

排序：主题排序　发表时间▼　被引　下载　　　　　切换到摘要　每页显示：10　20　50
(0) 清除　导出/参考文献　分析/阅读　　　　找到 1,473 条结果　　　　1/74　下一页

□		篇名	作者	刊名	年/期	被引	下载	预览	分享
□	1	LiODFB 基电解液的电化学性能及其与钛酸锂的相容性研究 优先出版	周宏明1;2;刘芙蓉1;李奇1;2;方珍奇1;李艳芬1;朱玉华1	无机材料学报	2013/05		↓	9	📖	⊞
□	2	锂离子电池充放电过程中的热行为及有限元模拟研究 优先出版	宋刘斌1;2;李新海1;王志兴1;郭华军1;肖忠良2;周英2	功能材料	2013/08		↓	21	📖 用户建议	⊞ 用户交流
□	3	纯电动汽车动力驱动系统参数匹配试验	黄万友;程勇;曹红;王宏栋	江苏大学学报(自然科学版)	2013/02		↓		📖	⊞
□	4	多孔 LiFePO_4 正极材料制备与研究进展	葛静;张沛龙;郝国建;朱永国;祈鹤	新材料产业	2013/03		↓		📖	⊞
□	5	磷酸亚铁锂材料的研究与发展	费定国;林逸全	储能科学与技术	2013/02		↓		📖	⊞
□	6	锂电池基础科学问题(II)——电池材料缺陷化学	卢侠;李泓	储能科学与技术	2013/02		↓		📖	⊞

图 3-60　按发表时间排序

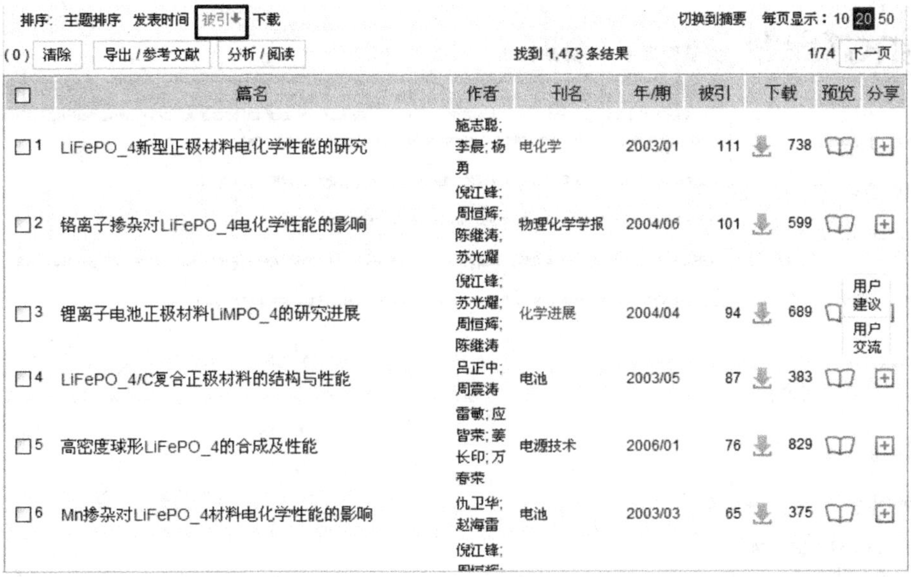

第 3 章　中文文献数据库：拓展视野

图 3-61　按被引次数排序

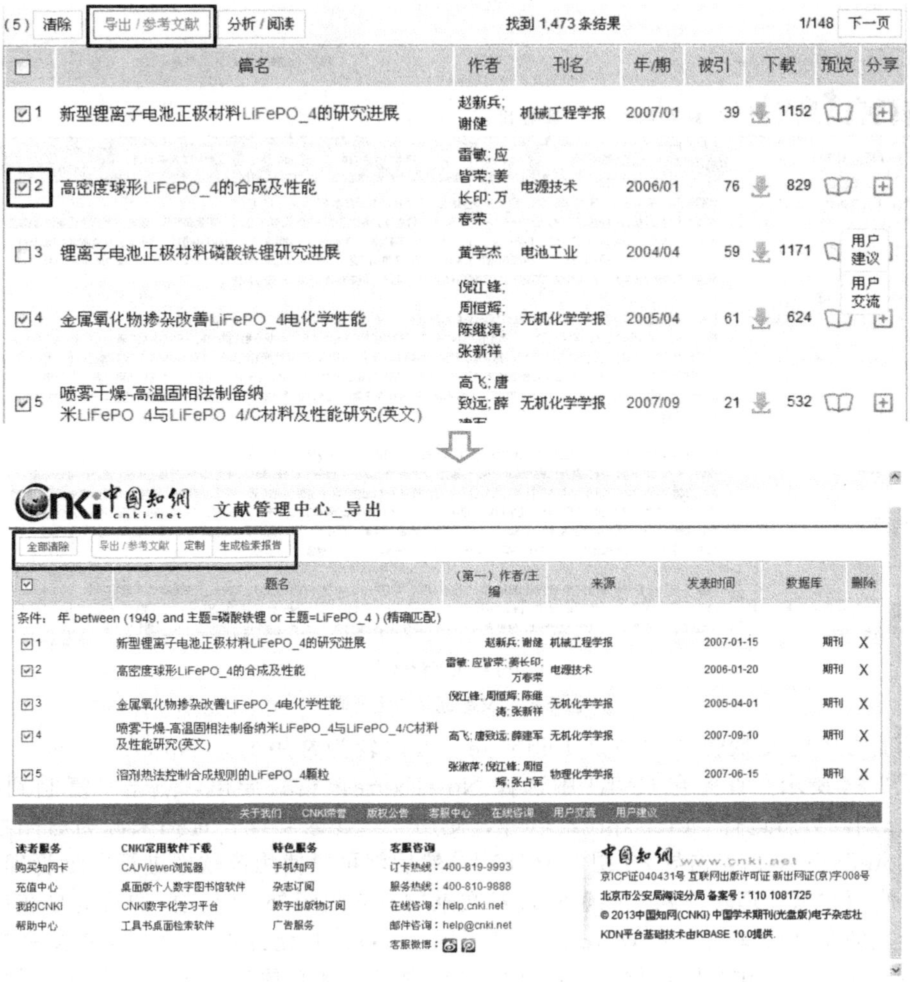

图 3-62　选择和导出结果

(a) 国标格式

(b) 科技查新格式

图 3-63 文献记录导出界面

国际上常用的文献管理软件是 EndNote，国内较为常用的是 NoteExpress，以后者为例，如图 3-64 所示。首先在 CNKI 中选择 NoteExpress 格式导出，点击"复制到剪贴板"[图 3-64(a)]，然后运行 NoteExpress 软件，使用导入题录功能，选择来源为剪贴板，过滤器使用 NoteExpress，点击导入[图 3-64(b)]；然后就可以使用该软件进行文献管理了[图 3-64(c)]。使用文献管理软件除了能够实现对文献的有效组织外，最主要的目的是在论文写作时进行论文的文献管理（作为 Word 的插件，图 3-65），并允许随时设置参考文献格式（图 3-66）。NoteExpress 作为国产软件，在实践过程中可发现其更适合国人的使用习惯。另外，近年来文献管理软件也纷纷开发了在线 Web 版本，例如 EndNote Web 就与 Web of Science

第 3 章 中文文献数据库：拓展视野

（a）选定格式复制到剪贴板

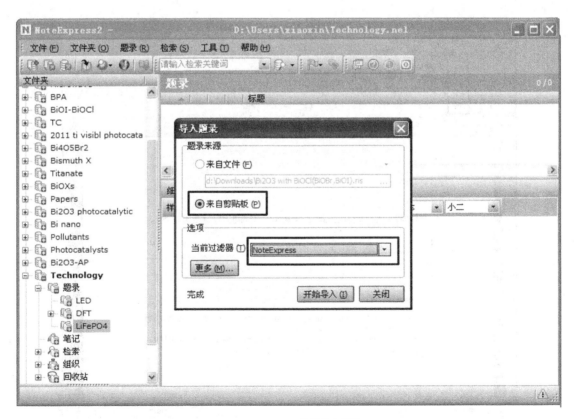

（b）NoteExpress 软件导入题录

图 3-64

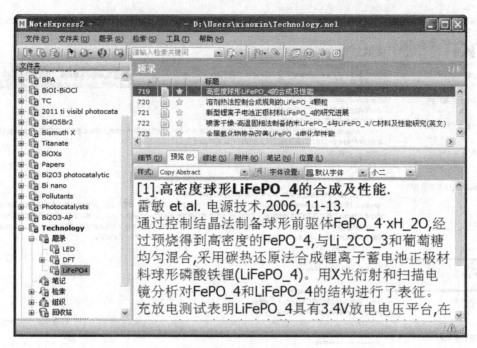

（c）完成导入后可进行的文献管理

图 3-64　导出为 NoteExpress 格式并在该软件中导入

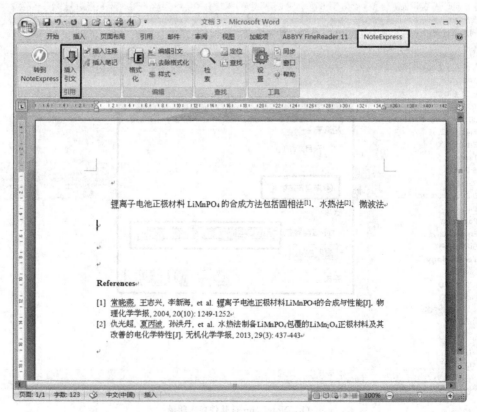

图 3-65　在 Word 使用 NoteExpress 软件进行参考文献管理

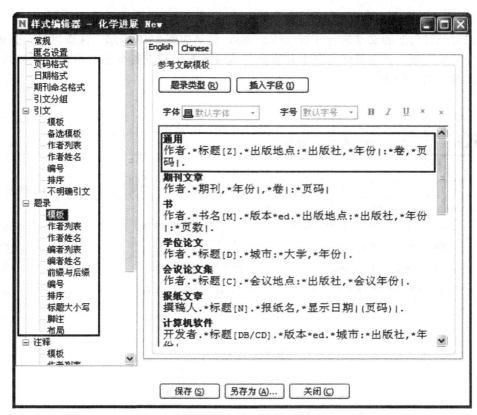

图 3-66　使用 NoteExpress 软件设置参考文献格式

高度匹配。不过使用 Web 版本一定要挂在网上，而且受到 IP 地址限制的影响（即只有购买该服务的机构才能使用），因此暂时不加以推荐。

如果需要生成科技查新报告（在申请项目查新时用，用于证明申请书的内容具有创新性，通常需要经过认证的机构盖章才能有效），则点击"生成检索报告"（图 3-62），通常输出为 doc 格式，结果如图 3-67 所示。

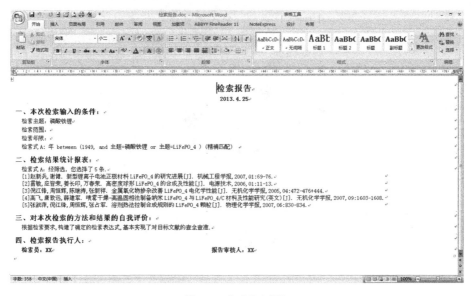

图 3-67　生成检索报告

3.2.3.6 检索结果分析

可以对经过勾选的文献进行分析（图 3-68），结果如图 3-69 所示。从图可见，分析报告与知网节非常类似，其主要区别在于分析报告是对多篇文献进行分析（纵向和横向），以揭示多篇文献之间的联系。

图 3-68 文献分析

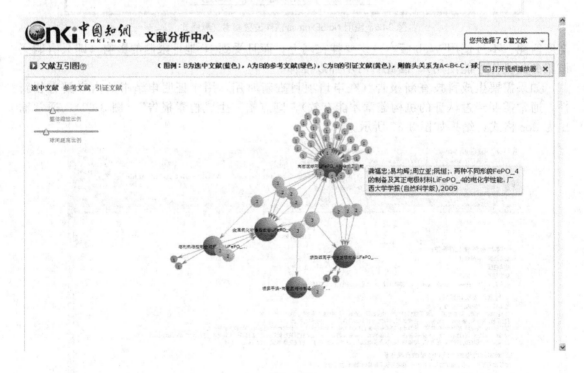

(a) 文献互引图

参考文献

题名	作者	来源	年/期	参考频次
金属氧化物掺杂改善LiFePO_4电化学性能	倪江锋,周恒辉,陈继涛,张新祥	无机化学学报	2005/04	1
铬离子掺杂对LiFePO_4电化学性能的影响	倪江锋,周恒辉,陈继涛,苏光耀	物理化学学报	2004/06	1
Nb掺杂LiFePO_4/C的一步固相合成及电化学性能	庄大高,赵新兵,谢健,涂健,朱铁军,曹高劭	物理化学学报	2006/07	1
我国电池产业、市场与技术的发展趋势	路慧,汪继强	新材料产业	2006/09	1
锂离子动力电池及其关键材料的研究和应用现状	刘昊,郑利峰,邓龙征	新材料产业	2006/09	1

引证文献

<上一页 1 2 3 4 5 下一页>

题名	作者	来源	年/期	引证频次
锂离子电池正极材料LiFePO_4与Li_2FeSiO_4的合成及性能研究	彭春丽	中南大学	2011/	3
以不同原料制备锂离子电池复合正极材料LiFePO_4/C的研究	肖政伟	中南大学	2008/	3
新型高比能量磷酸铁锂的制备及电化学性能	李军,郑育英,李大光,黄慧民,赖桂棠	材料导报	2008/04	2
LiFePO_4的研究进展、问题及解决方法	常照荣,吕豪杰,付小宁	材料导报	2009/01	2
锂离子正极电池材料LiFePO_4合成及改性的研究进展	龙郑易,傅肃嘉,潘君益	浙江冶金	2009/04	2
聚阴离子型铁系锂离子电池正极材料的合成及改性研究	曹雁冰	中南大学	2010/	2
新型锂离子电池正极材料LiFePO_4的合成及改性研究	陈晗	湖南大学	2007/	2
锂离子电池正极材料磷酸铁锂的复合改性研究	舒叶	复旦大学	2011/	2
锂离子电池磷酸铁锂正极材料的研究	陈振	天津大学	2010/	2
碳包覆及镁等金属离子掺杂LiFePO_4正极材料的电化学性能的研究	邱鹏	湖南大学	2011/	2

(b) 参考文献和引证文献

文献共被引分析

<上一页 1 2 下一页>

本组文献

雷敏;应皆荣;姜长印;万春荣. 高密度球形LiFePO_4的合成及性能. 电源技术. 2006

倪江锋;周恒辉;陈继涛;张新祥. 金属氧化物掺杂改善LiFePO_4电化学性能. 无机化学学报. 2005

高飞;唐致远;薛建军. 喷雾干燥-高温固相法制备纳米LiFePO_4与LiFePO_4/C材料及性能研究(英文). 无机化学学报. 2007

雷敏;应皆荣;姜长印;万春荣. 高密度球形LiFePO_4的合成及性能. 电源技术. 2006

赵新兵;谢健. 新型锂离子电池正极材料LiFePO_4的研究进展. 机械工程学报. 2007

倪江锋;周恒辉;陈继涛;张新祥. 金属氧化物掺杂改善LiFePO_4电化学性能. 无机化学学报. 2005

雷敏;应皆荣;姜长印;万春荣. 高密度球形LiFePO_4的合成及性能. 电源技术. 2006

赵新兵;谢健. 新型锂离子电池正极材料LiFePO_4的研究进展. 机械工程学报. 2007

雷敏;应皆荣;姜长印;万春荣. 高密度球形LiFePO_4的合成及性能. 电源技术. 2006

倪江锋;周恒辉;陈继涛;张新祥. 金属氧化物掺杂改善LiFePO_4电化学性能. 无机化学学报. 2005

雷敏;应皆荣;姜长印;万春荣. 高密度球形LiFePO_4的合成及性能. 电源技术. 2006

张淑萍;倪江锋;周恒辉;张占军. 溶剂热法控制合成规则的LiFePO_4颗粒. 物理化学学报. 2007

共被引文献

彭春丽. 锂离子电池正极材料LiFePO_4与Li_2FeSiO_4的合成及性能研究. 中南大学. 2011

肖政伟. 以不同原料制备锂离子电池复合正极材料LiFePO_4/C的研究. 中南大学. 2008

常照荣;吕豪杰;付小宁. LiFePO_4的研究进展、问题及解决方法. 材料导报. 2009

陈振. 锂离子电池磷酸铁锂正极材料的研究. 天津大学. 2010

张宇颖. LiFePO_4/C的新型制备方法. 哈尔滨工程大学. 2012

李军;郑育英;李大光;黄慧民;赖桂棠. 新型高比能量磷酸铁锂的制备及电化学性能. 材料导报. 2008

陈晗. 新型锂离子电池正极材料LiFePO_4的合成及改性研究. 湖南大学. 2007

于文志. 锂离子电池正极材料LiFePO_4的金属离子掺杂改性研究. 湖南大学. 2007

张发智. 磷酸铁锂单分散球形粉体的合成与表征. 兰州大学. 2012

邱鹏. 碳包覆及镁等金属离子掺杂LiFePO_4正极材料的电化学性能的研究. 湖南大学. 2011

关键词文献

☑ 磷酸铁锂(4)　☐ 正极材料(3)　☐ 锂离子蓄电池(1)　☐ LiFePO_4(1)　☐ 高密度(1)
☐ 球形(1)　☐ 控制结晶法(1)　☐ 锂离子电池(1)　☐ LiFePO4(1)　☐ 金属氧化物(1)

(c) 文献共被引分析

图 3-69

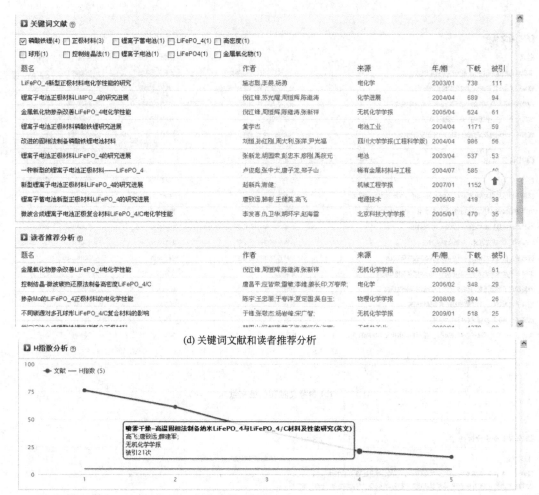

(d) 关键词文献和读者推荐分析

(e) H指数分析

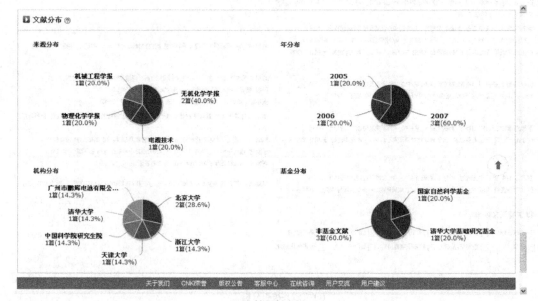

(f) 文献分布

图 3-69 文献分析报告

3.3 万方数据库

3.3.1 万方数据简介

万方数据股份有限公司成立于 1993 年，是科技部下属的股份制高新技术企业，前身为中国科技信息研究所数据库中心，是中国第一家专业信息资源建设、生产和服务提供商。万方数据知识服务平台（http://www.wanfangdata.com.cn/）是由万方数据公司开发的，涵盖科学研究（期刊论文、学位论文、会议论文、外文文献、科学文摘）、技术创新（中国专利、外国专利、中国标准、国际标准、科技成果）、商业信息（企业机构、法律法规）等文献信息资源和服务的大型网络数据库。根据其主页提供的数据显示，万方数据库目前拥有学术期刊论文约 2400 万篇、学位论文 250 万篇、会议论文 220 万篇、外文文献 2300 万篇、专利 3200 万个、中外标准 30 万个、科技成果 78 万条、图书 5 万本、政策法规 53 万条、机构 20 万个、科技专家 1.1 万名、学者 110 万名，信息算是相当丰富。万方数据库的主界面（图 3-70）与中国知网类似，提供了分类导航浏览、跨库或单库检索服务（包括一框式检索、高级检索和专业检索）。万方数据的主要优势是国内核心的科技期刊和学位论文（因其是科技部下属企业，是国家学位论文的法定收藏单位）。

图 3-70 万方数据知识服务平台主页

3.3.2 期刊导航

如果对信息来源比较确定，可以在主页面点击各个子库，再通过分类导航来获得相应的信息源，然后通过浏览目录来获取文献信息。

以期刊库为例，点击"期刊"，出现学科分类、地区分类和首字母分类三种分类方法［图 3-71(a)］。其中学科分类为二级目录分类法，共 8 大类，包括：哲学政法［哲学、逻辑伦理、心理学、宗教、大学学报（哲学政法）、马列主义理论、政治、党建、外交、法律］；社会科学［社会科学理论、社会学、社会生活、人口与民族、劳动与人才、大学学报（社会科学）、历史、地理］；经济财政［经济学、经济与管理、农业经济、工业经济、交通旅游经济、邮电经济、贸易经济、金融保险、大学学报（经济管理）］；教科文艺［文化、新闻出版、图书情报档案、科研管理、教育、少儿教育、中学生教育、体育、大学学报（教科文艺）、语言文字、文学、艺术］；基础科学［大学学报（自然科学）、数学、力学、物理学、化学、天文学、地球科学、生物科学、自然科学总论］；医药卫生［预防医学与卫生学、医疗保健、中国医学、基础医学、临床医学、内科学、外科学、妇产科学与儿科学、肿瘤学、神经病学与精神病学、皮肤病学与性病学、五官科学、特种医学、药学、大学学报（医药卫生）、医药卫生总论］；农业科学［农业基础科学、农业工程、农学、植物保护、农作物、园艺、林业、畜牧兽医、水产渔业、大学学报（农业科学）、农业科学总论］；工业技术［大学学报（工业技术）、一般工业技术、矿业工程、石油与天然气工业、冶金工业、金属学与金属工艺、机械与仪表工业、军事科技、动力工程、原子能技术、电工技术、无线电电子学与电信技术、自动化技术与计算机技术、化学工业、轻工业与手工业、建筑科学、水利工程、环境科学与安全科学、航空航天、交通运输］等。在图 3-71 (a) 所示的页面中找到"化学"点击后会变化为图 3-71 (b) 所示的页面，找到"催化学报"并点击，则最终显示催化学报的各期全文电子期刊（图 3-72），使用的是 FlashPaper 技术，这种方式与阅读纸版差异不大。

除了通过分类浏览获取期刊，也可以通过刊名进行检索，如图 3-73 所示。

3.3.3 文献检索

万方数据库提供了三种检索方式，首先是一框式检索，如图 3-74 所示。万方的一框式检索支持比较复杂的检索式，即在输入框中允许同时键入多种限定词。

① 模糊检索（缺省检索方式）：直接在全部字段中检索输入的任何词、短语或句子。

② 精确检索：检索词使用引号（""）或书名号（《 》）括起来，表示精确匹配。

③ 字段限定：采用"字段名＋冒号"的方式进行字段限定，例如"Title:磷酸铁锂"（为了简化用户的使用和记忆负担，对同一字段的限定，字段名可以有多种形式，例如"Title""标题""题名"均代表对 Title 字段进行限定检索）。

④ 日期范围：日期范围的检索采用"Date:1998-2003"的形式。"-"前后分别代表限定的年度上下限。上限和下限可以省略一个，代表没有上限或下限，但"-"不可省略。

⑤ 多个空格分隔：例如"磷酸铁 锂电池"，表示检索任意字段中包含"磷酸铁锂"与"电池"的记录，即 AND 操作。

图 3-75 显示了同时使用 AND 操作和字段限定的实例。与中国知网类似，这个一框式检索可以使用跨库（学术论文）或单库检索，切换时无需再次输入检索式。此外，对检索结果可以再次输入"标题""作者""关键词""刊名""出版年"等信息进行二次检索（在结果中检索）。

如果一框式检索不能够满足检索要求，可以点击主页面的"高级检索"链接（图 3-74）进入高级检索界面。高级检索有两种版本，即新版（图 3-76）和旧版（图 3-77），两个版本的检索条件差异较大但都可以使用，并且可以随时相互切换。使用高级检索，其主要优点是无需记忆字段名称（可以直接在下拉框中选定）。相对来说，旧版的高级检索界面限定更多，但确实也是过于复杂了一些。另外，在高级检索界面，可以很方便地设定跨库检索的类型。

如果希望更加精细地控制检索条件，可以使用专业检索界面，即通过复杂的字段限定来构建检索式，如图 3-78 所示。为了避免记忆可选字段名称，可以点击"可检索字段"，将弹出一个出现所有字段的页面（图 3-79），点击相应的字段名称，则会自动填写到检索框中。

对于专业检索，系统使用了"*""+""^"三种符号代表 AND、OR 和 NOT 三种逻辑关系。字段名与限定词之间可以使用运算符来表示各类关系，例如使用"="代表模糊匹配、"exact"代表精确匹配、"any"代表后面的多个检索词出现一个即可、"all"代表后面的多个检索词要同时出现。另外，对于含有空格或其他特殊字符的检索词要用引号（""）括

(a) 点击"期刊"后出现三种分类方法

图 3-71

Internet 化学化工文献信息检索与利用

(b) 点击"化学"后出现的页面

图 3-71 期刊分类浏览

图 3-72 催化学报期刊主页

第3章 中文文献数据库：拓展视野

图 3-73　检索刊名

图 3-74　一框式检索

图 3-75　一框式"组合"检索

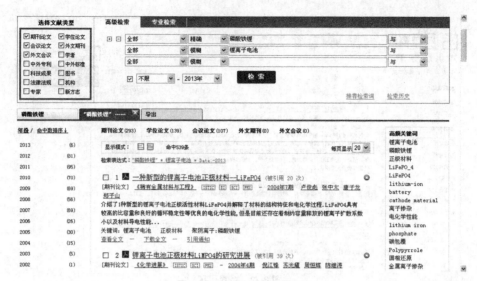

图 3-76 新版高级检索界面

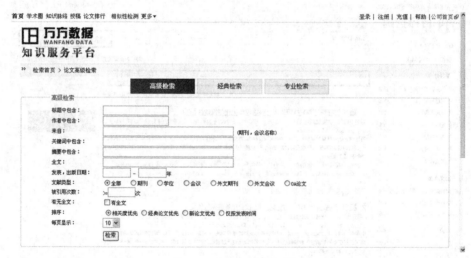

图 3-77 旧版高级检索界面

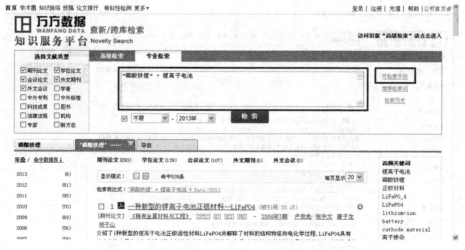

图 3-78 专业检索界面

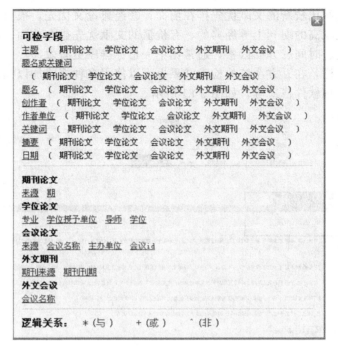

图 3-79 可检索字段

起来。书写检索表达式时,除要检索的词可以用全角符号外,各种运算符号只能是半角符号,关系运算符(除"=")及布尔逻辑运算符前后均要用空格相连,布尔运算符严格按照从左到右的顺序执行。

3.3.4 检索结果处理

除了使用检索词组合外,为进一步获取高相关度的检索结果,还可以利用系统提供的分类和排序功能(图 3-80)。分类方式主要包括学科分类、论文类型、年份、按刊分类等。排序方式有三种,即:①相关度优先,与查询的条件内容最相关的文献优先排在前面;②最新

图 3-80 检索结果的分类和排序

论文优先，发表时间比较新的文献优先排在前面；③经典论文优先，被引用数比较多，或者文章发表在档次比较高的期刊上等经典的、有价值的文献优先排在前面。每一种综合考虑了相关度、论文质量、时间三方面因素，通常比单一指标排序更有效。

同中国知网一样，在万方系统的检索结果也可以使用多种格式加以输出，主要是查新格式和导出为文献管理软件格式等，如图 3-81 所示。

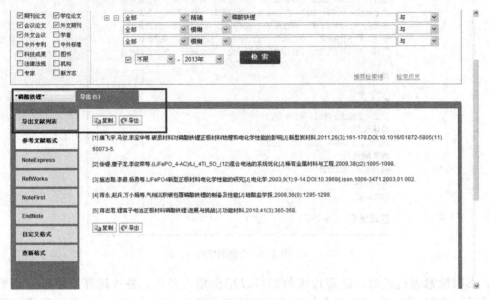

图 3-81 检索结果导出

3.3.5 全文阅读与扩展

点击检索结果中论文的标题，即可以进入论文信息和下载页面，如图 3-82 所示。无论是何种文献资源，包括期刊论文、学位论文、专利等，万方数据库只提供标准的 PDF 格式供下载。下载后即可以使用 PDF 阅读软件打开，见图 3-83。

图 3-82 论文信息和下载页面

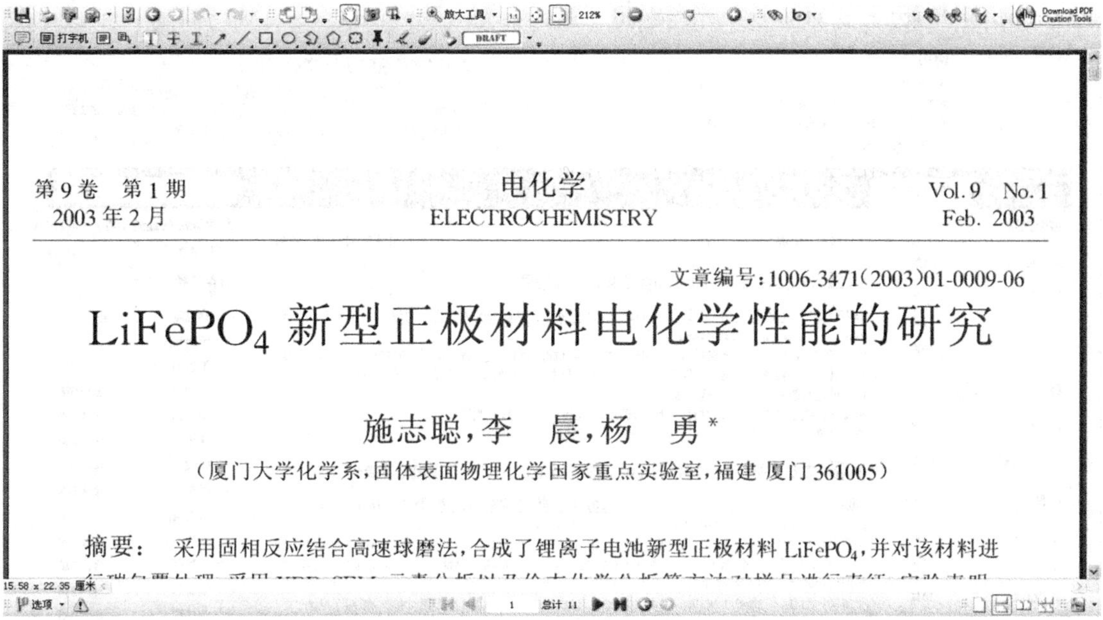
第 9 卷　第 1 期　　电化学　　Vol. 9　No. 1
2003 年 2 月　　ELECTROCHEMISTRY　　Feb. 2003

文章编号：1006-3471(2003)01-0009-06

$LiFePO_4$ 新型正极材料电化学性能的研究

施志聪，李　晨，杨　勇*

（厦门大学化学系，固体表面物理化学国家重点实验室，福建 厦门 361005）

摘要：　采用固相反应结合高速球磨法，合成了锂离子电池新型正极材料 $LiFePO_4$，并对该材料进

图 3-83　使用 PDF 阅读软件打开论文

同中国知网一样，系统会根据论文的内容，为其建立一系列的扩展信息（与论文摘要页同一页面，如图 3-84 所示）。主要栏目包括：参考文献、引证文献、本文读者也读过、相似文献、相关博文、相关词条等。

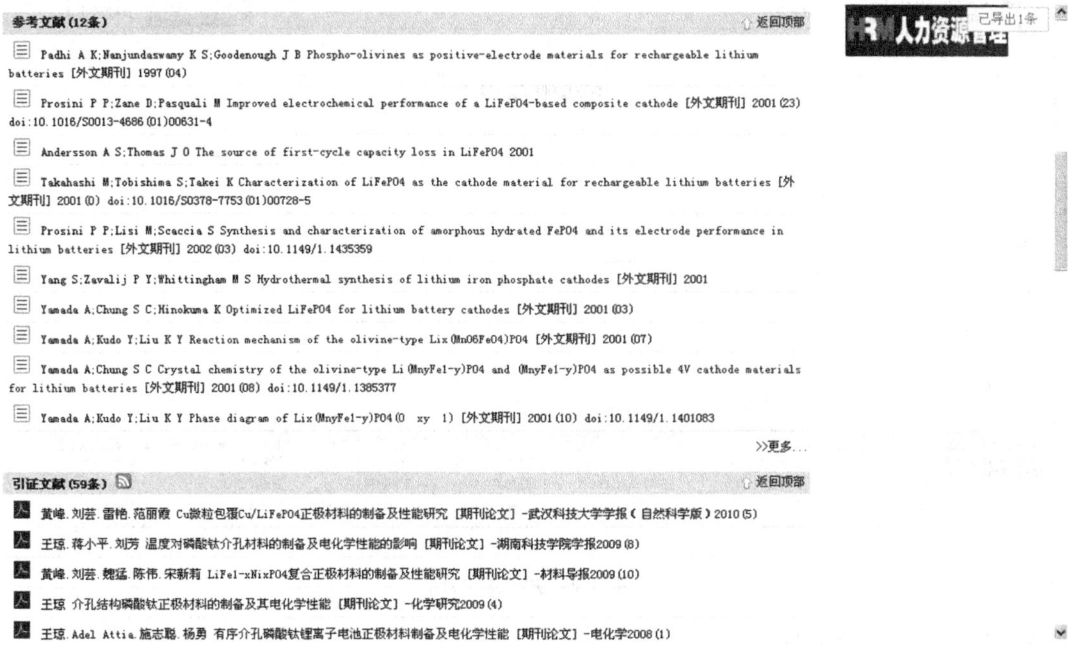
参考文献 (12条)　　返回顶部

Padhi A K;Nanjundaswamy K S;Goodenough J B Phospho-olivines as positive-electrode materials for rechargeable lithium batteries [外文期刊] 1997 (04)

Prosini P P;Zane D;Pasquali M Improved electrochemical performance of a LiFePO4-based composite cathode [外文期刊] 2001 (23) doi:10.1016/S0013-4686(01)00631-4

Andersson A S;Thomas J O The source of first-cycle capacity loss in LiFePO4 2001

Takahashi M;Tobishima S;Takei K Characterization of LiFePO4 as the cathode material for rechargeable lithium batteries [外文期刊] 2001 (0) doi:10.1016/S0378-7753(01)00728-5

Prosini P P;Lisi M;Scaccia S Synthesis and characterization of amorphous hydrated FePO4 and its electrode performance in lithium batteries [外文期刊] 2002 (03) doi:10.1149/1.1435359

Yang S;Zavalij P Y;Whittingham M S Hydrothermal synthesis of lithium iron phosphate cathodes [外文期刊] 2001

Yamada A;Chung S C;Hinokuma K Optimized LiFePO4 for lithium battery cathodes [外文期刊] 2001 (03)

Yamada A;Kudo Y;Liu K Y Reaction mechanism of the olivine-type Lix(Mn06Fe04)PO4 [外文期刊] 2001 (07)

Yamada A;Chung S C Crystal chemistry of the olivine-type Li(MnyFe1-y)PO4 and (MnyFe1-y)PO4 as possible 4V cathode materials for lithium batteries [外文期刊] 2001 (08) doi:10.1149/1.1385377

Yamada A;Kudo Y;Liu K Y Phase diagram of Lix(MnyFe1-y)PO4(0 xy 1) [外文期刊] 2001 (10) doi:10.1149/1.1401083

>>更多...

引证文献 (59条)　　返回顶部

黄峰.刘芸.雷艳.范丽霞 Cu微粒包覆Cu/LiFePO4正极材料的制备及性能研究 [期刊论文] -武汉科技大学学报（自然科学版）2010 (5)

王琼.蒋小平.刘芳 温度对磷酸钛介孔材料的制备及电化学性能的影响 [期刊论文] -湖南科技学院学报2009 (8)

黄峰.刘芸.魏猛.陈伟.宋新莉 LiFe1-xNixPO4复合正极材料的制备及性能研究 [期刊论文] -材料导报2009 (10)

王琼 介孔结构磷酸钛正极材料的制备及其电化学性能 [期刊论文] -化学研究2009 (4)

王琼.Adel Attia.施志聪.杨勇 有序介孔磷酸钛锂离子电池正极材料制备及电化学性能 [期刊论文] -电化学2008 (1)

图 3-84　论文扩展

除了扩展信息外，在文献摘要页面（图 3-82）上的各类关键词也可以点开，以获得各种扩展信息。例如点击某一作者获得该作者发表的论文信息（图 3-85），点击关键词旁的图标获得该主题的知识脉络分析（图 3-86）等。

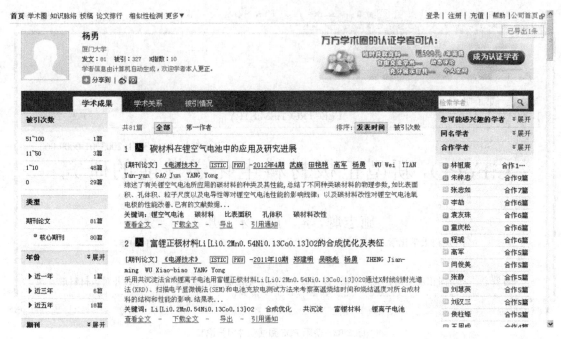

图 3-85 学者页面

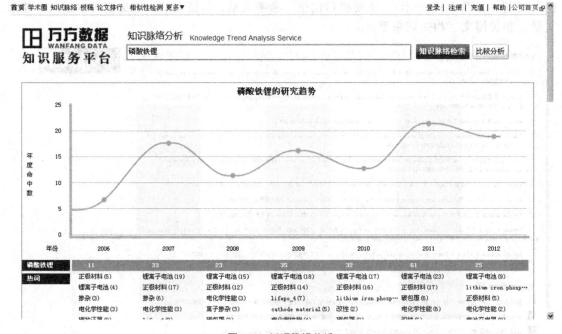

图 3-86 知识脉络分析

3.3.6 其他库简介

除了期刊论文，万方数据库比较有价值的资源库包括学位论文库和专利库。

万方的学位论文库作为国家法定的学位论文收藏机构，收录近 600 家学位授予单位的学位论文，内容涵盖各学科领域，收录 2000 年以来的博士、硕士研究生论文。要获取学位论文，可以使用关键词检索或授予单位浏览两种方式，检索到后使用与期刊论文相同的方式获取全文（PDF 格式）。在万方数据首页的最上面点击"学位"，网页上会显示两种分类："学科、专业目录"和"学校所在地"。以查找华南师范大学学位论文为例：先点击"学校所在地"中的"广东"（选择省份），网页上出现位于广东的院校名列表[图 3-87(a)]；在列表中找到"华南师范大学"并点击，网页上即显示出由华南师范大学授予学位的论文列表[图 3-87(b)]。

(a) 选择省份后出现院校名列表

(b) 华南师范大学授予学位的论文列表

图 3-87 学位授予机构导航

专利库也是万方数据的一个比较有特色的资源库，分为基础版和加强版。基础版提供基本的专利检索服务，包括分类浏览[图 3-88(a)]和关键词检索[图 3-88(b)]的方式。加强版则增加了专利分析功能,具体包括法律状态查询、竞争环境分析、技术生命周期分析、机构对比分析、文献对比分析、专利权人专利成果跟踪、发明人专利成果跟踪、检索式订阅等,对于专利申请和商业应用有一定的价值。检索到具体专利后可下载全文(PDF 格式,图 3-89)进行专利文献的阅读。

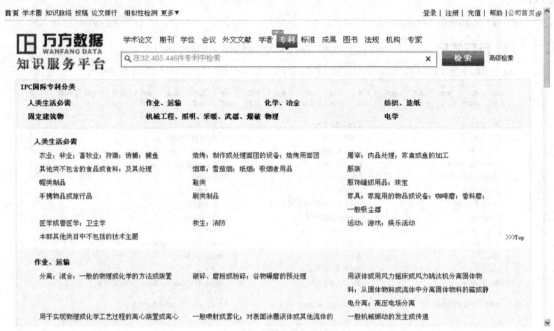

(a) 分类浏览

(b) 关键词检索

图 3-88 专利分类浏览

第 3 章 中文文献数据库：拓展视野

图 3-89 专利全文阅读

3.4 维普数据库

3.4.1 维普数据库简介

重庆维普资讯有限公司的前身为中国科技情报研究所重庆分所数据库研究中心，是国内第一家进行中文期刊数据库研究的机构，是中文期刊数据库建设事业的奠基者，维普期刊（http://lib.cqvip.com/，图 3-90）是中国最大的数字期刊数据库，也是 Google Scholar 最大的中文内容合作网站。与中国知网和万方数据相比，维普的优势是期刊更全，涵盖领域更全面。维普目前收录期刊总数达 12000 万种，文献总量达 3000 万篇，并致力于成为仓储式在线电子出版和交易商。

图 3-90 维普期刊资源整合服务平台

3.4.2 期刊文献检索

维普期刊提供了多种灵活的检索方式，包括基本检索、传统检索、高级检索、期刊导航和检索历史等，如图 3-91 所示。

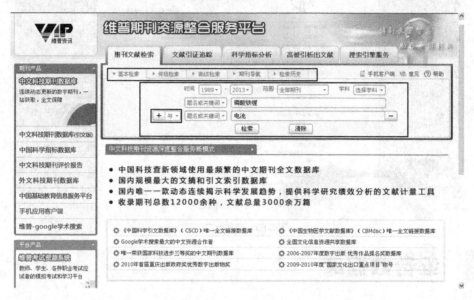

图 3-91 基本检索界面

基本检索方式简单易用，检索结果一目了然。对检索结果的全面性、精确性要求不高的检索者，或者缺乏专业文献检索知识和技巧的检索者可以使用基本检索方式。在基本检索方式下，检索者可根据需要对时间、期刊、学科范围进行限定，输入检索词后即可得到检索结果。如果需要更复杂的检索条件，可以点击"+"号来增加检索项（图 3-91），或者在检索结果基础上使用二次检索功能（图 3-92），其中"在结果中搜索"相当于两次检索的交集，"在结果中添加"相当于两次检索的并集，"在结果中去除"相当于两次检索结果的差集。

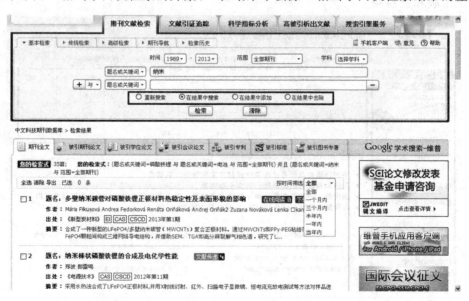

图 3-92 二次检索界面

传统检索（图 3-93）使用专用的检索界面，检索功能非常丰富，可选择某一专辑或学科分类，可实现同义词索引功能（防止漏检）、同名作者功能（缩小检索范围检索）等特殊检索请求。熟练的检索者能利用传统检索实现绝大部分检索需求，对查准率和查全率要求很高的检索者也能利用这种方式满足需求。同义词适用于"关键词""题名""题名或关键词"字段，即使用某一检索词检索后，系统将显示多个同义词供检索者挑选或多选，避免漏检。而同名作者适用于"作者""第一作者"作为检索字段，检索某一作者时，会出现作者工作单位供检索者选择，以提高查准率（图 3-94）。选择后按页面底部的"确定"按钮即出现最终的检索结果。传统检索也允许对检索结果进行二次检索，方法是点按二次检索按钮（图 3-95）。

图 3-93 传统检索界面

图 3-94 同名作者检索结果

维普的高级检索界面（图 3-96）提供了两种专业的检索方式：一种是向导式高级检索，另一种是直接输入检索式的专业检索。检索功能非常丰富，能实现复杂的逻辑组配检索，限定各种检索条件，以达到精确检索的目的。高级检索适用于对自己的检索请求非常明确，或对查准率和查全率要求相当高的检索者。高级检索的结果页面与基本检索的相同，且都可以

图 3-95　在传统检索中进行二次检索

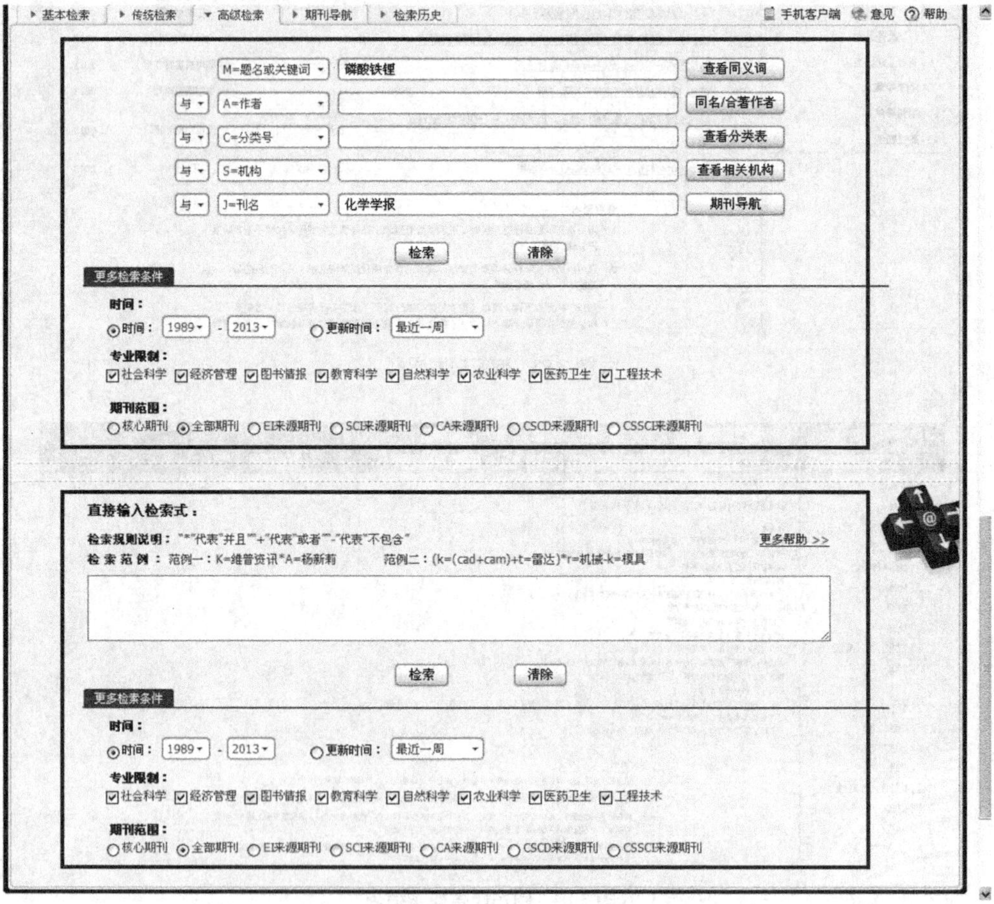

图 3-96　高级检索界面

进行二次检索。

期刊导航系统（图 3-97）按期刊学科分类导航、核心期刊导航、国内外数据库收录导航和期刊地区分布导航，对系统收录的期刊进行分类，也可以直接输入期刊名称或 ISSN 号

(international standard serial number，国际标准连续出版物编号）准确检索某一期刊。选中某一期刊后，点击期刊名即可以进入期刊主页（图 3-98），类似于纸印版一样实现对期刊的浏览和阅读。

图 3-97 期刊导航界面

图 3-98 催化学报主页

检索历史允许用户再次找回先前检索式的检索结果，或者对多次检索结果进行记录集逻辑运算，如图 3-99 所示。

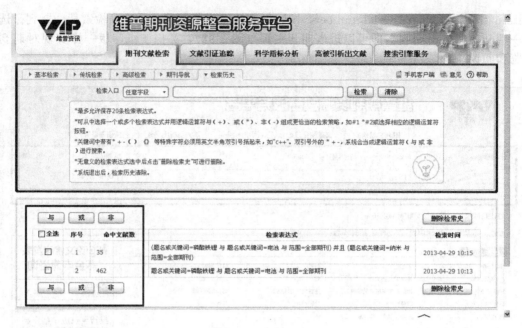

图 3-99 检索历史

3.4.3 获取全文

维普期刊提供了多种获取全文的途径，具体来说主要分成三种：①维普数据库拥有全文的文献，将直接提供全文阅读和下载的链接，点击下载进行阅读即可，如图 3-100 和图 3-101 所示；②维普系统中没有全文的文献，可通过与第三方社会公益服务机构合作，向用户提供快捷的原文传递服务；③为使用机构定制的 SFX 校内解析（开放链接功能），即维普系统中没有但用户机构中有全文的文献，可以通过这个技术实现直接链接跳转获取全文。获取全文（PDF 格式）后即可使用相关的阅读软件进行阅读（图 3-102）。

图 3-100 检索结果界面

图 3-101 论文摘要页界面

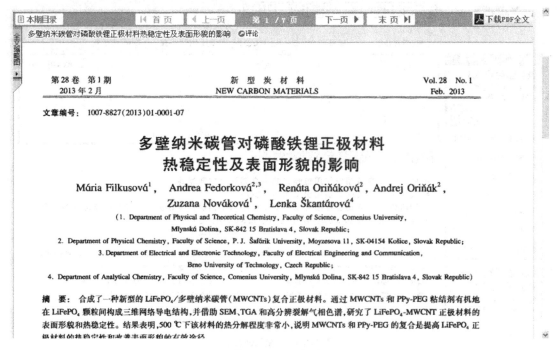

图 3-102 全文阅读

同其他数据库一样，在维普期刊中的检索结果也可以导出为查新格式或者其他设定格式（图 3-103）。

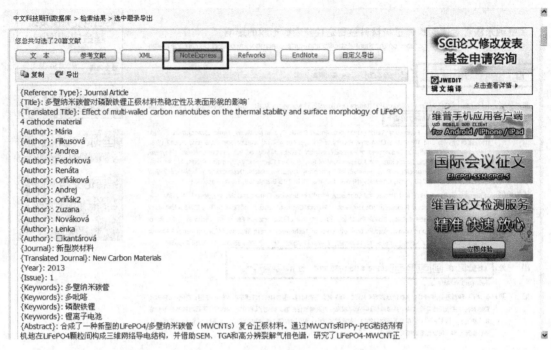

图 3-103 检索结果导出

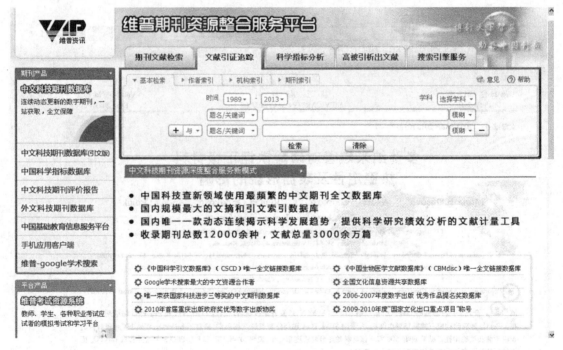

图 3-104 文献引证追踪

3.4.4 文献分析服务

除了期刊文献检索外,维普结合其文献资源,对文献进行了深入的分析和提炼。维普提供了包括文献引证追踪(图 3-104),可以实现引用追踪分析、引文检索和基于作者、机构、

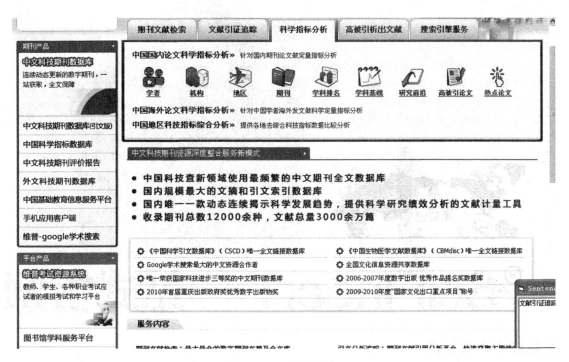

图 3-105　科学指标分析

期刊的引文分析统计等功能。维普的科学指标分析（图 3-105）则是试图通过对已发表文献的统计，对学科发展前沿、学者、机构、地区、期刊等的发展趋势和科学指标进行评估。此外，还提供了高被引析出文献和搜索引擎（主要是与 Google Scholar 的切换）等服务。维普的文献分析服务应该说做得非常出色，在国内目前应该是做得最好的了。然而，同前面所述，由于在自然科学界，高水平的研究成果通常都是使用英文进行发表，因此无论对中文文献的信息分析如何深刻，结论其实是没有代表性的。

第4章 SciFinder：一站式检索

Chapter 4

本章核心内容概览

- **SciFinder 简介**
- **探索文献**
  - ·主题检索
  - ·机构检索
  - ·相关文献
  - ·结果分析
  - ·作者检索
  - ·期刊或专利定位
  - ·结果精炼
  - ·全文获取
- **探索物质**
  - ·精确检索
  - ·类似结构检索
  - ·分子式检索
  - ·物质标识检索
  - ·结果分析
  - ·亚结构检索
  - ·专利结构检索
  - ·性质检索
  - ·结果精炼
  - ·化学品信息
- **探索反应**
  - ·反应检索
  - ·结果分析
  - ·结果精炼
- **附属功能和说明**
  - ·结果输出
  - ·定题服务
  - ·Web 版的注册
  - ·合并记录集
  - ·科学记事簿

4.1 SciFinder 简介

SciFinder Scholar 是美国化学会 ACS (American Chemical Society) 旗下的化学文摘服务社 CAS (Chemical Abstract Service) 所出版的 "Chemical Abstract"(《化学文摘》,简称 CA)数据库的联机版。CA 是全世界最大、最全面和最权威的化学和科学信息数据库,是化学及其相关学科研究领域不可或缺的参考和研究工具。利用 CA,可以一站式地检索期刊文献 (通过主题、作者或单位等)、物质 (通过结构式、分子式或 CAS 注册号等)、化学反应 (通过反应物、生成物结构或结构片断、官能团等),以及相关的专利文献、学位论文、会议论文、科技图书和商品信息,且检索结果非常可靠,对化学相关内容的文献定位能力极强。联机版化学文摘 SciFinder Scholar 集成了化学文摘 1907 年至今的所有内容 (每日更新),更整合了 Medline 医学数据库,以及欧洲和美国等数十家专利机构的全文专利资料,涵盖的学科包括化学、化工、环境、生物、医学、材料、地质、冶金、食品和农学等。图 4-1 和表 4-1 展示了 SciFinder Scholar 系统各子数据库提供的主要内容及其相互关系。

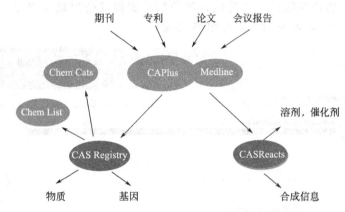

图 4-1 SciFinder Scholar 系统子数据库及其关系

表 4-1 SciFinder Scholar 系统提供的各子数据库的详细信息

数据库	主要内容	记录数	覆盖时间	更新周期
CA Plus	期刊,专利,图书,学位论文,技术报告,会议论文	超过 3500 万条文献记录,超过 1 万种学术期刊,62 家专利机构,收录范围包括 200 多个国家,60 多种文字	1907~	每日,约 4500 条
CAS Registry	全球最大最全面的化学物质信息库:有机物、矿物、合金、配合物、混合物、聚合物、盐、有机金属、蛋白质、无机物、基因序列等。以及物质的性质(包括实验性质和预测性质)	超过 6500 万个有机物和无机物,超过 6300 个基因序列	1957~	每日,约 1200 个
CASReacts	化学反应信息(单步或多步),对有机和药物合成意义重大	超过 3940 万条反应,超过 1400 万制备信息	1840~	每周,3 万~5 万条

续表

数据库	主要内容	记录数	覆盖时间	更新周期
ChemCats	可售化学品,包括价格、质量等级、供应商联系信息	超过6300万个化学物,超过1000个供应商	最新	每周更新
ChemList	全球主要市场受管制的化学品和库存,相关法规	超过29.3万	1979~	每周更新
Medline	生物医学期刊文摘库	超过1800万记录,4800个生物医学期刊	1949~	每周更新

  SciFinder Scholar 有两种版本,即 Web 版和客户端版。Web 版需要使用网络浏览器访问 SciFinder 网站,登录后的界面如图 4-2 所示,主要包括"Explore Reference"(探索文献)、"Explore Substance"(探索物质)和"Explore Reaction"(探索反应)三大模块。这三大模块即系统的核心功能。客户端版则通过安装一个软件,采用客户端/服务器方式进行联机访问。要说明的是,虽然目前两种版本所检索的数据库内容基本一致,但自 2010 年 11 月推出 Web 版后,客户端版已不再升级,各种新功能将只会出现在 Web 版,由于 Web 版代表未来的发展方向,因此本章重点介绍 Web 版。

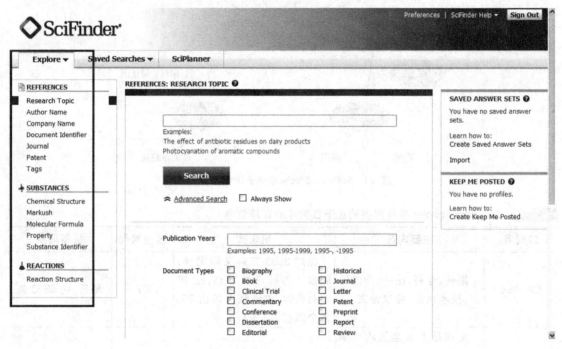

图 4-2　SciFinder Scholar Web 版主界面

4.2　探索文献

  在检索过程中随时点击 SciFinder Scholar 系统顶部"Explore"下拉菜单"REFERENCES"检索模块。使用这个功能模块,可以通过输入主题"Research Topic"、作者"Author Name"和单位"CompanyName"等信息对 SciFinder 收录的 3 千万多条文献信息进行检索,或者直接使用期刊"Document Identifier"和专利标识进行定位,检索返回的结果称为记录集(answer set)。

4.2.1 主题检索

主题检索是 SciFinder 系统最基本和最重要的功能，其界面如图 4-3 所示。其基本的搜索方法是在 "Research Topic" 文本框中输入检索主题，然后点击 "Search" 按钮进行检索。

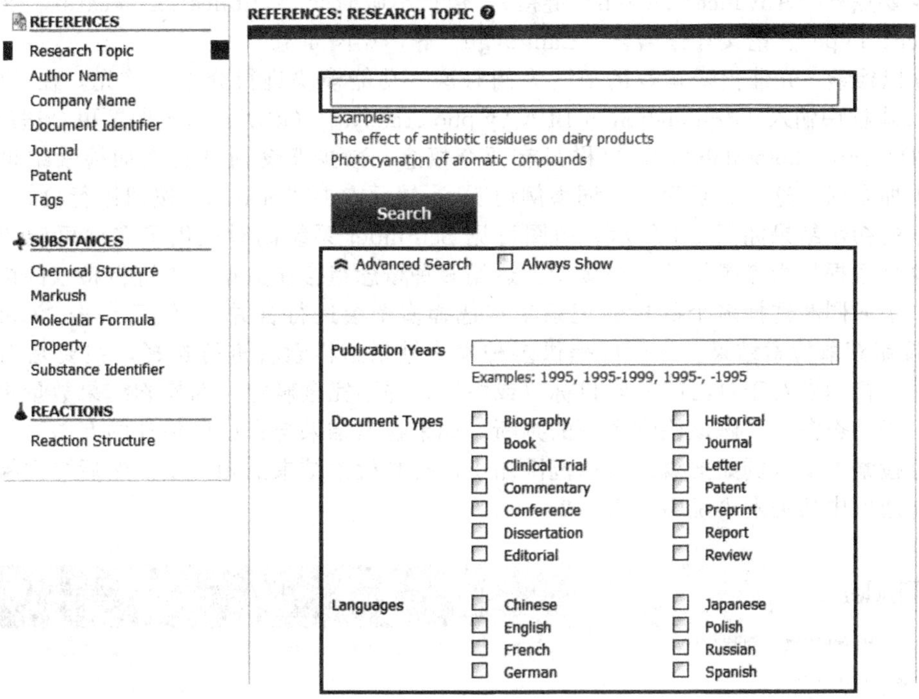

图 4-3 主题检索界面

使用主题检索，首先应该明白什么是主题 (topic)，这也是 SciFinder 系统中较为特殊的地方之一。这里的主题是指研究课题，要求输入一个或多个（最多 5 个，一般为 2~3 个）的概念 (concept)，然后将这些概念使用介词 (preposition) 联结起来，即所谓自然语言检索。首先，概念是指一个真正在科学文献中使用的概念或术语 (term)，可以是一个单词或多个单词，甚至是一个元素符号，这不同于经常所说的关键词 (keyword)。其次，概念之间推荐使用介词而不是逻辑关系词（如 AND、OR、NOT）连接（也支持使用这些词）。这是因为英语是"介词的语言"，介词用于表达前后单词或短语之间的关系比逻辑关系词更加清楚。然而，英语的介词有很多，它们本身有一定的意义，但也存在一些固定搭配，在很大程度上要依靠记忆，这为不熟悉英文的使用者带来了很大的麻烦。幸运的是，介词在这里是没有具体意义的，它们只是起到分开两个概念的作用，笔者在实践过程中发现，在确定好概念后，概念之间最简单的联系介词是 "with"，这个就当 AND 关系使用，然后使用 NOT 或 "except" 排除特定的概念。

SciFinder 系统对主题词的处理具有高度的智能化，它根据用户输入的概念，同时检索具有相同含义的同义词（例如检索 "prepare" 会同时检索 "synthesis"）、缩写词（例如检索 "Bisphenol A" 会同时检索 "BPA"）或不同的词尾（因词性不同或单复数，例如检索 "photocatalyst" 会同时检索 "photocatalytic" 和 "photocatalysts"）等。如果概念多于一个单词，系统会以这些词为专用词（即词组）同时将这些词分散在同一句中进行检索（即允许其他词出现在这些词之间）。有了这些智能化的处理，检索者可以集中精力确定检索概念及概念之间的关系。一般来说，只要输入正确的主题，检索结果是令人满意的。如果担心

SciFinder 系统对某些概念的同义词或缩写不能够较好地识别，可以在概念后使用括号"（　）"加以声明。例如检索"bisphenol A"时可以输入"Bisphenol A（BPA）"。如果有多个同义词，在括号中可以使用逗号分开，例如"Bisphenol A（BPA，Bisferol A）"。另外，为了减少检索结果，可以使用过滤功能，即勾选"Research Topic"文本框下面的选项进行限定（需要点开"Advanced search"链接），包括出版时间"Publication Years"、文档类型"Document Type"、论文写作语言"Language"等，见图 4-3。

下面以检索"光催化降解双酚 A"为例对这一功能模块进行介绍。首先，在"Research Topic"文本框中输入"degradation of BPA by photocatalyst"（说明：对本课题更合适的方法是输入"BPA with photocatalytic"，这样只有两个概念，减少概念通常会增加检索结果的数量使结果更加全面，这里只是为了介词举例说明），然后点击"Search"按钮进行检索。

检索的初步结果如图 4-4 所示。由图可见 SciFinder 系统同时提供了多种可能的检索结果集，这是根据检索者提供的多个概念，运用多种概念组合在数据库中进行检索的结果。可以选择一个或同时选择多个的检索记录集（选择多个会进行合并），然后点击"Get References"按钮获取检索结果。之所以提供多种检索结果给检索者进行选择，主要是因为通常刚开始时，检索者对于自己的检索目标（或主题）并不完全确定，而检索结果数量将影响到检索者对于是否深入了解该检索主题的判断。如果检索结果与自己所估计的有差异，可以进一步修订检索主题（例如把概念表达范围缩小以提高检索结果的相关度）然后再次检索。初步检索候选项中相关术语说明见表 4-2。

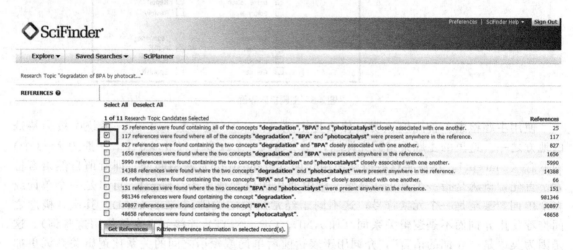

图 4-4　主题检索结果候选项

表 4-2　检索候选项呈现中几个术语

术　　语	说　　明
as entered	完全精确，即把输入的所有内容当作词组完全匹配，这种结果相关度最高，但会漏检
closely associated with one another	所有概念在同一个句子里或者标题中，这种结果相关度非常高，一般为首选项
present anywhere in the reference	所有概念出现在整个记录中，这种结果相关度比较差，但为了确保检索到所有文献（即查全率），可选这一选项
containing the concept	所有输入的概念或者概念的同义词或类似的术语存在于记录中，这个是相关度很差的记录集，但检索结果最全，一般较少选

具体到本例中，我们使用了三个概念（"degradation""BPA"和"photocatalyst"）和两个介词（"of""by"）用来分开概念。从结果可见，有 25 条记录保证了三个概念密切相关，117 个保证了三个概念在同一记录的里面。如果把三个概念减少到两个则记录数明显增长，如果只使用一个概念进行检索则检索结果达万个以上（上万的文献显然不是人工可以阅读得完的）。为了同时保证检索结果的全面完整（查全率）和相关性（查准度），我们最终选择了第 2 个检索结果，即有 117 个记录的检索结果集，如图 4-5 所示。

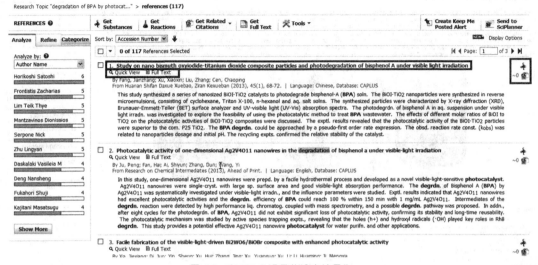

图 4-5 有 117 个记录的检索结果集

由图 4-5 可见：检索结果以文摘记录的形式进行呈现；其中所输入的检索概念词会加亮显示，以提高浏览阅读效率；部分有图形的文献其图形也会同时呈现，因图形比文本更具可读性。每篇文献标题下面两个图标分别是快速浏览（quick view，放大镜图标）和"Full Text"。文摘右侧两个图标的含义分别是物质（substances，）和被引用（citing，），相关作用后面将会介绍。在检索结果提供的文摘列表中，如果要对某一检索记录详情进行了解，点击该文献标题，超出当前记录集页面，进入该文献页面，如图 4-6 所示。

由图 4-6 可见，SciFinder 的文献记录绝对不是一个摘要那么简单，而是包含了大量有用的科学信息。这是因为 SciFinder 的文献记录都是学科专家人工阅读后录入和整理的，并为文献增加了大量相关的物质、结构、反应式、术语等有用信息。这样做的结果是使检索结果更加准确，且大大增强了文献有效利用的可能性。

如果要返回原来的记录集，则可以点击"Return"链接。如果不希望离开当前检索记录集界面，而又能够浏览某个记录的主要内容，可以点击记录标题后面的放大镜图标，会弹出一个快速浏览窗口，如图 4-7 所示。

从图 4-7 可见，弹出的窗口用于显示文献记录的完整摘要以及相关的图形和物质信息。如果点击"Substance Images"标签，还可根据物质结构检索相关文献、结构、性质和反应等，将在后面内容加以讨论。

为了更高效地处理记录集，SciFinder 提供了一些"工具"，可供使用，如图 4-8 所示。首先是记录集上面的历史导航条，这是一个记录检索深度的目录式导航工具，通过点击每个部分可随时返回到前面的任何一个级别的操作。其次是"Tools"菜单下的"Remove Duplicates"功能。由于 SciFinder 同时检索了多个不同的数据来源，因此可以利用这个功能删除重复的记录。通常，检索到合适的记录集后，可以立即执行这个功能，以免浪费时间重复阅读相同的文献。执行这一操作的结果如图 4-9 所示，可以发现有 13 个文献被这一操作除去。

14. Cyclodextrin-Functionalized Fe3O4@TiO2: Reusable, Magnetic Nanoparticles for Photocatalytic Degradation of Endocrine-Disrupting Chemicals in Water Supplies

By: Chalasani, Rajesh; Vasudevan, Sukumaran

Water-dispersible, photocatalytic Fe3O4@TiO2 core-shell magnetic nanoparticles have been prepd. by anchoring cyclodextrin cavities to the TiO2 shell, and their ability to capture and photocatalytically destroy endocrine-disrupting chems., bisphenol A and di-Bu phthalate, present in water, has been demonstrated. The functionalized nanoparticles can be magnetically sepd. from the dispersion after photocatalysis and hence reused. Each component of the cyclodextrin-functionalized Fe3O4@TiO2 core-shell nanoparticle has a crucial role in its functioning. The tethered cyclodextrins are responsible for the aq. dispersibility of the nanoparticles and their hydrophobic cavities for the capture of the org. pollutants that may be present in water samples. The metallic glasses TiO2 shell is the photocatalyst for the degrdn. and mineralization of the orgs., bisphenol A and di-Bu phthalate, under UV illumination, and the magnetism assocd. with the 9 nm cryst. Fe3O4 core allows for the magnetic sepn. from the dispersion once photocatalytic degrdn. is complete. An attractive feature of these "capture and destroy" nanomaterials is that they may be completely removed from the dispersion and reused with little or no loss of catalytic activity.

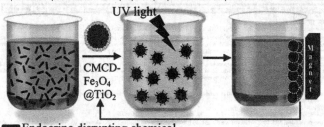

SOURCE
ACS Nano
Volume7
Issue5
Pages4093-4104
Journal; Online Computer File
2013
CODEN:ANCAC3
ISSN:1936-0851
DOI:10.1021/nn400287k

COMPANY/ORGANIZATION
Department of Inorganic and Physical Chemistry
Indian Institute of Science
Bangalore, India 560012

ACCESSION NUMBER
2013:623677
CAN158:660689
CAPLUS

PUBLISHER
American Chemical Society

LANGUAGE
English

Indexing

Radiation Chemistry, Photochemistry, and Photographic and Other Reprographic Processes (Section74-1)

Section cross-reference(s): 60, 67

Concepts

Photolysis
UV light-driven; cyclodextrin-functionalized Fe3O4@TiO2 as reusable, magnetic nanoparticles for photocatalytic degrdn. of endocrine-disrupting chems. in water supplies

Annealing
catalyst synthesis; cyclodextrin-functionalized Fe3O4@TiO2 as reusable, magnetic nanoparticles for photocatalytic degrdn. of endocrine-disrupting chems. in water supplies

Composites
core/shell composite; cyclodextrin-functionalized Fe3O4@TiO2 as reusable, magnetic nanoparticles for photocatalytic degrdn. of endocrine-disrupting chems. in water supplies

Endocrine system   Magnetic materials
Magnetic moment   Photolysis catalysts
Sorption
cyclodextrin-functionalized Fe3O4@TiO2 as reusable, magnetic nanoparticles for photocatalytic degrdn. of endocrine-disrupting chems. in water supplies

Wastewater treatment
photocatalytic; cyclodextrin-functionalized Fe3O4@TiO2 as reusable, magnetic nanoparticles for photocatalytic degrdn. of endocrine-disrupting chems. in water supplies

Substances

13463-67-7P Titanium oxide (TiO2), properties
composite with Fe3O4 deriv., nanoparticle; cyclodextrin-functionalized Fe3O4@TiO2 as reusable, magnetic nanoparticles for photocatalytic degrdn. of endocrine-disrupting chems. in water supplies
Catalyst use; Properties; Synthetic preparation; Preparation; Uses

1317-61-9 Iron oxide (Fe3O4), properties
composite with TiO2, nanoparticle; cyclodextrin-functionalized Fe3O4@TiO2 as reusable, magnetic nanoparticles for photocatalytic degrdn. of endocrine-disrupting chems. in water supplies
Catalyst use; Properties; Uses

1195-32-0
7319-38-2 3-Butenal
193696-27-4
1431929-50-8
cyclodextrin-functionalized Fe3O4@TiO2 as reusable, magnetic nanoparticles for photocatalytic degrdn. of endocrine-disrupting chems. in water supplies
Formation, unclassified; Properties; Formation, nonpreparative

80-05-7 Bisphenol A, processes

84-74-2 Dibutyl phthalate
cyclodextrin-functionalized Fe3O4@TiO2 as reusable, magnetic nanoparticles for photocatalytic degrdn. of endocrine-disrupting chems. in water supplies
Other use, unclassified; Physical, engineering or chemical process; Process; Uses

5593-70-4 Tetrabutyl titanate
143178-53-4
cyclodextrin-functionalized Fe3O4@TiO2 as reusable, magnetic nanoparticles for photocatalytic degrdn. of endocrine-disrupting chems. in water supplies

图 4-6 某一文献的页面

第 4 章　SciFinder：一站式检索　　Page-139

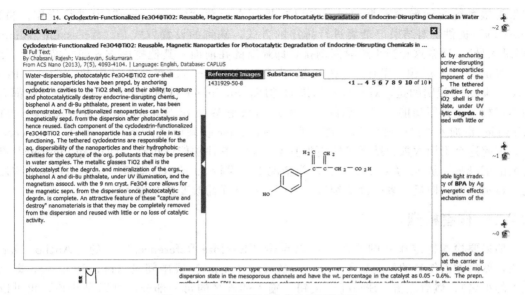

图 4-7　不离开当前记录集的快速浏览窗口

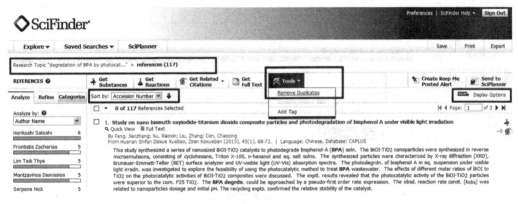

图 4-8　记录集"工具栏"

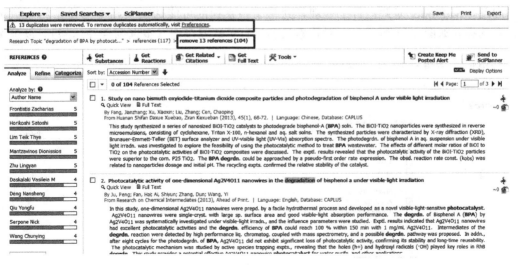

图 4-9　删除相同的文献记录

如果希望系统自动删除重复记录，可以在界面右上角"Preferences"中进行设定。再次，"Sort by"提供了对结果记录集进行排序的方式，缺省的设置方式是"Accession Number"（即录入号），通常这相当于按时间倒排，即最新的在前面。其他排序方式包括按作者"Author Name"、按标题"Title"、按出版年"Publication Year"、按引用数"Citing References"等。要说明的是，对于检索结果的排序，SciFinder 目前没有提供大多数系统都有使用的按相关度排序功能。有意思的是，引用本来是 Web of Science 系统的专长，不过现在 SciFinder 也加入了这一强大的功能。由于 SciFinder 收录的文献来源比 Web of Science 更广，因此这个引用次数的结果可能更加真实。此外其他功能还包括"Display Options"修改每页的记录数，从 15 条到 100 条，通常情况下，保持 20 条不变即可。至于该选项允许改变记录显示形貌，即显示多少摘要细节，一般情况下无需改变这个设置。

4.2.2 作者检索

如果要检索特定作者的文献，可以点击"Explore References"中的"Author Name"标签，然后输入作者的姓（last name）、名（first name）或中间名（middle name，即欧美人士的小名），然后点击"Search"按钮。输入的姓名的每一部分，可以是全称，也可以是简写，如图 4-10 所示。

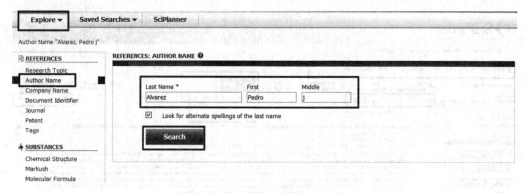

图 4-10 作者检索界面

由于各类期刊期刊对于作者姓名的处理各不相同，涉及姓和名的书写次序，以及是否简写的问题，SciFinder 对此进行了处理，列举了一系列的可能选项及相应的检索结果数量给检索者选择，如图 4-11 所示。可对检索选项进行单选或多选（多选则合并结果），以确保能

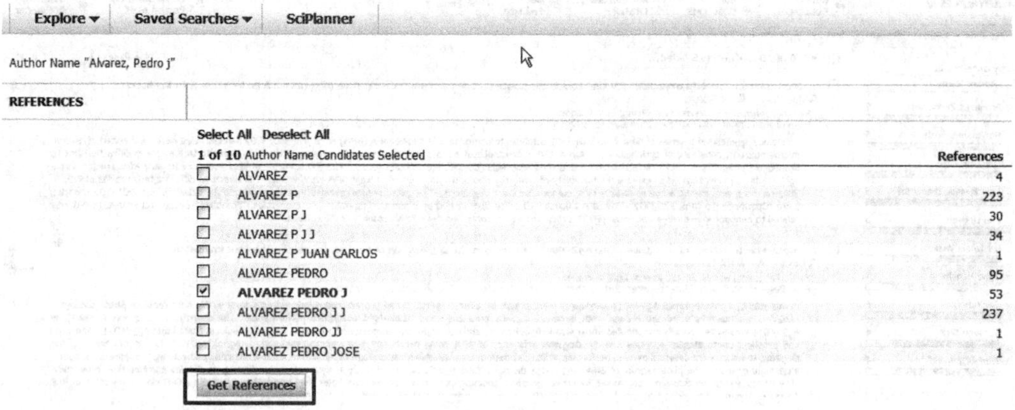

图 4-11 根据作者姓名检索结果候选项

图 4-12　根据作者检索的结果记录集

够准确全面地检索到特定作者的文献，点击"Get References"后出现检索结果记录集，如图 4-12 所示。当然，由于世界上同名同姓，或者不同名同姓但具有相同简写的作者众多，利用这种方法，虽然能够尽量保证检索到特定作者的所有文献，但一般也会检索到很多无关的文献（相同姓名或简称的其他作者），这就需要进一步处理（例如限制工作单位）和人工判断了。

4.2.3　机构检索

如果要检索某一个机构，如大学、研究机构或商业公司所发表的文献，可以使用机构检索"Company Name"功能，在文本框中输入名称后，点击"Search"键即可（图 4-13）。输入的单位名称，可以是全称，也可以是缩写，输入的信息越少则检索结果越多，输入的信息越完整则检索结果越准确。本例输入"School of Chemistry and Environment，South China Normal University"（华南师范大学化学与环境学院），检索结果如图 4-14 所示，共有 1508 篇论文（即自 2005 年成立学院以来 CA 收录论文）。

图 4-13　根据机构名称检索

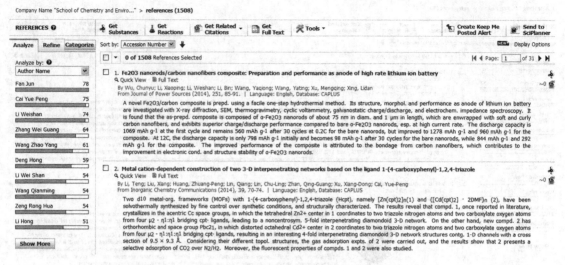

图 4-14　根据特定单位的检索结果

4.2.4　期刊或专利检索

如果要检索特定期刊的文献，可以选择期刊"Journal"标签，如图 4-15 所示。然后输入期刊的信息，包括期刊名称"Journal Name"、卷"Volume"、期"Issue"、起始页"Starting Page"以及作者姓名等信息。期刊名可以是全称、缩写或简称，或者输入特定的单词在文献标题"Title Word（s）"中进行检索。本例中输入标题包含光催化（photocatalytic），在美国化学会志（"Journal of the American Chemical Society"，JACS）中进行检索，点击"Search"按钮结果如图 4-16 所示。

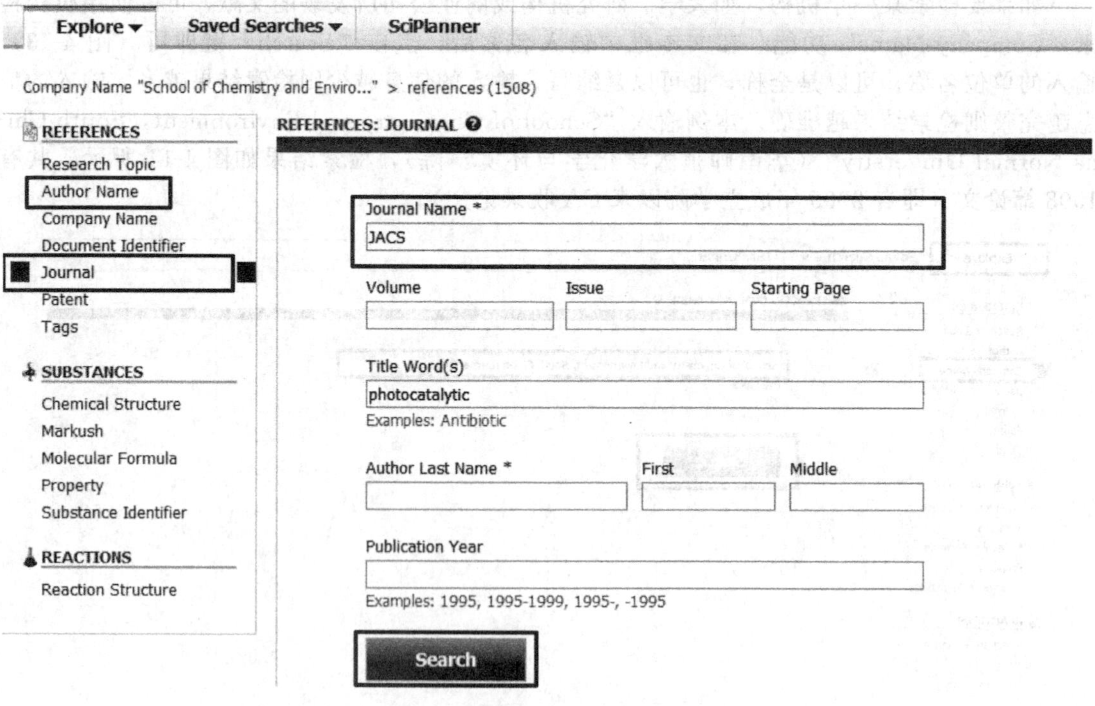

图 4-15　根据特定期刊检索文献

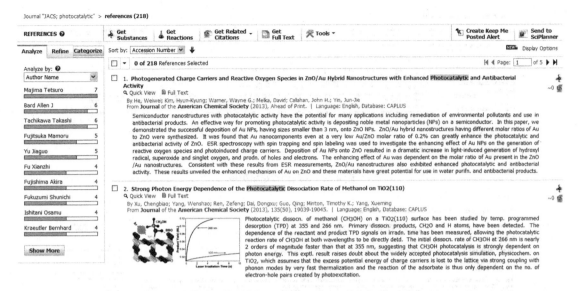

图 4-16 使用关键词在特定期刊中检索

要在 SciFinder 中检索专利文献，有三种方式：一种是基于化合物结构进行检索，这个在后面章节进行介绍；一种是通过主题检索"Research Topic"的方式，根据一个或多个概念进行检索，检索期刊文献的同时会同时检索专利，或者在主题检索时限定文献类型为专利（patent），这样检索的结果就只有专利文献；还有一种方式是选择"Explore References"中的"Patent"检索，如图 4-17 所示。最后这种方式是在了解到相关专利的部分信息后进行的，需要指定专利信息，例如专利号"Patent Number"、专利权人名称"Assignee Name"、发明人姓名等，也可限定时间"Publication Year"，关于专利信息的问题在后面章节将会介绍。本例输入专利号 US20060011945，检索结果如图 4-18 所示，点击记录标题显示详细信息（图 4-19）。

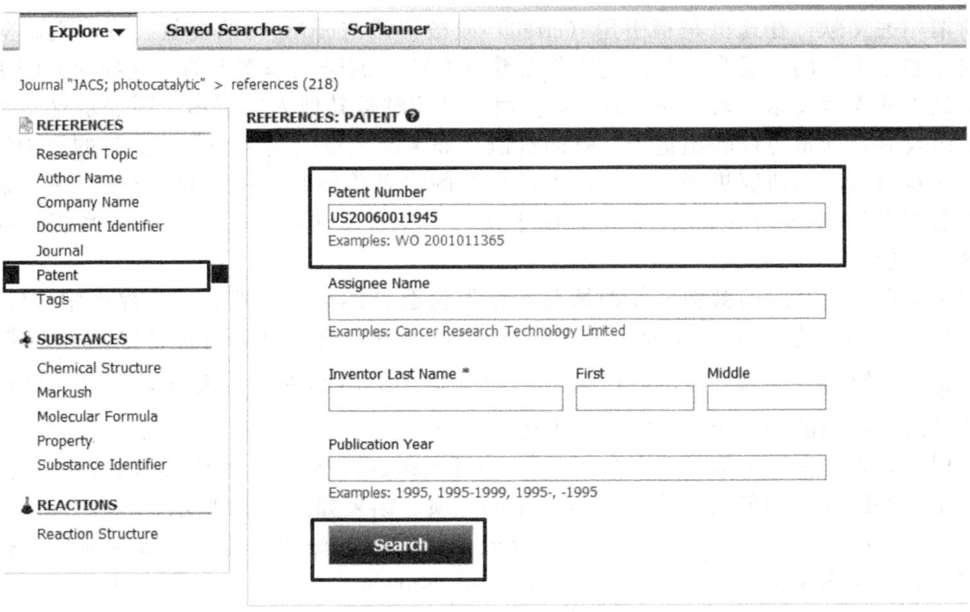

图 4-17 专利检索界面

图 4-18　专利检索结果列表

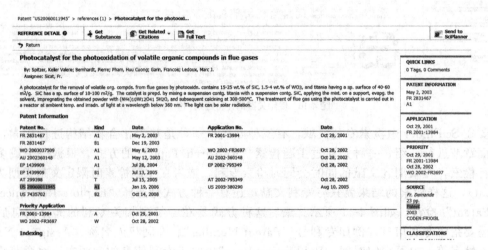

图 4-19　专利文献详细信息

4.2.5　获取相关文献

所谓相关文献，在这里是指引用（cited）或被引用（citing）的文献。参考文献对于科学研究是非常重要的，通常一个研究工作是建立在前人的研究基础上的，这些前人的工作就是论文最后的参考文献列表（references）。而一篇文献被其他人所引用，则表示这个工作被后人有所发展，通常也反映出这个文献的价值（如果被大量引用，表示该文献的原创性或在特定学科具有较大的研究进展，对其他人具有高的启发价值）。关于引用与被引用，最为典型的检索工具是 Web of Science 系统，由于这一工作意义非常大，SciFinder 系统现在也加入了这一功能。

为了获取某个文献的被引文献的情况，首先勾选具体文献，然后点击界面中"Get Related"功能菜单中的"Get Citing"项（图 4-20），或者点击文献标题右侧的表示"被引用"的图标，结果如图 4-21 所示，产生新的记录集（引用本论文的文献集）取代当前记录集。如果需要回到前一记录集，需要点击历史导航栏。

同理，如果要获取文献的所有参考文献（references），则勾选具体文献后，然后点击界面中"Get Related"功能菜单中的"Get Cited"项。结果如图 4-22 所示。

对于引用或被引用的文献，即可以执行记录集的所有操作功能，例如对结果进行排序（图 4-23），排序选项包括按照登录号"Accession Number"、作者名称"Author Name"、被引文献数量"Citing References"和出版时间"Publication Year"等。

另外，文献除了通过以上方式可以获取引用和被引用文献外，也可以通过界面上的获取

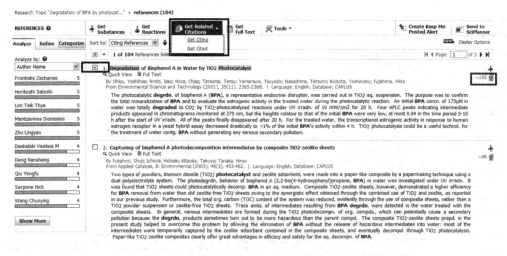

图 4-20 获取某篇文献的相关文献

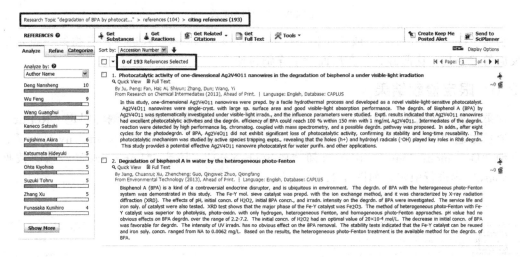

图 4-21 文献被引用情况记录集

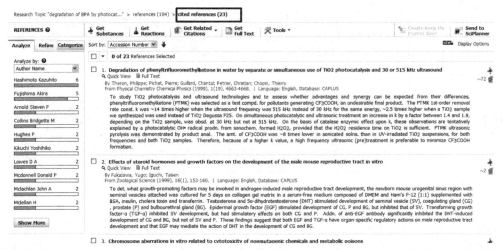

图 4-22 文献引用情况记录集

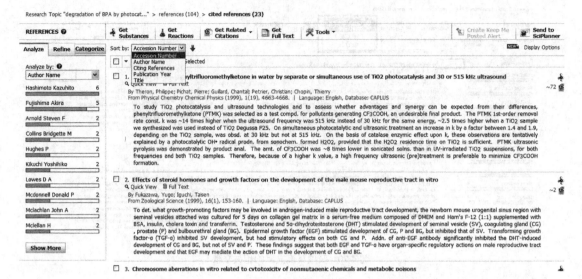

图 4-23 文献排序选项

相关物质"Get Substances"或获取相关反应"Get Reactions"来进一步获得某一特定物质或反应的记录集，这两部分将在后面章节详细讨论。

4.2.6 限定检索结果

如果要进一步限定（精炼）以减少检索结果，可以点击记录集右侧的限定"Refine"面板，通过主题"Research Topic"、作者名"Author Name"、公司名"Company Name"、文献类型"Document Type"、出版时间"Publish Year"、语言"Language"和来源数据库"Database"等进行限定，如图 4-24 所示。

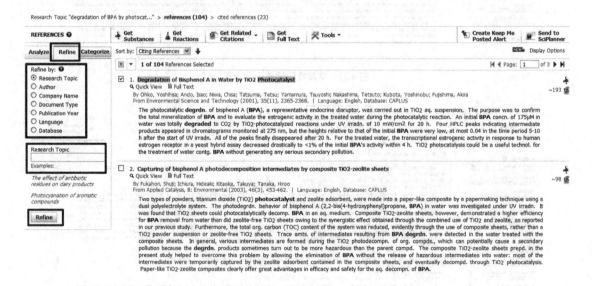

图 4-24 限定检索结果

其中，主题"Research Topic"限定最为常用，其作用就是通过增加一个新的概念（术语）以得到检索结果的子集。此外，"Document Type"也是常用选项，点击后如图 4-25 所示，勾选所需要文献类型后点击限定"Refine"按钮。可以选择的文献类型包括：传记

"Biography"、图书"Book"、临床试验"Clinical Trial"、评论"Commentary"、会议论文"Conference"、学位论文"Dissertation"、社论"Editorial"、历史"Historical"、期刊"Journal"、快报"Letter"、专利"Patent"、预印"Preprint"、报告"Report"、综述"Review"等。可以选择一项或多项，本例中选择"Patent"，结果见图4-26。

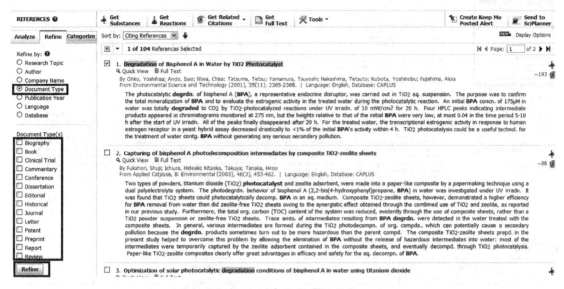

图4-25 使用文献类型进行精炼

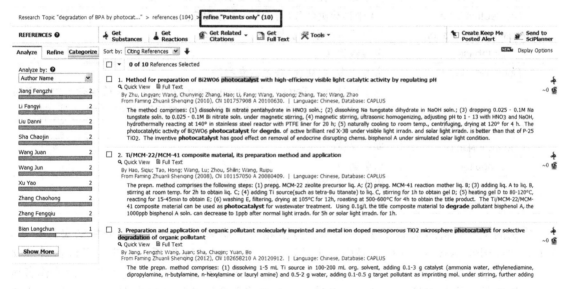

图4-26 选中专利类型的结果

4.2.7 分析检索结果

结果分析就是对检索结果（记录集）进行统计分析，具体操作是点击记录集左侧分析标签"Analysis"，在下拉框中选择相应的项目即可，如图4-27所示。结果分析有两种重要的意义，一是通过分析和排序发现关键（key）和趋势（trend），二是可用来筛选（二次检索）文献。可以分析的项目如表4-3所示。

图 4-27 分析检索结果记录集

表 4-3 检索结果分析选项

分析项目	分析结果
Author Name	某一领域的重要研究者(按发表文献数排序)
CAS Registry Number	检索结果文献中使用的重要物质的 CAS 注册号
CA Section Title	CA 学科分类名称(与 CA 印刷版对应)
Company-Organization	某一领域的重要机构
Database	来源数据库
Document Type	文献类型,如期刊、综述或专利等
Index Term	索引词(Index Term 和 Supplementary Terms 是 CA 的编辑人为地增加以方便检索的索引词,有时比原文关键词更能够反映文献的真实内容)
CA Concept Heading	CA 概念名
Journal Name	期刊名称
Language	出版语言
Publication Year	出版年代(可以了解到本领域的发展趋势)
Supplementary Terms	附加词

　　本例的主要分析结果如图 4-28 所示。点击相应的结果项目即可获得分析结果记录集,例如在"Author Name"分析结果中点击"Frontistis Zacharias"项,则获取了该作者的文献(注意这个是前一个检索结果的子集,是指该作者满足此前搜索概念的文献,而非作者所有发表的文献,要获取具体作者所有文献,请参考前面介绍的作者检索部分),如图 4-29 所示。如果要保持当前的分析结果,点击"Keep Analysis",则使用这个子集取代原来的记录集(图 4-30);如果不想保留分析结果,点击 Clear Analysis 返回原来的记录集。对于分析结果记录集,可以作为一个新的记录集进行处理,即还可以使用以上选项再一次分析/限定。

　　如图 4-28 所示,系统在进行分析时,检索结果是按记录数进行排序的,且只列举了前面的 10 个结果,如果要得到所有的分析结果,则要点击"Show More"按钮。对于作者姓名分析,如图 4-31 所示,可以根据记录数(缺省排序方式)或者字母进行排序,以便定位到具体作者。如果勾选多个作者姓名,点击应用"Apply"按钮,则显示多个作者的相关

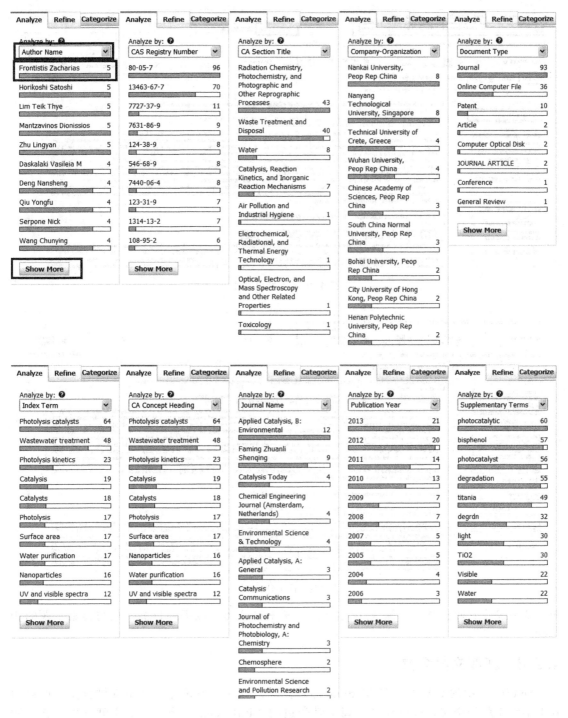

图 4-28 按不同项目分析的结果

    文献。

    系统分类"Categorize"按钮（图 4-29）允许检索者使用 CA 学科索引词对文献进行分类，这个功能适用于 SciFinder 所有的三个检索模块。"Categorize"其实是一个功能强大的人工文献分类目录导航系统，对于检索者在海量的信息中快速定位与自己研究相关的子学科信息具有较大的意义。点击后如图 4-32 所示，选择相应的子学科后点击"OK"获取文献

图 4-29 分析结果界面

图 4-30 保持分析结果

集,这一操作其实也是为了筛选/限定文献(按学科分类)以提高目标文献与检索主题的相关性。

4.2.8 获取文献全文

SciFinder 中的 CA Plus 和 Medline 都是文摘数据库,系统自身并不提供全文。如果想获取某篇文献的全文,可以点击每篇文献旁边的"Full Text"或先勾选文献(可多选)后点击工具菜单的"Get Full Text"按钮(如果已经打开了一个文献的完整记录,则只能点击"Get Full Text"按钮),如图 4-33 所示。这一功能是通过 Chemport 平台来链接全文地址,如图 4-34 所示,至于能否下载全文,则要看使用者所在机构是否已经定购了该篇文章所属的全文数据库。

点击相应的文档格式进入全文文献网站,根据网站内容点击全文链接,获取文献全文,并在 PDF 阅读器中打开,如图 4-35 和图 4-36 所示。

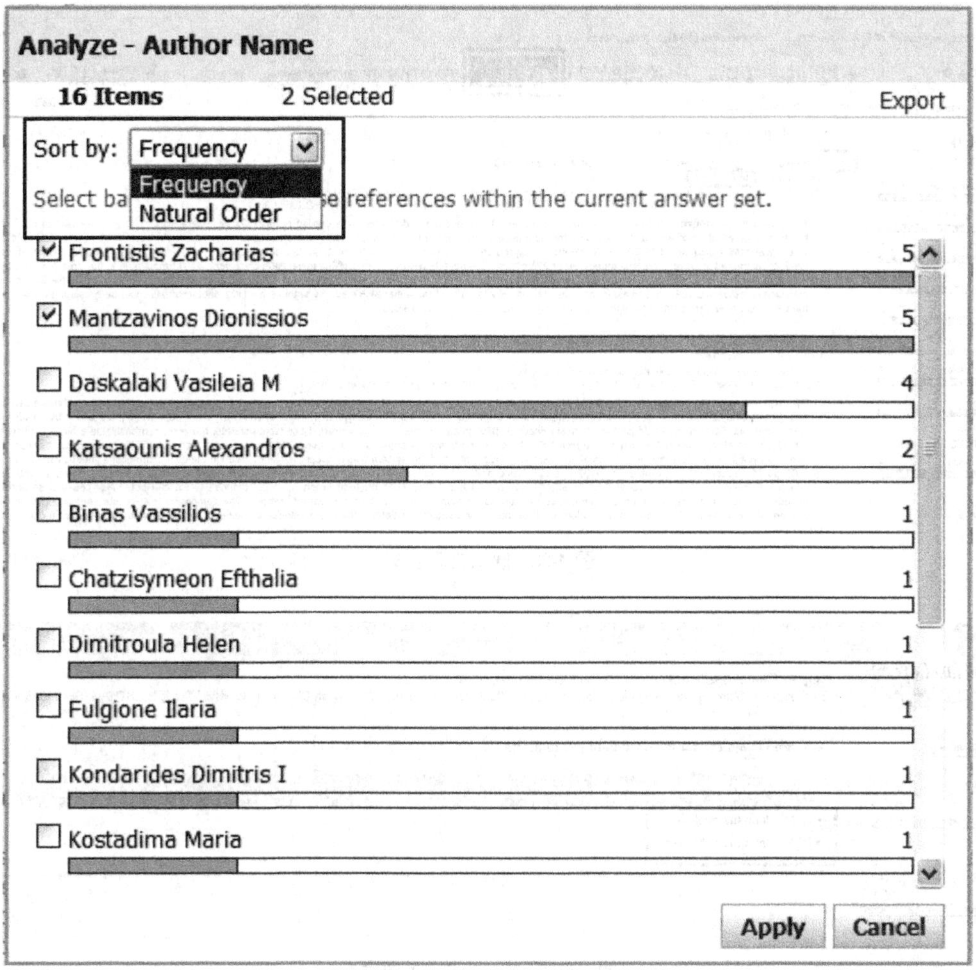

图 4-31 作者姓名分析点击"Show More"的结果

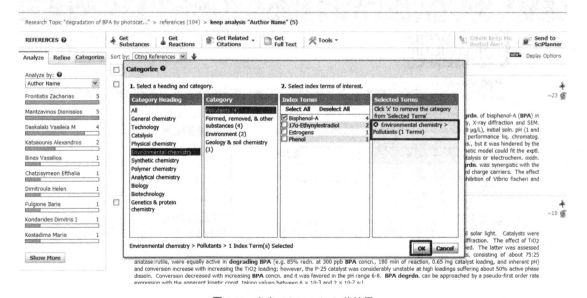

图 4-32 点击"Categorize"的结果

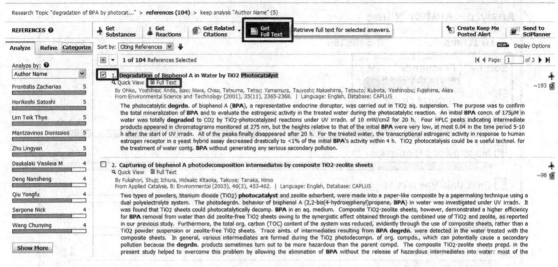

图 4-33　获取文献全文

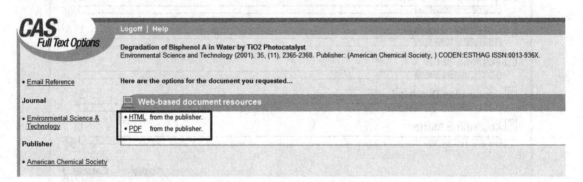

图 4-34　Chemport 链接界面

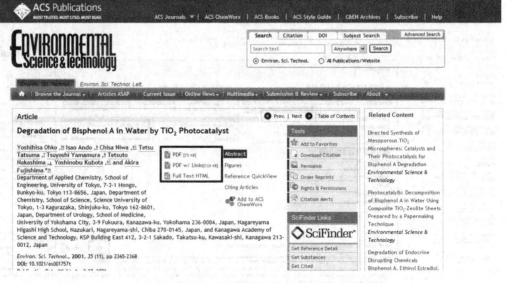

图 4-35　全文链接地址

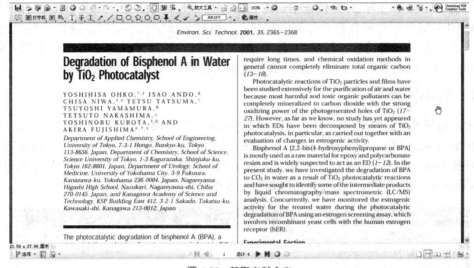

图 4-36　获取文献全文

4.3　探索物质

SciFinder 包含世界上最全、最大的化学物质数据库，所有具有 CAS 注册号的物质都能在 SciFinder 中检索出来。重要的是，当物质（物理化学性质和化学/生物反应性质）与大量的科技文献精确关联时，基于物质的检索就显得极有价值了。

要进行物质检索，首先点击 "Explore" 菜单的 "SUBSTANCES" 模块中的子菜单功能，进入检索界面，然后选择一种检索方式，包括结构检索 "Chemical structure"、专利文献结构检索 "Markush"（通过结构母体来检索专利）、分子式检索 "Molecular Formula"、性质检索 "Property"、物质标识符检索 "Substance Identifier" 等（图4-37）。

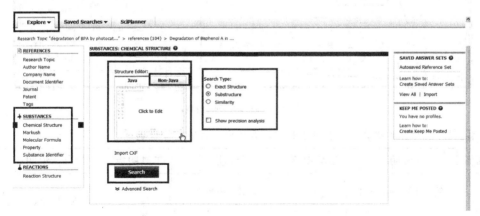

图 4-37　物质检索界面

在此专门讨论一下什么是 CAS 注册号：CAS 注册号（CAS registry number，简称 CAS 号）即 "化学物质登记号"，由一组数字组成，是美国化学文摘服务社（CAS）为每一种已经发现的化学物质制定的登记号。简单来说，CAS 号就是化学物质的身份证。截至 2012 年 1 月 20 日，CAS 已经登记了 64 944 800 余种物质，并且还以每天 4000 余种的速度增加。这种编号的使用，弥补了化学物质命名（化学名、俗名、商品名）不统一而引起的种种麻烦，现在只要知道某个物质的 CAS 号，就可以准确地查询其全面的信息。CAS 号由连字符 "-"

分为三部分：第一部分有 2~7 位数字，第二部分有 2 位数字，第三部分有 1 位数字作为校验码。CAS 号以升序排列且没有任何内在含义，但通常数字大小可以反映物质发现的早晚，数字越大，表示发现得越晚（越新）。另外要说明的是，根据这种方法，理论上同一物质的编号是唯一的，但实际上由于历史原因会存在少量物质有两个注册号的情况。

4.3.1 结构检索

缺省的物质检索设置是结构检索"Chemical Structure"界面（图 4-37），点击"Click to Edit"会弹出化学结构编辑器"Structure Editor"，如图 4-38 所示（首次使用化学结构编辑器需要安装 Java 插件及 Java 运行环境；最新版的 Sci Finder 也支持另一种 Non-Java 编辑器，除了无需先安装 Java，功能基本一致）。化学结构编辑器的各种工具和重要的导入导出功能见表 4-4。

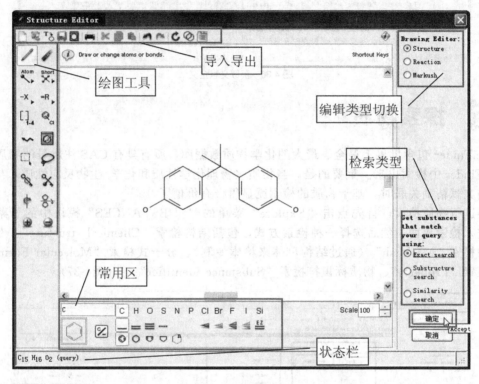

图 4-38 化学结构编辑器

表 4-4 化学结构编辑器的各种工具和重要的导入导出功能说明

工具图标	说明	工具图标	说明	工具图标	说明
铅笔	铅笔（绘制原子）	橡皮	橡皮（擦除）		导入以 .cxf 或 .mol 格式保存的结构
Atom	选择原子	Short	常用基团		
-X	可变基团（如卤素）	=R	R-基团	T	将文本转为结构，支持 CAS 号、SMILES 和 InChI 编码
[ ]₁₋₄	绘制重复基团	Cl	可变基团		
	绘制碳链		模板库		

续表

工具图标	说明	工具图标	说明	工具图标	说明
	矩形选择工具		套索选择工具		从粘贴板导入图形
	环锁定工具		原子锁定工具		
	旋转结构		镜面翻转结构		检查节点或键是否重叠
	绘制正电荷		绘制负电荷		结构编辑器参数设定

SciFinder 提供了三种类型的结构检索，即精确结构检索"Exact Structure"、亚结构检索"Substructure"和类似结构检索"Similarity"（图 4-39），三者的比较如表 4-5 及图 4-40 所示。

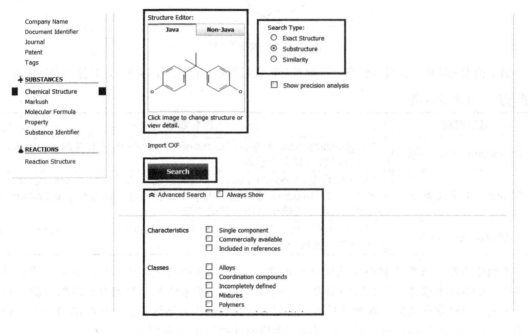

图 4-39 结构检索主界面

表 4-5 三种结构检索比较

类型	要点	结果细节
Exact Structure	获得盐、聚合物、混合物、配合物等物质，母体结构不能修改，不能修饰	①与已绘画结构完全相同的结构 ②互变异构体(包括酮-烯醇互变异构) ③两性离子 ④配位化合物 ⑤离子化合物 ⑥自由基和自由基离子 ⑦同位素 ⑧所检索结构作为单体的聚合物

续表

类型	要点	结果细节
Substructure	所画的结构必须存在，母体结构不能修改，但可以被修饰	①与检索的结构完全相同的结构，以及其多元物质(盐、聚合物、化合物) ②互变异构体 ③含取代基的物质 　a. 环：含有取代基的结构、与检索环相同结构、与检索环有耦合的结构 　b. 链：含有取代基的结构、是结构链或环的其中一部分
Similarity	母体结构可以修改，也可以被修饰，用相似度评分系统来控制获得的结果	①与已绘画的结构完全相同 ②包含检索结构的多元物质，例如聚合物，配合物等 ③结构相似的物质，但元素成分、取代基及其位置有所不同 ④结构相似的物质，但只有少部分与检索结构互相符合 ⑤与检索结构相似，但有不同大小的环结构

图 4-40　三种检索的比较

除了检索类型外，还可以使用一些项目对检索结果进行限定（图 4-39），具体说明见表 4-6。

表 4-6　结构检索选项

选项类别	包含项目
"Characteristic(s)"特征	"Single component"单组分、"Commercially available"有售的、"Included in references"含有参考文献的
"Class(es)"物质类型	"Alloys"合金、"Coordination compounds"配合物、"Incompletely defined"不完全定义的、"Mixtures"混合物、"Polymers"聚合物、"Organics and others not listed"有机物和上述未列出的其他物质
"Studies"研究领域	"Analytical"分析、"Preparation"制备、"Biological"生物、"Reactant or reagent"反应物或试剂

　　本例中绘制了双酚 A 的分子结构（图 4-38），绘图后选择检索类型并按"确定"按钮返回主界面，在界面上选择一些必要的选项，点击"Search"按钮即可，精确检索结果如图 4-41 所示。可见，通过物质结构检索的结果是一系列的与检索输入的结构相关的化学结构列表。如果要调整结构列表的显示效果，可使用界面右上角的各种显示选项 Display Options。

　　图 4-41 显示，列表中第一个结构即输入的双酚 A 的结构，这说明精确检索是成功的。在结果中，首先显示了这一结构的基本信息，即 CAS 号，化学式和化学名，研究的文献数量，具有的各类属性和商业信息。点击化学结构右侧的放大镜图标将弹出快速浏览"Quick View"窗口，可在不离开当前检索记录集情况下，进一步了解这一结构在 SciFinder 系统收集的各类信息的概况，如图 4-42 所示。

　　结构检索的强大功能体现在具体物质结构右侧类似中文右书名号的图标（》）上（图 4-43），利用这个内容相关菜单，可以获取更多的与这个结构有关的信息。例如显示物质细节"View Substance Detail"、根据结构进行检索"Explore by Structure"、合成方法检索"Synthesize this…"、获取化学反应"Get Reactions where Substance is a"、获取商品信息"Get Commercial Source"、获取法规信息"Get Regulatory Information"、获取文献"Get References"等。点击"View Substance Detail"的结果如图 4-44 所示。说明："View Sub-

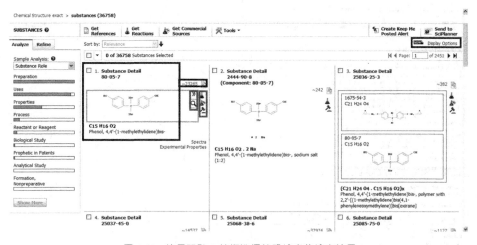

图 4-41　使用双酚 A 结构选择精确检索的检索结果

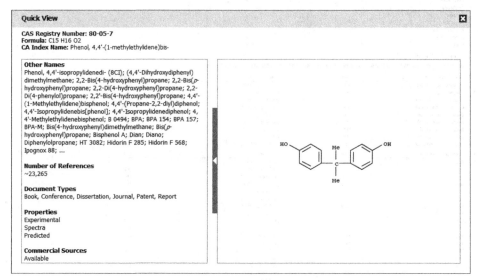

图 4-42　快速浏览一个检索结果的基本信息

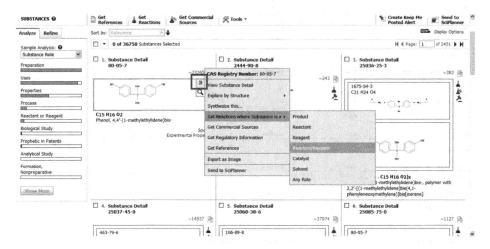

图 4-43　获取更多的结构相关可选项

图 4-44 结构（物质）完整记录

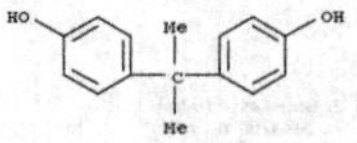

stance Detail"也可用鼠标直接点击结构获得;"Get References"也可以点击结构右上角的参考文献图标 获得。

从图 4-44 可见,物质记录包括了 CAS 号、化学结构、分子式、各种可能的名称、文献数量、文献类型、物质角色(CAS role)和物质相关性质(properties)数据。主要的性质包括生物相关(biological,如生物活性)、化学性质(chemical,溶解度、蒸气压、吸收系数等)、热性质(熔点、沸点、闪点等)、光谱(如核磁、红外、紫外、拉曼等)等。对于同一性质有不同结果时则同时列举,更重要的是,所有性质和实验/预测结果都有对应的来源文献,可以随时通过点击超链接或相关文献获取性质的细节(数值或谱图,如图 4-45 所示),或者比较为什么同一物质的同一性质有不同的结果(可能检测的实验条件不同)。

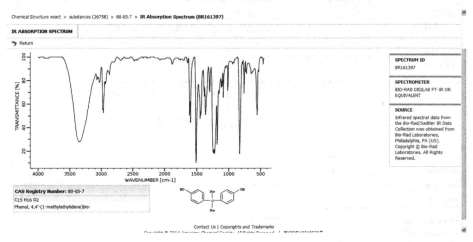

图 4-45　双酚 A 的红外光谱图

点击获取文献"Get References"功能后,系统弹出一个对话框(图 4-46),要求对文献进行限定"Limit results to"以便获取的文献与使用者的研究更加相关。可选项包括:不良作用(包括毒性)"Adverse Effect, including toxicity"、分析研究"Analytical Study"、生物研究"Biological Study"、组合研究"Combinatorial Study"、晶体结构"Crystal Structure"、非制备性形成"Formation, nonpreparative"、制备"Preparation"、过程"Process"、属性"Properties"、专利预测"Prophetics in Patents"、反应物或试剂"Reactant or Rea-

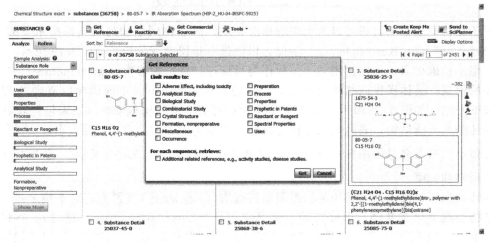

图 4-46　通过物质结构获取相关文献选项

gent"、应用"Uses"、多方面的"Miscellaneous"、事件"Occurrence"等,勾选相应选项后点击"Get"按钮或者直接点击"Get"按钮(即不限定以获取所有可能文献),获得相关文献,如图 4-47 所示。也可以根据某物质来获取其相关的化学反应,结果如图 4-48 所示。

图 4-47　通过物质结构获取相关文献

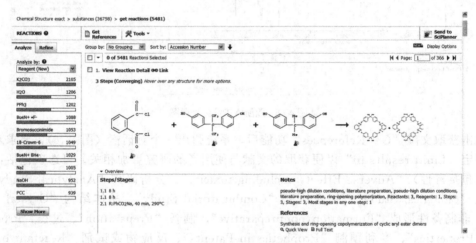

图 4-48　获取以双酚 A 作为反应物的文献

对于结构检索结果,还可以人工勾选相应物质,然后使用结构列表选择按钮下的"Remove Selected"或"Keep Selected"功能,以便进一步研究或分析,如图 4-49 所示。

类似于精确检索,可以使用某一结构作为目标进行亚结构检索(substructure),也即结构片断的检索,具体操作同结构精确检索,只是检索类型不同,下面继续以双酚 A 结构为例加以下介绍,如图 4-50 和图 4-51 所示。由两图可见,亚结构检索的结果为包含双酚 A 结构作为片断的可能结构,通过人工分析与自己工作最为相关的物质,然后点击相应的结构右上角类似中文右书名号的图标"》"(需要将鼠标移到结构上方才会显示),获取相关物质的各种属性和文献。

同样,也可以使用某一结构进行类似结构检索(similarity)(说明:对本例来说,由于类似结构检索结果非常多,因此实际检索时使用了"Single component"过滤),本例的检索结果如图 4-52 所示。首先出现相似检索候选选项,以相似度进行排序,使用者根据自己对结构的确定程度,勾选相应相似度选项;然后按"Get Substances"按钮,结果如图 4-53

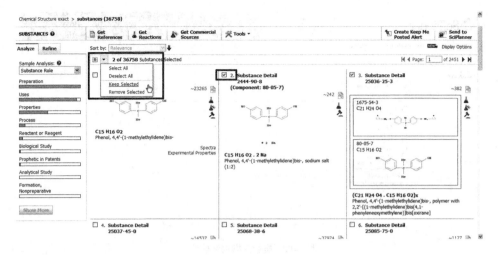

图 4-49 人工勾选后使用选择按钮

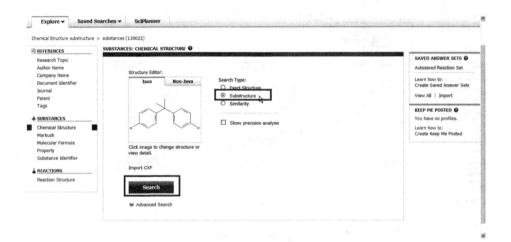

图 4-50 亚结构检索

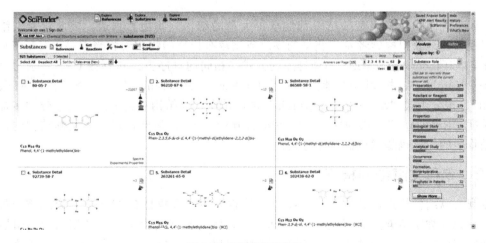

图 4-51 亚结构检索结果

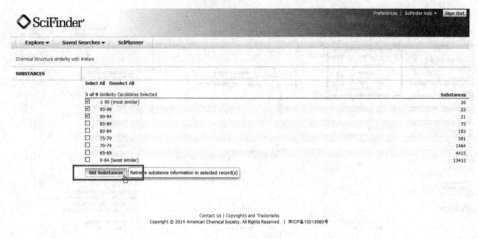

图 4-52 类似结构检索候选

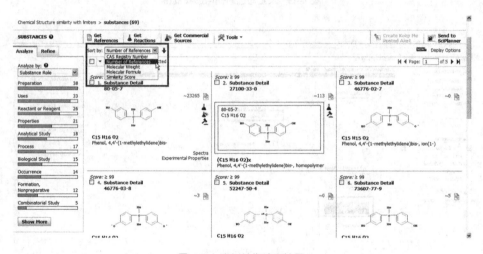

图 4-53 类似结构检索结果

所示。从结果可见，类似结构检索的结果范围最大，相关度比较差，但有利于拓展研究思路。

由于三种结构检索类型的结果都能获得大量的结构（物质）列表，因此对检索结果排序，以便快速地获得检索者希望获得的物质或比较有价值的物质就相当重要。对于三种类型的检索，SciFinder 分别提供了 5 种排序的方式。相同的排序方式包括按 CAS 注册号"CAS Registry Number"、按相关文献数量"Number of References"、按分子量"Molecular Weight"、按分子式"Molecular Formula"进行排序。亚结构和类似结构检索分别多加了一项相关度"Relevance"和类似度分数"Similarity Score"。显然，对于非精确结构的检索这两项是重要的，这也是默认的排序方式。

4.3.2 专利文献结构检索

专利文献结构检索，又称 Markush 结构检索，用于查找包含 Markush 通式结构的专利文献。首先将物质检索界面切换到"Markush"，然后与结构检索一样使用结构编辑器绘制化学结构或结构片断，通常还要设定可变结构，最后点击"Search"按钮获取相关文献，如图 4-54 和图 4-55 所示。Markush 结构检索在操作上类似于结构检索，但单从化学专利的检索结果来说，Markush 结构检索的结果要多于结构检索。这是因为 Markush 结构检索考虑了所谓的预测结构，因为在专利中，通常保护（claim）的并不是一个结构，而是一组结构，但在具体文献中，不会真的列举所有可能的结构，而只是一个母体和一系列的描述，这就是 Markush 结构检索的特别之处。

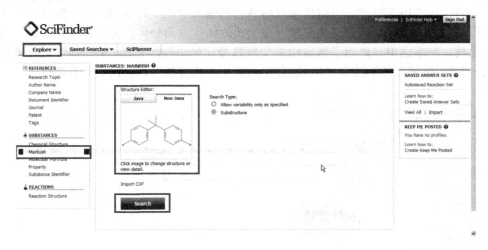

图 4-54　Markush 结构检索界面

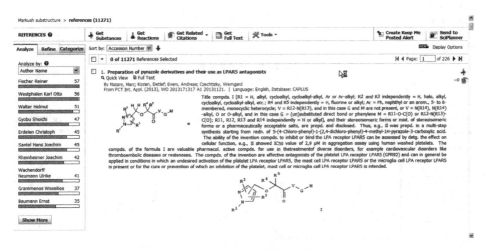

图 4-55　Markush 结构检索结果

4.3.3　分子式检索

如果能够确定一个化合物的分子式，可以直接使用分子式检索。首先将界面切换到"Molecular Formula"，然后输入分子式，最后点击"Search"按钮获取相关文献，如图 4-56 所示。分子式由元素符号和原子数量组成，为避免产生歧义，输入分子式时，元素符号/数量和下一个元素符号/数量之间应包括一个空格（尽管在许多情况下不加这个空格也可以得到正确结果），并且元素符号要输入正确的大小写（单个字母的元素符号大写；多个字母的元素符号首字母要大写，其他字母小写），元素间次序不重要，例如"C O2""C21 H26 N2 S2"。对于多组分物质的分子式，可在空格后用句点将组分分隔开，例如"C4 H11 N O3 . C2 H4 O2"；也可以使用括号将组分分子式括起来，例如"(C15 H10 N2 O2 . C6 H14 O3 . 3(C3 H6 O . C2 H4 O)x)x"；另外可使用括号将表示结构重复单元的部分括起来，括号外面加一个重复度数值"n",例如"(C2 H3)nC14 H13 N4 O2"。每个组分分子式前面可以放置一个整数或分数的系数(如1/2或未知系数"x"),例如"C2 H4 O2 . 3 H2 O . Na、C2 H4 O2 . 1/2 Ca""(C8 H8 O3 S)x. (C8 H8 O3 S)x. x H3 N. x K"。基于单体的聚合物分子式是一个单组分均聚物或者多组分聚合物,使用括号和重复度数值或"x",例如"(C2 H3)x""(C2 H4 . C Br F3)x"。本例检索双酚A,则输入"C15 H16 O2",检索结果如图4-57所示。可见,对于有机物来说,具有相同分子式的结构(同分异构体)是非常多的。为了得到目标物质,在本例中,使用了物质相关文献数量"Number of References"进行排序,结果可见,双酚A是具有相同$C_{15}H_{16}O_2$分子式的所有化合物中最热门的化合物。

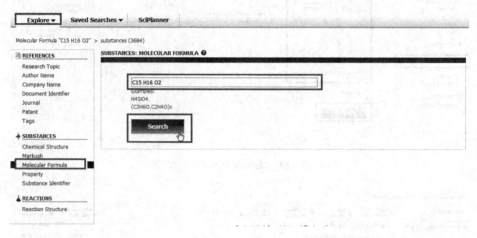

图4-56 分子式检索

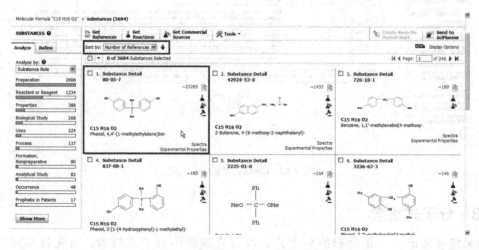

图4-57 分子式检索并按文献数排序结果

相对来说,分子式检索更加适合于无机物的定位(因为有机物存在大量的同分异构体),例如输入"Zn In2 S4"的结果如图4-58所示。通过这个检索结果,可以找到所有$ZnIn_2S_4$的各种信息和文献。

4.3.4 性质检索

如果要检索具有某种性质的化合物,可以使用性质"Property"检索。首先将界面切换到"Property",然后选择某一属性并设定一定的数值,最后点击"Search"按钮获取,如

图 4-59 所示。

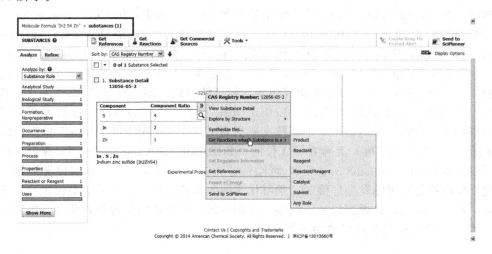

图 4-58　利用分子式检索轻松定位无机物文献

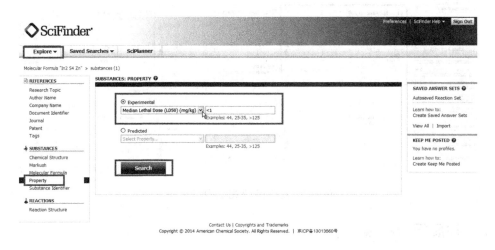

图 4-59　基于物质性质检索

性质包括两大类，即实验性质"Experimental"和预测性质"Predicted"。可选的实验性质包括：沸点"Boiling Point（℃）"、密度"Density（g/cm³）"、电导"Electric Conductance（S）"、电导率"Electric Conductivity（S/cm）"、电阻"Electric Resistance（Ω）"、电阻率"Electric Resistivity（Ω*cm）"、玻璃化转变温度"Glass Transition Temp（℃）"、磁矩"Magnetic Moment（μB）"、半数致死量"Median Lethal Dose（LD50）（mg/kg）"、熔点"Melting Point（℃）"、旋光度"Optical Rotatory Power（degrees）"、折射率"Refractive Index"、拉伸强度"Tensile Strength（MPa）"等。预测性质包括：生物富集因子"Bioconcentration Factor"、沸点"Boiling Point（℃）"、密度"Density（g/cm³）"、摩尔蒸发焓"Enthalpy of Vaporization（kJ/mol）"、闪点"Flash Point（℃）"、自由旋转键"Freely Rotatable Bonds"、质子供体/受体数"H Donor/Acceptor sum"、质子受体"H Acceptors"、质子供体"H Donors"、沉积物/水分配系数"Koc"、油水分配系数"LogD"、油水分配系数"LogP"（说明："LogP"为化合物在辛醇和水中的浓度的比值，"LogD"为化合物所有解离和非解离形式在正辛醇和水中总浓度的比值。一般来说"LogD"适用于酸碱性

物质,"LogP"适用于中性物质)、质量特性溶解度"Mass Intrinsic Solubility(g/L)"、质量溶解度"Mass Solubility(g/L)"、摩尔特性溶解度"Molar Intrinsic Solubility(mol/L)"、摩尔溶解度"Molar Solubility(mol/L)"、摩尔体积"Molar Volume(cm³/mol)"、分子量"Molecular Weight"、酸碱电离常数"pKa"、极地表面积"Polar Surface Area(A²)"、蒸气压"Vapor Pressure(Torr)"等。选定性质后需要输入数值,可以输入具体的值(例如"44")或范围(范围根据边界包含三种可能形式,即"25-50"或">25"或"<120")。本例选择半数致死量"Median Lethal Dose(LD50)(mg/kg)"值输入"<1",即检索剧毒物质,检索结果约为 400 个,按文献数量"Number of References"排序,结果如图 4-60 所示。可见 As(砷)是排在第 1 位的,如果点击"Substance Detail"查看其物化性质,可以查到其 LD_{50} 为 0.0003mg/kg,危险性非常高。顺便说一下,多数化学物质本身和各类化学反应都是有可能发生危险的,学习化学的人最基本的要求是要学会保护自己和保护其他在一起工作的人,要做到这一点就要对所操作的化学物质的各种物理化学生物特性有足够的了解,SciFinder 是非常好的参考数据库。

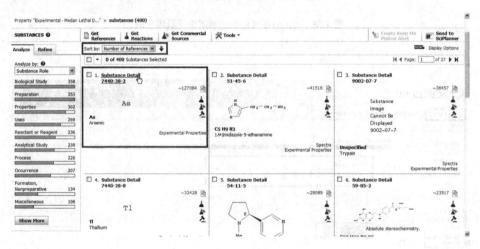

图 4-60　按半数致死量性质检索结果

4.3.5　物质标识检索

如果知道某种化合物的名称或 CAS 号,可以使用物质标识检索"Substance Identifier"。首先将界面切换到"Substance Identifier",然后输入物质的名称或 CAS 注册号,最后点击"Search"按钮获取,如图 4-61 所示。物质的名称可以是其化学名、通用名、商品名或缩写,当然输入 CAS 号会更加准确。可以同时检索多个化合物,每一行输入一个即可,最多可以同时检索 25 个。本例输入双酚 A 的 CAS 号"80-05-7"和"Aspirin",检索结果如图 4-62 所示。

4.3.6　结构检索结果精炼

同文献检索一样,结构检索结果也可以进行限制,以获取数量更少但相关度更高的结果(子集)。本例仍然以双酚 A 为输入结构,进行类似结构检索,并选取相似度大于 99% 的结果,然后用这个检索结果记录集来进行精炼/筛选,如图 4-63 所示。可以选择的限定选项包括:化学结构"Chemical Structure"、是否含同位素"Isotope-Containing"、是否含有金属"Metal-Containing"、是否提供商业来源"Commercial Availability"、是否有某些理化性质"Property Availability"、是否有特定性质的值"Property Value"、是否有参考文献"Refer-

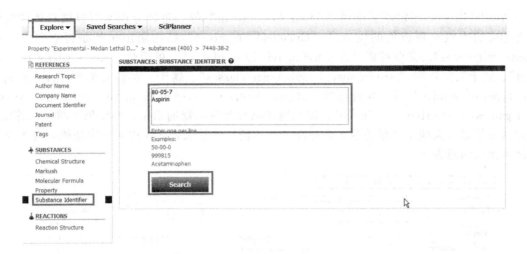

图 4-61　物质标识检索界面

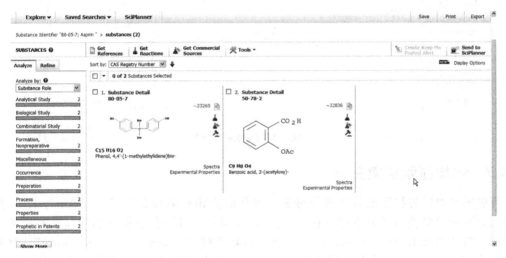

图 4-62　物质标识检索结果

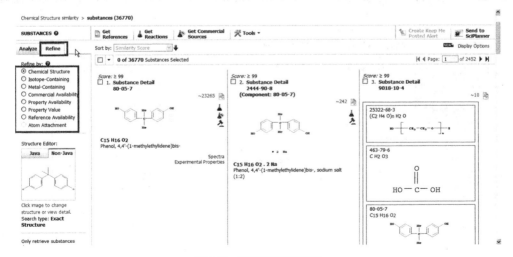

图 4-63　结构检索结果精炼

ence Availability"、限定原子附属"Atom Attachment"等。每种分析类型根据具体的属性还有相应的下级选项或值的设定。"Chemical Structure"结构限定包括是否有参考文献"Have references"、商业可售"Are commercially available"、单组分"Are a single component"、属于某类物质"Are in specific substance classes"、属于一类研究类型"Are in specific types of studies"等。本例选择"Chemical Structure＞Are in specific substance classes＞Organics, and others not listed",即只挑选结构为有机物的结果,则结果如图4-64所示,检索结果数量大大减少,相关度大为提高。对于精炼的结果,还可以再一次精炼,直到对检索结果比较满意为止。

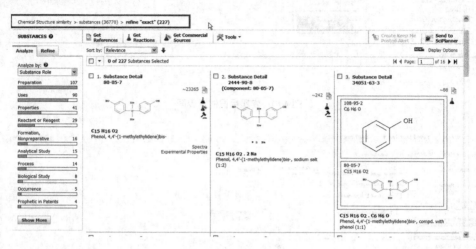

图 4-64　结构检索精炼结果

4.3.7　结构检索结果分析

可以随时对结构检索记录集进行分析,操作时点击检索结果左侧的"Analysis",选择期望的分析选项对检索结果进行分析,如图4-65所示。可进行分析的选项包括物质的生物活性标记物"Bioactivity Indicators"、是否有商业来源"Commercial Availability"、物质的原子组成"Elements"、是否可用于反应"Reaction Availability"、物质的研究角色"Substance Role"、物质的靶点标记物"Target Indicators"等。本例对图4-64所示的限定检索

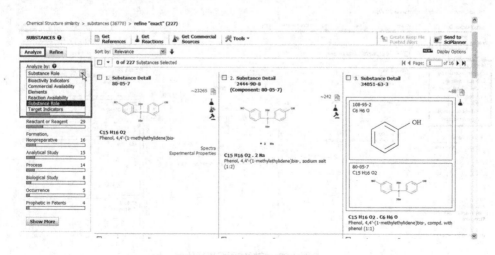

图 4-65　结构检索结果的分析

结果进行分析，如图 4-66 所示。

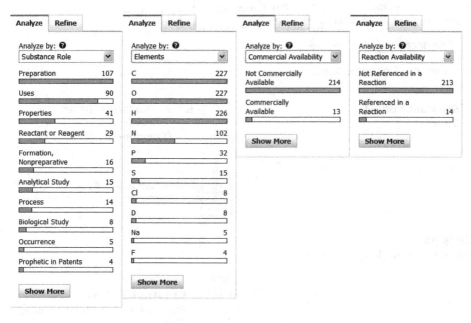

图 4-66　结构检索结果分析

单选或多选分析结果条目，即可获得检索结果的子集。本例选取物质角色"Substance Role"中的生物研究"Biological Study"一项，结果如图 4-67 所示，可见这一操作起到了筛选的作用，检索结果进一步减少（分析其实就两种作用，一种是统计，另一种就是进一步限定）。

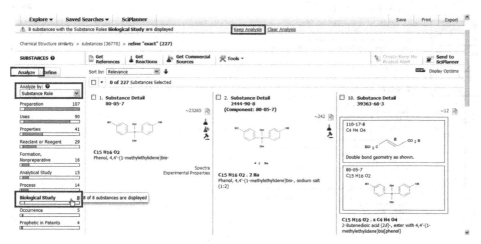

图 4-67　结构检索结果的分析筛选结果

4.3.8　化学品信息

化学品信息包括物质的商品信息和管制信息。要获得物质的商品信息，在检索结果记录集中勾选某个具体结构，然后点击结构右侧的商品来源"Commercial Sources"图标（红色带标签的锥形瓶），或者点击工具栏中的"Get Commercial Sources"，即可以获取特定物质的商品信息，如图 4-68 和图 4-69 所示。

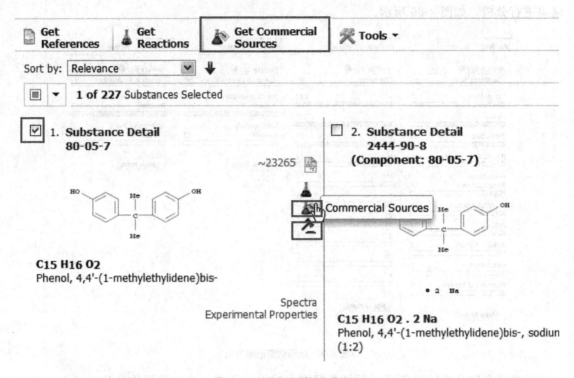

图 4-68 获取某物质的商品信息

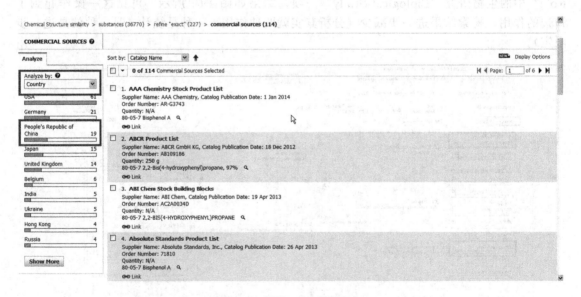

图 4-69 双酚 A 的商品供应商

从图 4-69 可以看到，结果为化合物的商品规格（包装、质量等级等）和供应商信息。（含订单号）。可以进一步使用产品目录"Catalog Name"、CAS 号"CAS Registry Number"、供应商名称"Supplier Name"、国家"Country"、价格和供货情况"Pricing & Availability"、首选供应商"Preferred Suppliers"等进行分析筛选。例如可以通过"Country"的分析结果，获取中国"People's Republic of China"的供应商。点击具体的供应商，可进一步获取商品的具体信息，例如具体价格、供应商联系信息等，如图 4-70 所示。

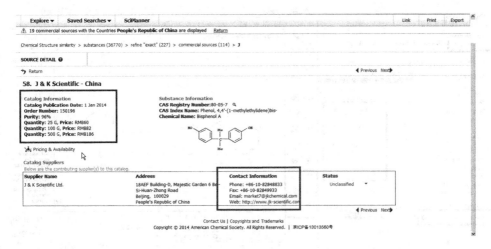

图 4-70 具体商品及供应商信息

同时，也可以点击化学品管制信息"Regulatory Information"图标（锤子样图标），如图 4-68 所示，以参考不同国家的某物质管制、注册和库存数据，以及美国、欧盟各国、加拿大、澳洲、瑞士、以色列等国家对某个物质的法规及资料，如图 4-71 所示。

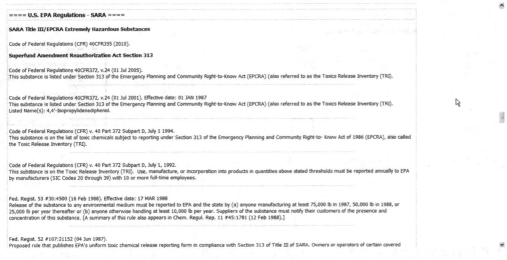

图 4-71 化学品管制信息

4.4 探索反应

4.4.1 反应检索

SciFinder 提供了极其强大的化学反应检索功能，这一功能对于有机合成和药物合成是极为有用的工具，可以极为方便地用于寻找某一物质的可能合成路径、最佳合成路径、溶剂、催化剂及相关专利信息等。要进行化学反应检索，首先点击下拉菜单中的"Explore-Reactions Structure"模块，然后点击打开反应编辑器，绘制一种或多种化合物的结构，并为结构指定反应角色（反应物、产物、试剂、任意角色或非参与角色，最后一个角色仅限于官能团），如图 4-72 和图 4-73 所示。最后点击"OK"关闭编辑器返回主界面，点击"Search"按钮。反应编辑

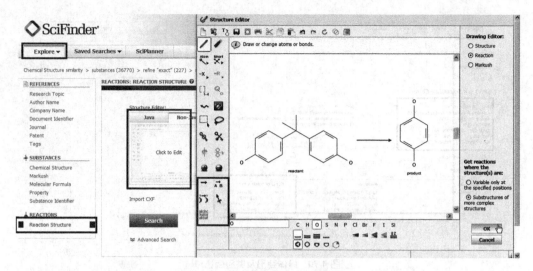

图 4-72 绘制化学反应式

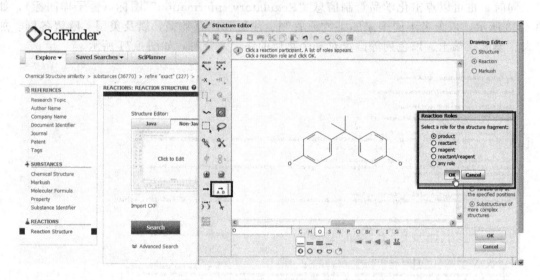

图 4-73 绘制双酚 A 结构并指定为产物

器与结构编辑器的主要区别是增加了一些指定反应角色和反应位置的工具，具体说明见表 4-7。

表 4-7 反应编辑器工具按钮

按钮	作用	按钮	作用
→	反应箭头（分开反应物和生成物）	A B	反应角色指定工具
¹→¹	反应原子标记工具		
alchc ketol aldel	反应官能团，类似于指定化合物类型，如醇、烯、炔、胺、碳酸酯、羧基、卤化物、杂环、酮、有机金属等		反应位置标记工具

以双酚 A 的合成为例，首先在反应编辑器中绘制双酚 A 的结构，并用反应角色指定工具将其指定为产物"product"，如图 4-73 所示，点击"OK"返回主界面（图 4-74）。

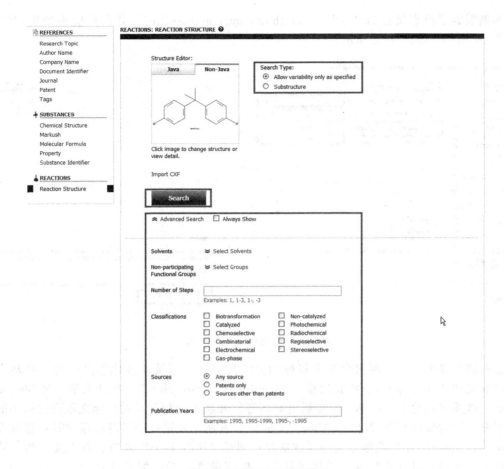

图 4-74　化学反应检索主界面

反应检索界面的相关选项说明见表 4-8。

表 4-8　反应检索选项说明

项　目	说　明
Search type	"Allow variability only as specified"仅检索特定结构或指定变化。"Substructure"检索包含亚结构
Solvents	限制溶剂或溶剂类别，如无机溶剂(含水等)、离子液体等
Non-participating Functional Group(s)	限制不参与反应的官能团
Number of Steps	限制反应步骤数
Classification(s)	限制反应类型，具体包括生物转化"Biotransformation"、电化学"Electrochemical"、放射化学"Radiochemical"、催化"Catalyzed"、气相"Gas-phase"、区域选择"Regioselective"、化学选择"Chemoselective"、非催化"Non-catalyzed"、立体选择"Stereoselective"、组合"Combinatorial"、光化学"Photochemical"等
Source(s)	限制文献来源，例如专利或非专利
Publication Year(s)	限制出版时间

本例限制了检索类型为"Allow variability only as specified"并且反应类型为"Catalyzed",检索结果如图 4-75 所示:

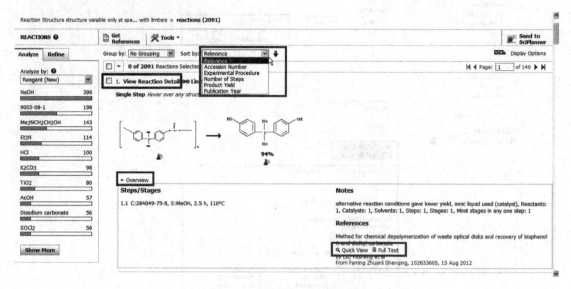

图 4-75　合成双酚 A 的检索结果

检索结果显示了一系列符合检索目标的化学反应式,以及这些化学反应的一些基本情况,例如概述"Overview"、实验过程"Experimental Procedure"、文献来源"References"等。通过概述(催化剂、溶剂、反应温度时间等)和实验过程可以对目标文献进行初步的判断和了解;通过快速浏览"Quick View"(如图 4-76 所示)进一步了解目标文献;通过点击"View Reaction Detail"获取记录的详细信息;通过"Full Text"获取文献全文。为了获得更为相关的文献,可以进行检索结果的排序。排序选项包括:按记录号"Accession Number"、按是否有实验过程"Experimental Procedure"、按反应步骤数"Number of Steps"、按产率"Product Yield"、按出版时间"Publication Year"等。另外,用鼠标点击化学反应式的任何一个结构,可以获得该结构的相关信息,或进一步处理这个结构(与结构检

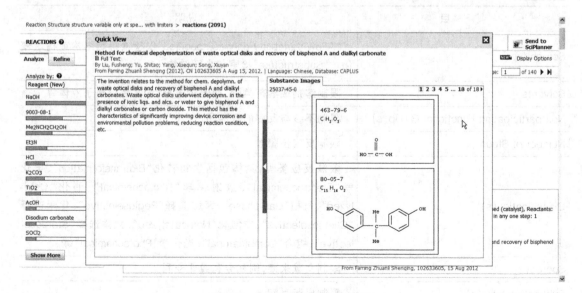

图 4-76　检索结果文献的快速浏览

索类似)。

可以通过点击"View Reaction Detail"右侧的类似反应"Similar Reactions",获得与此反应相关的结果,如图 4-77 和图 4-78 所示。

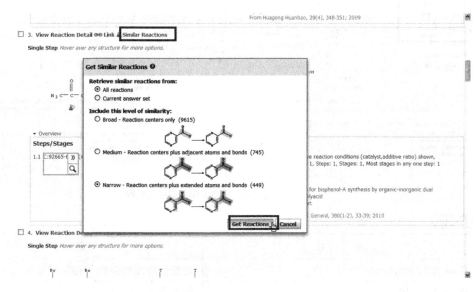

图 4-77 获取相关反应选项

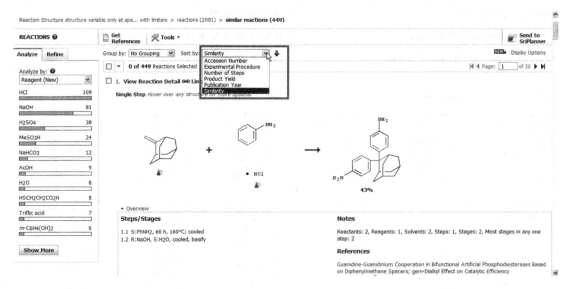

图 4-78 相关反应检索结果

4.4.2 检索结果的精炼/限定

同文献和结构检索一样,化学反应的检索结果也可以进行限制。点击左上角的"Refine"标签,即可见到多种限定选项(图 4-79),限定选项说明见表 4-9。限定选项界面如图 4-80 所示。

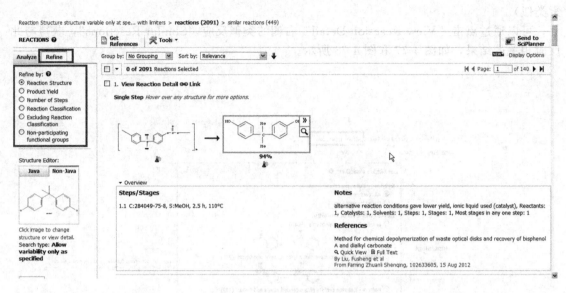

图 4-79　限定化学反应检索结果

表 4-9　反应限定选项说明

项　目	说　明
Reaction Structure	改变反应结构及结构检索选项
Product Yield	限定产率
Number of Steps	限定反应步骤
Reaction Classification	限定反应类型
Excluding Reaction Classification	排除某些反应类型
Non-participating functional groups	限定某些官能团参与反应

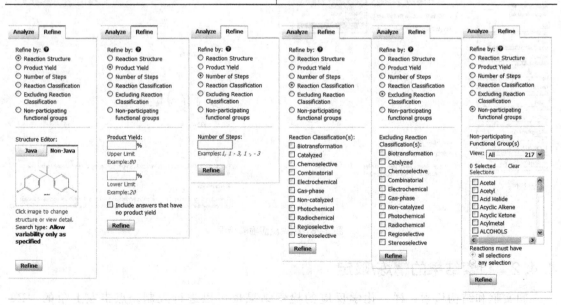

图 4-80　化学反应检索结果限定选项界面

4.4.3 检索结果的分析

可以对检索结果进行分析和排序,以获取某种趋势或者对检索结果进行筛选,如图 4-81 所示。分析选项说明见表 4-10,分析结果如图 4-82 所示。

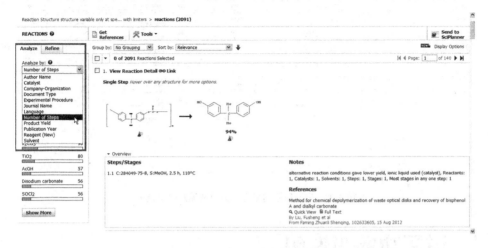

图 4-81 化学反应检索结果分析

表 4-10 反应检索分析选项

项目	说明	项目	说明
Author Name	作者分析	Journal Name	刊出杂志分析
Catalyst	催化剂分析	Language	书写语言分析
Company-Organization	机构分析	Number of Steps	反应步骤数分析
Document Type	文档类型分析	Product Yield	产率分析
Experimental Procedure	是否包含实验程序分析	Publication Year	出版时间分析
Solvent	溶剂分析		

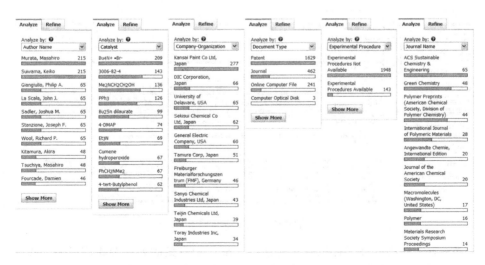

图 4-82

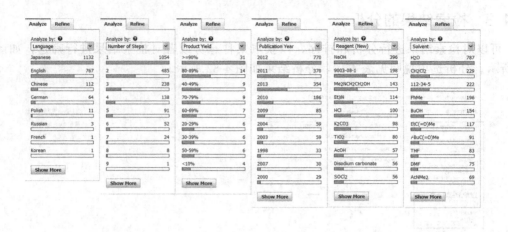

图 4-82 化学反应检索主要分析选项及分析结果

4.5 附属功能和说明

4.5.1 检索结果的输出

在 SciFinder 中将检索结果导出有三种形式：一种是保存为记录集"Save"（以后登录系统后随时可以调出，并可以对不同记录集进行逻辑运算）；一种是打印"Print"（通常是将记录集的标题和摘要打印成 PDF 文件，可以方便阅读和标注）；最后一种是导出为文献格式"Export"（可以使用文献管理工具进行管理）。如图 4-83 所示，首先勾选相应文献（如果不选则代表要保存所有记录），然后点击检索结果界面右上角的"Save""Print"或"Export"中的一个。

图 4-83 检索结果的导出

点击"Save"后将打开保存记录集对话框，输入记录集的名称及相应说明，点击"OK"按钮即可，如图 4-84 所示。保存后的记录集可以随时通过点击系统下拉菜单"Saved Searches"中的"Saved Answer Sets"功能打开和操作（下次登录时仍然适用，直到对其进行删除操作）。

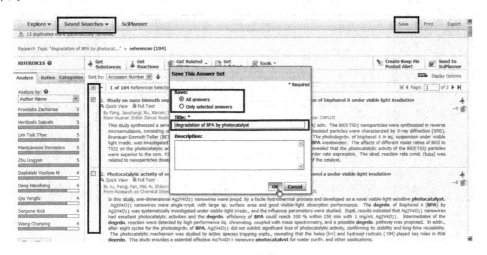

图 4-84 保存记录集对话框

点击"Print"，打开打印对话框，如图 4-85 所示。首先选择打印范围，可以是全部"All"（但最多允许 500 条文献），或是勾选项目"Selected"，或直接输入范围（如"1-50"等）；然后选择打印输出的文摘格式，有 4 种选项，获得的信息量依次增加，一般保持第 3 项，即"Summary with full abstracts"。打印标题"Title"是可选的。附加"Include"选项有三种选项，一般勾选"Task History"，即检索历史，以便以后能够知道这个结果记录集是如何获得的。PDF 格式的打印结果如图 4-86 所示。

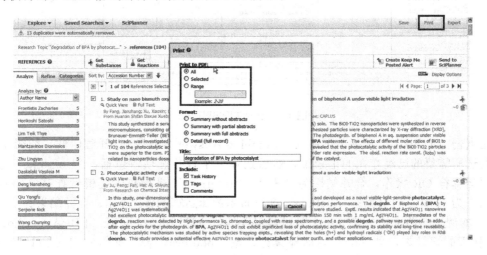

图 4-85 打印对话框

可以将记录集以文献管理软件的格式导出，方法是点击主界面右上角的"Export"，会弹出一个对话框（图 4-87），然后选择一种格式。一般情况下选择"*.ris"格式，因为这种格式是最通用的，几乎所有的文献管理软件（如 Endnote、NoteExpress 等）都能够导入。导出的结果是保存成一个文件，因此需要输入文件名，最后点击"Export"即可。

4.5.2 合并记录集

记录集之间，可以进一步进行逻辑运算，从而产生新的记录集。要合并记录集，必须至少存在两个记录集，其中一个是当前记录集，其他则是以前保存的记录集。执行这个操作的

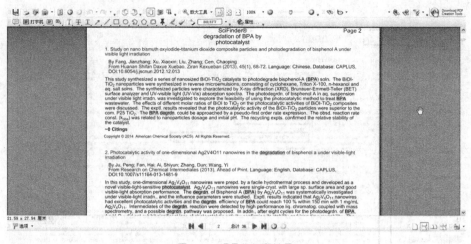

图 4-86　记录集打印结果

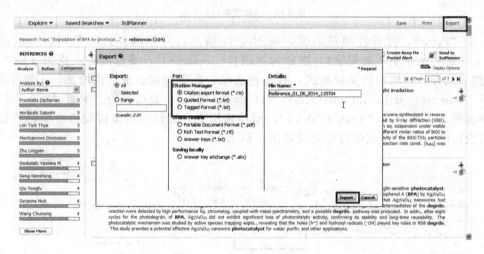

图 4-87　记录集导出对话框

方法是点击"Tools"工具菜单下面的"Combine Answer Sets",打开对话框,如图 4-88 所示。勾选所需要的已经存在的记录集,然后选择一个合并选项,包括:"Combine"进行布尔逻辑运算符 OR 操作,合并结果为 A+B;"Intersect"进行布尔逻辑运算符 AND 操作,合并结果为 A 和 B 的交集;"Exclude"进行布尔逻辑运算 NOT 操作,合并结果为 A−B 或 B−A。本例选择两个记录集(一个是已经保存的按主题"degradation of BPA by photocatalyst"检索的记录集,另一个是当前检索记录集"photocatalysis with visible light")相交,结果如图 4-89 所示,记录数有所减少,进一步提高了相关性。

4.5.3　定题服务功能

SciFinder 提供定题服务(KMP,keep me posted)服务,以便检索者对文献进行定期跟踪。获得一个记录集后,点击界面工具栏中的"Create Keep Me Posted Alert",打开对话框,如图 4-90 所示。输入相应的标题"Title"、更新频率"Frequency"和失效时间"Duration"。最后一个选项"Exclude previously retrieved references"可以选择是否包含以前检索的结果,如果不包含则只获取新结果。然后点击"Create"完成定题跟踪的定制。设置好后,系统会在有效期内每隔一定时间就自动检索一次,然后将新结果发送给用户(注册时使

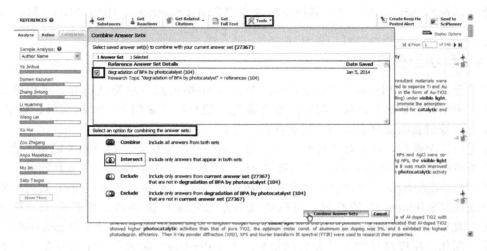

图 4-88 合并记录集

图 4-89 合并记录集的结果

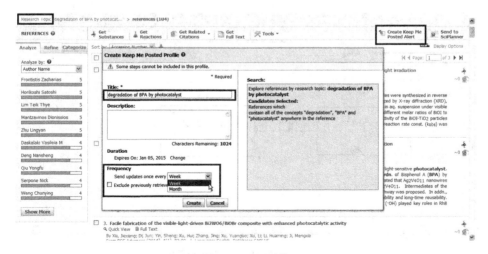

图 4-90 KMP 功能

用的电子邮箱），或者通过点击主界面下拉菜单"Saved Searches"中的"Keep Me Posted"获取。

4.5.4 科学记事簿

科学记事簿"SciPlanner"是 SciFinder Web 版中推出的一项特色功能，可以看作是一个电子记录本，但是这个记录本特别的地方是允许用户将检索结果，包括文献、化学结构、化学反应式等信息以及对应的超链接整合在一起。

要进行这个操作，首先要进行相关的主题、结构或反应检索，勾选相关记录，然后点击界面工具栏的"Send to SciPlanner"（图 4-91），然后点击"SciPlanner"（页面最上方，下拉菜单"Saved Searches"右侧），弹出"SciPlanner"的编辑界面（图 4-92），这时检索的结果就出现在"SciPlanner"的右侧，可以将检索结果用鼠标拖动到工作界面上。最终的结果，可以直接导出 PDF 格式文件用于阅读。这一过程相当于在不离开 SciFinder 的情况下，进行了一项化学反应路径的设计和文献整合。"SciPlanner"起到了一个化学信息容器和化学图板的作用。

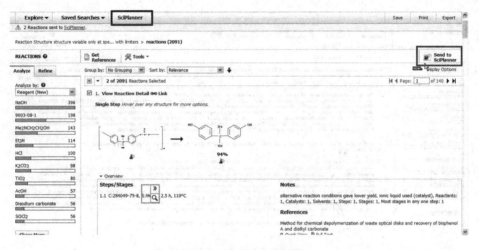

图 4-91 将检索结果发送到 SciPlanner

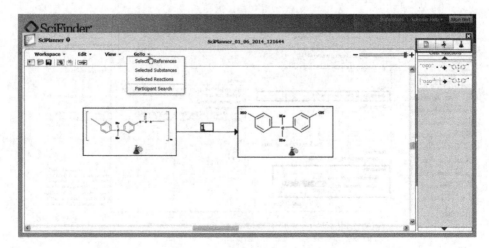

图 4-92 "SciPlanner"的编辑界面

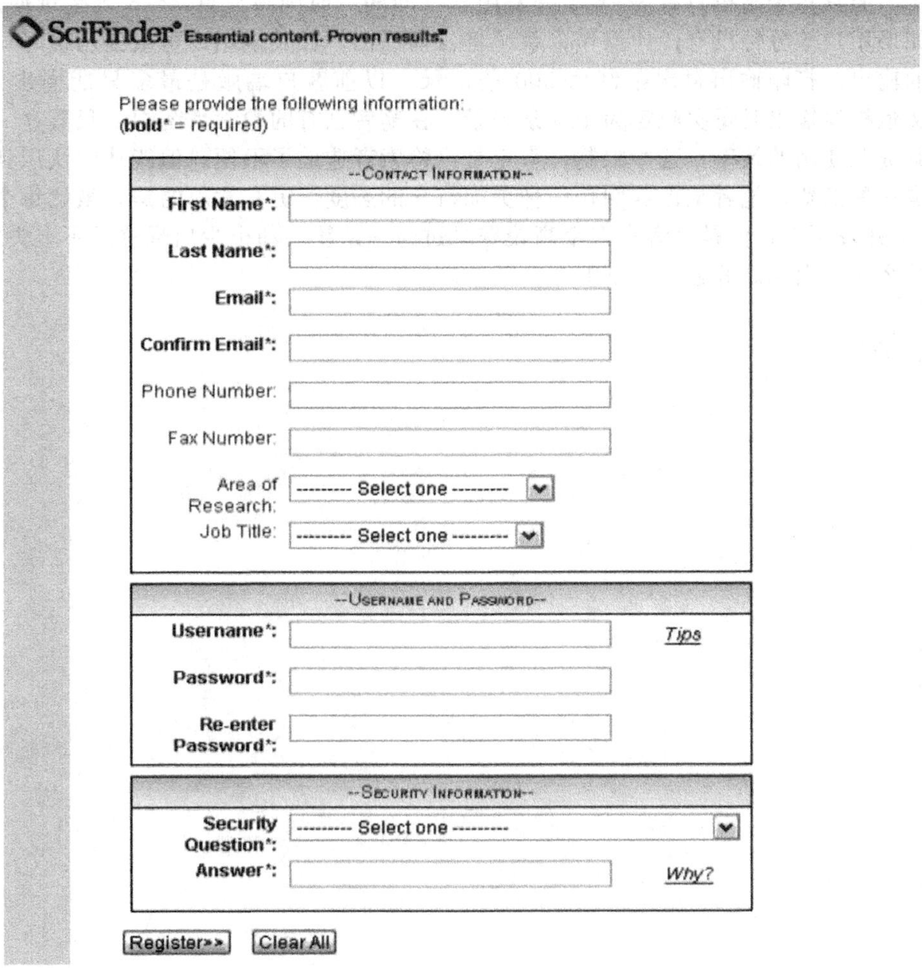

图 4-93　SciFinder Web 注册界面

4.5.5　Web 版的注册

SciFinder Web 版仅适合高等院校和科学院用户使用，并且首先要进行注册（图 4-93）。注册步骤如下：首先通过学校图书馆发布的注册网址访问用户注册网页（每个学校的注册超链接是不同的，并且必须从学校指定的 IP 地址的计算机上进行访问才有效），然后输入自己的 SciFinder 用户名和密码，以及格式正确的电子邮箱地址（有些机构会限定只有该机构域名的邮箱才能注册）。用户名必须是唯一的，长度包含 5~15 个字符，可以只包含字母或字母组合、数字和/或破折号、下划线、句点（.）、"@"等符号；密码必须包含 7~15 个字符，并且必须包含三种以上不同类型的字符（包括字母、混合的大小写字母、数字、非字母数字的字符）。最后点击"Register"完成注册，Sci Finder 将发送确认邮件至用户在表格中提供的邮件地址，点击收到邮件中提示的链接最终完成注册过程。SciFinder 历来对用户要求特别严格，对过度使用文献检索功能很在意（例如在不考虑清楚检索目的时反复使用检索功能，或者长时间占有系统机时，这些都是浪费资源的表现），这从其注册步骤的烦琐可见一斑（这在所有的文献检索系统中，注册步骤和 IP 限制是最为严格的）；而且，即使完成了注册，要登录系统（https://scifinder.cas.org）时，还必须是在学校指定的有权限使用 SciFinder 的计算机（IP 地址限定）上才能够正常登录。另外，高校购买的费用是按并发用户数定价,通常每个高校只有 3~6 个并发用户(即同一时间只允许 3~6 人登录使用),使用时,如果用户 5 分钟没有任何操作,系统将自动退出,让其他用户可以使用机时。对于检索结果的输出,打印输出每次限制为 500 条记录(以前客户端版是最多只能输出 50 条记录!),文献检索输出时每次限定为 100 条记录。在笔者已有的检索系统中,只有这一系统反复地强调资源使用的效率。这些限制,肯定是给检索者造成了不便。但能从中认识到过度使用其实是一种浪费,笔者觉得这倒是一种更加科学的态度。更有意思的是,虽然每个高校只有 3~6 个并发用户,但是笔者在多个高校登录过这一系统,却很少出现登录不上去的情况,这是为什么呢?大家好好思考一下吧。

第5章 Web of Knowledge：价值发现

Chapter 5

本章核心内容概览

- **Web of Knowledge 简介**
- **Web of Science**
  - 普通检索
  - 结构检索
  - 结果排序
  - 结果分析
  - 获取全文
  - 高级检索
  - 引用与被引
  - 结果精炼
  - 引文报告
  - 结果管理
- **Derwent Innovations Index**
  - 专利检索
  - 检索结果处理
- **期刊引文报告**
- **中科院 SCI 杂志分区**

5.1 Web of Knowledge 简介

Web of Knowledge（WOK，http://isiknowledge.com/，图 5-1）是美国科学情报研究所［Institute for Scientific Information，简称 ISI，目前属于汤姆森科技信息集团（Thomson Scientific）］提供的文献数据库平台，是一个综合性、多功能的研究平台。该系统以三大引文索引数据库作为核心，内容涵盖了自然科学、社会科学、艺术和人文科学、科技应用等多个方面，提供高品质、多样化的文献资料，并配以强大的检索和分析工具，利用信息资源之间的内在联系，把各种相关信息提供给研究人员，兼具知识的检索、提取、管理、分析与评价等多项功能，是"综合式"信息服务的数字化研究环境（图 5-2）。

图 5-1　Web of Knowledge 主页

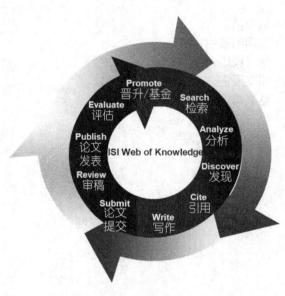

图 5-2　Web of Knowledge 的设计理念

Web of Knowledge 在研究领域的权威性可以使用一组数字加以说明：拥有全球 81 个国家的 2000 万用户；每天使用超过 15 万人次；收录了 22 000 多种期刊，部分可回溯至 1900 年；始自 1966 年的 2300 多万条专利信息；来自于 60 000 多个会议的 350 多万条会议文献；5500 多个学术相关网站；5000 多本书籍；75 万条化学反应，200 万个化学结构；涵盖 230 个学科领域；提供 300 多个出版社的 1 万种期刊的 1600 多万个全文链接；每年新增加约 2500 万项文献资料。

Web of Knowledge 系统是一个综合文献平台，具体包含了一系列的数据库，其中比较重要的包括：Web of Science（WOS，综合学科期刊文献，三大权威引文系统）、Derwent Innovations Index（DII，多学科专利文献）、ISI Proceedings（综合学科会议）、BIOSIS Previews（生命科学）、Medline（生物医学）、INSPEC（物理、电子、计算机）、Journal Citation Reports（JCR，期刊引文报告）等，在检索时可以选择单一数据库进行检索（图 5-3），也可以跨库检索（图 5-1，主页界面）。除了数据库外，系统也提供各类文献服务如 EndNote（文献管理工具）、引文跟踪服务等。本章将重点介绍 WOS、DII 和 JCR 的检索。

图 5-3 选择单库进行检索

其他数据库简介如下：

(1) BIOSIS Previews 是"Biological Abstracts"与"Biological Abstracts/RRM（Reports，Review，Meetings）"整合在一起的互联网版本。由原美国生物学文摘生命科学信息服务社（现隶属于 Thomson Scientific）编辑出版。内容覆盖来自生命科学领域的 5000 多种期刊、1500 多个国际会议，以及与生命科学研究相关的美国专利。

(2) MEDLINE 是美国国立医学图书馆（The National Library of Medicine，简称 NLM）生产的国际性综合生物医学信息数据库，是当前国际上最权威的生物医学文献数据库。内容包括美国《医学索引》（Index Medicus，IM）的全部内容和《牙科文献索引》（Index to Dental Literature）、及《国际护理索引》（International Nursing Index）的部分内容。

(3) INSPEC 全称为 Information Service in Physics、Electro-Technology、Computer and Control，前身为英国《科学文摘》。是物理学、电子工程、电子学、计算机科学及信息技术领域的权威性文摘索引数据库，由英国机电工程师学会（IEE，1871 年成立）出版，专业面覆盖物理、电子与电气工程、计算机与控制工程、信息技术、生产和制造工程等领域，还收录材料科学、海洋学、核工程、天文地理、生物医学工程、生物物理学等领域的内容。

5.2 Web of Science

5.2.1 Web of Science 简介

Web of Science（简称 WOS，图 5-4）是 Web of Knowledge 系统中最重要的数据库，也是全球最大、覆盖学科最多的综合性学术信息资源库。其核心是三大引文索引数据库，包括：①科学引文索引（Science Citation Index Expanded，SCIE），收录了自然科学、工程技术、生物医学等各个研究领域最具影响力的超过 8700 种核心期刊，可回溯到 1900 年。通常所说的 SCI 是指"Science Citation Index"的核心版本，其收录期刊数量比扩展版 SCIE 要少，但目前发展趋势是不严格区别这两个版本，因期刊数量增加虽然对其核心影响力有所干扰，但对于更好地评估一个论文的影响力也有所帮助。②社会科学引文索引（Social Science Citation Index，SSCI），2800 种核心期刊，可回溯到 1900 年。③艺术与人文索引，（Arts

& Humanities Citation Index，A&HCI)，1500 种核心期刊，可回溯到 1975 年。

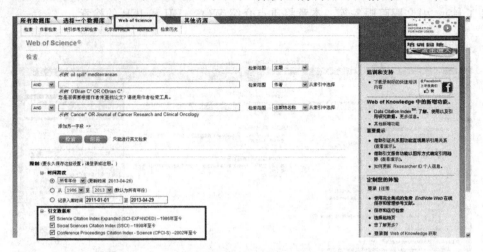

图 5-4　Web of Science 主界面

此外，WOS 还提供会议文献引文索引（Conference Proceedings Citation Index-Science，CPCI，以前称为 Index to Scientific & Technical Proceedings，即 ISTP，可回溯到 1990）以及两个化学专业数据库：化学反应数据库（Current Chemical Reactions，CCR-EXPANDED，约 75 万条）和化合品数据库（Index Chemicus，IC，约 200 万种）。本部分将重点介绍 SCIE 数据库的检索，对化学结构和反应的检索也作简单介绍。

所谓引文（citation），就是论文的参考文献（reference），即在一篇论文中引用前人已发表的文献中的学术观点、研究结论或实验事实来证明或解说自己的实验结果或推想。1955 年，Garfield 博士在 Science 杂志发表论文，首次提出将引文索引作为一种新的文献检索与分类工具，将原来通过关键词检索文献的思路转变为跟踪一个"idea"，即论文相互关联发展创新的过程，从而开创了引文索引的历史。利用 Web of Science 丰富而强大的引文索引检索功能，通过越查越旧（引文的引文）和越查越新（引用的引用），即可以方便快速地跟踪某个研究（idea）的前因后果（继承与发展），或者找到最有影响力和最有价值的科研成果（被大量引用的文献），或者找到学术上相关的文献（具有共同引用的文献），也可以全面了解有关某一学科、某一课题的研究信息（论文、作者、机构等），如图 5-5 所示。SCI 的这

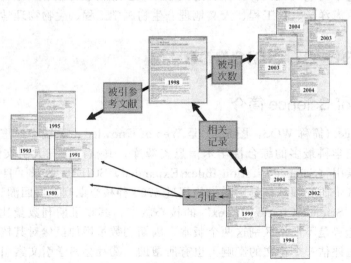

图 5-5　文献引用与研究发展示意图

种特点，使得 SCI 不仅作为一部文献检索工具使用，而且也可以成为科研评价的一种依据。因此在国际上，某个学者、某个研究机构甚至一个国家发表的 SCI 论文数量和被引量很多，往往被认为是取得较高的学术成就的标志。而一个学术期刊所发表论文的平均引用率则反映了该期刊的学术影响力，这就是 SCI 影响因子（impact fact，IF）的由来。

总之，Web of Science 最有价值之处，首先在于它收录的是国际上最有影响的学术期刊，其次它对某个学术期刊的引用量和单篇文献的引用次数进行了统计，有效评价了期刊和文献的学术价值或创新水平，再次它揭示了某篇文献的思维来源（它的参考文献）和可能发展（引用它的文献，且这些施引文献也是来自权威期刊，更具体表性）。从而突出了科学研究的学术思想本质，理清了学术研究的脉络关系，对于研究人员寻找和精读本领域最有价值的文献，以及学习他人的科学思路具有重要的实践意义，从简单的文献获取提升到价值发现和发现价值。

5.2.2 检索方法

Web of Science 提供了普通检索、高级检索、化学结构检索、作者检索、被引参考文献检索和检索历史等多种检索方式。其中初学者可以使用普通检索，深入学习后则应该重点掌握高级检索方式及其主要技巧，因为后者提供了一种非常精细的方式来高效获取课题相关文献。

5.2.2.1 普通检索

Web of Science 的普通检索提供了多字段逻辑组合和一系列检索范围限定功能，如图 5-6 所示。首先输入一个或多个检索词，确定每个检索词的检索范围（字段），字段可选项包括主题、标题、作者、作者标识符、团体作者、编者、出版物名称、DOI、出版年、地址、机构扩展、

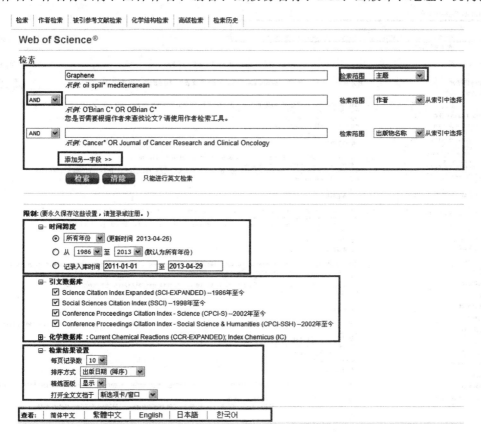

图 5-6　普通检索界面

会议、语种、文献类型、基金资助机构、授权号和入藏号等。如果有多个检索词则可以设定检索词间的布尔逻辑关系（AND、OR 和 NOT），即多字段逻辑组合。如果检索词超过三个还可以点击"添加另一字段"链接增加一个字段，然后输入检索词，最后点击检索按钮即可。

检索词说明如下：①所有检索词必须是英文，且一般情况下英文大小写的检索结果没有区别，所有标记符号都必须是英文半角字段；②如果要精确匹配某个短语，应将其放置在引号（""）内；③允许使用通配符，其中"*"代表零或多个字母，这个符号使用广泛，因其能有效解决英文后缀变化的问题，通常用于词尾；另外"$"代表零或一个字符，"?"代表一个字符，这两者常用于词中；④"SAME"算符，用这个算符连接的检索关键词必须在同一句话内，以增强前后两个关键词的关系，但关键字前后顺序不限；⑤"NEAR"算符，代表所链接的两个词之间的词数小于等于 N，默认值是 15。

检索限定选项包括：①检索时间限定，设定要检索的时间范围，缺省设定是所有年份（所有年份的时间跨度与使用者所在机构购买的权限有关，最高权限是自 1900 年起至最新）；②数据库限定，在各大引文数据库中选择一个或多个库（具体有多少个库仍然与权限有关），其中最重要的是 SCIE；③检索结果设定，设定检索结果的每页显示记录和排序方式，以及选择界面语言等。本章以 graphene（石墨烯）的合成和应用为例，检索式：主题＝(graphene) AND 主题＝(Synthe*)。检索结果如图 5-7 所示。

图 5-7　检索结果示例

5.2.2.2 高级检索

高级检索（图 5-8）与普通检索的最大区别，在于高级检索的检索式完全是人工输入的，缺点是初学较难，但优点是赋予了检索者最大的参数调节空间，是我们优先推荐的检索方式。检索式的构建具体包括了字段标识、布尔运算符、括号和检索结果集等。首先要提到的是括号"（ ）"，括号代表的意义是优先运算（这与数学运算式是一样的），并允许使用多重嵌套括号，这就意味着允许复杂的逻辑运算，充分体现了文献检索就是一系列检索记录集间逻辑运算这一本质。其次是字段标识，具体包括 TS=主题、TI=标题、AU=作者、AI=作者标识符、GP=团体作者、ED=编者、SO=出版物名称、DO=DOI、PY=出版年、CF=会议、AD=地址、OG=机构扩展、OO=机构、SG=下属机构、SA=街道地址、CI=城市、PS=省/州、CU=国家/地区、ZP=邮政编码、FO=基金资助机构、FG=授权号、FT=基金资助信息、SU=研究方向、WC=Web of Science 分类、IS=ISSN/ISBN、UT=入藏号等。这些字段标识在普通检索中是直接给出的，但是在这里必须由检索者自行输入，这就是初学者感到困难的原因。至于布尔运算符与普通检索是一样的，包括 AND、OR、NOT、SAME、NEAR。检索结果集则是指每次检索结果的编号（图 5-8），例如第 2 次检索用"♯2"表示。而检索关键词的要求同普通检索也一样，即可以使用通配符和词组

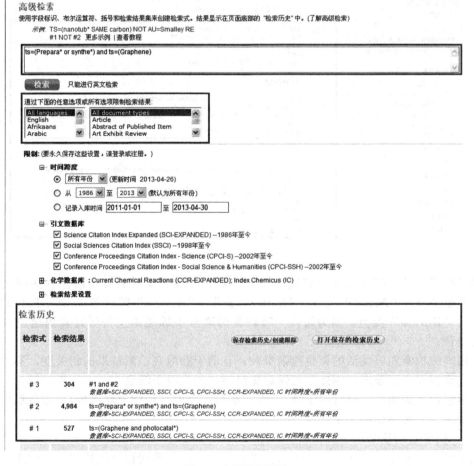

图 5-8 高级检索界面

（用双引号括起来）。最后要说明的是，输入检索式后点击"检索"按钮，并不会显示检索结果，而必须自行点击"检索历史"中"检索结果"的篇数链接来获取最终的检索结果记录集。使用这种方式主要是为了让用户可以更加方便地修订检索式，从而可通过判断检索结果的数量来进一步调整。此外，所有关键字（包括标识符）可以是大写也可以是小写，区别不大。实例如下：

• "ti=（Graphene）and ts=（Prepara* or synthe*）"表示检索标题包含石墨烯且主题包含制备或合成的文献。

• "ts=（Graphene and photocatal*）"表示检索主题包含有石墨烯和光催化的文献。

• "♯1 and ♯2"表示要获取第一次和和二次的检索记录集的交集。

• "ts=（Graphene）and so=（"Nature" or "Science"）and py=（2004-2013）"表示检索 2004 年以来主题包含有石墨烯且在 Nature 杂志或 Science 杂志发表的文献。检索结果如图 5-9 所示（按引用次数倒序），检索结果中前两篇论文即是 2010 年度诺贝尔物理奖获得者获奖的论文，讨论了单层石墨烯的稳定存在，排第 3 的是中国人张远波为第一作者发表在 Nature 杂志的论文，可以说非常接近诺贝尔奖了。

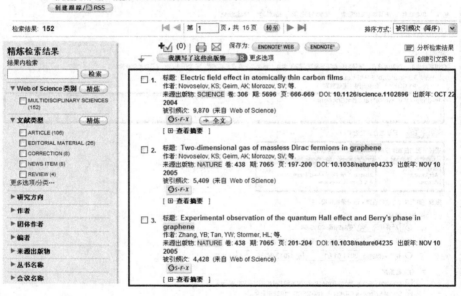

图 5-9　高级检索结果

除了检索式外，与普通检索相比，高级检索允许限定文献的发表语言（如英文、中文等）和文献类型（"Article"论文、"Letter"快报、"Review"综述等）。其中最典型的应用是限定为"Review"类型，因为阅读一篇较新的高水平综述论文是研究者快速进入某一新领域的捷径。

使用高级检索能够灵活的调整检索参数，有助于获取高检索结果的相关度。不过其主要缺点是全部需要人工输入，因此有时候难免出错，出错时系统会显示一个提示警告。典型的错误包括字段标识错误、缺省等于号（=）、括号不完整（未能成对出现）、布尔运算符前后缺少关键词、关键词长度小于 3 等。

5.2.2.3　化学结构检索

化学结构检索是专门为满足化学与药学研究人员的需求所设计的数据库。收集了全球核心化学期刊和发明专利的所有最新发现或改进的有机合成方法，提供最翔实的化学反应综述和详尽的实验细节，提供化合物的化学结构和相关性质，包括制备与合成方法等，具体包含化学反应（Current Chemical Reactions，CCR）和化合品（Index Chemicus，IC）两个数据库。CCR可以跟踪最新的合成技术，包括了摘自39个权威出版机构的一流期刊和专利的单步和多步的新合成方法。每一种方法都提供了完整的反应流程，同时伴有详细精确的图形来反映每个步骤。IC主要聚焦新化合物的快讯报道，包括了来自国际一流期刊报道的新型有机合成反应的结构与评论数据。除此以外，全记录展示了从最初原材料到最终产品的整个反应流程。IC还是揭示生物活性化合物和自然产品的最新信息的重要资源。

化学结构检索界面如图5-10所示，它允许检索者实时绘制化学结构式，或者输入化合物数据（名称、生物活性、分子量或反应角色），或者输入化学反应数据（例如反应温度，

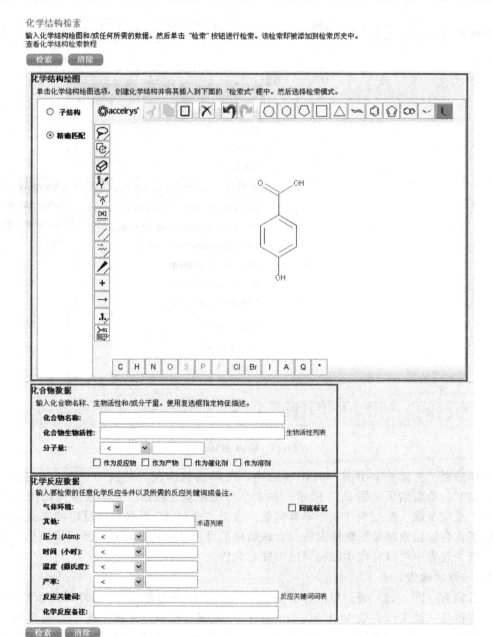

图5-10 化学结构检索界面

产率等），来获得与某类化合物或化学反应相关的文献资源。

Web of Science 中绘制化学结构与反应的编辑软件，称为"Accelrys JDraw Editor"，运行时需要 Java 库支持（首次运行会自动安装插件和 Java 运行库）。JDraw 编辑软件的界面主要包括三个工具栏和鼠标右键菜单，如图 5-11 所示。最上边的工具栏主要是两种功能，即内容编辑功能（复制、粘贴、恢复等）和官能团结构区；左边工具栏主要是结构编辑功能，用于选择修改化学键和原子种类等，也包括化学反应符号；下边工具栏是常用原子；右键菜单为上下文相关菜单，即根据点击对象，其功能有所不同，主要也是用于修改化学键或原子的属性。当然，如果觉得这个软件使用不太方便，也可以直接在 ISIS Draw 或 ChemDraw 中创造化学结构式，然后粘贴到当前编辑器中。

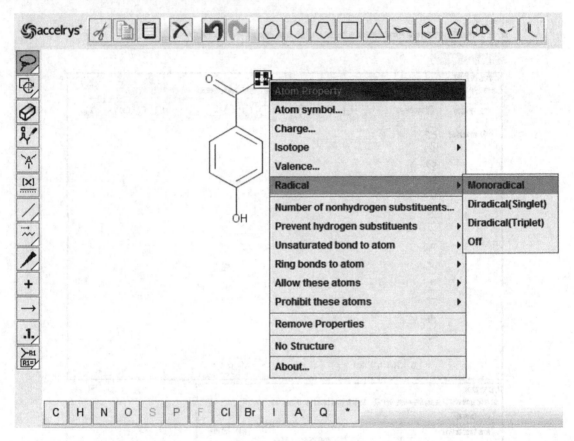

图 5-11 JDraw 编辑软件

本例绘制"对羟基苯甲酸"的化学结构，选择精确匹配，并选中"作为生成物"，且"产率>90"，检索结果如图 5-12 所示，共 9 个匹配记录。点击"化学反应详细信息"呈现反应物、反应步骤、反应条件和产率等信息；点击"全记录"可获取该反应的来源文献；点击"转至化合物检索结果"则检索该符合该结构的可能化合物，可进一步了解该化合物的信息息，在整个过程中可以将化学结构导出为独立文件。

5.2.2.4 作者检索

作者检索（图 5-13）通过输入作者姓名（包括不同拼写形式）、选择研究领域和机构，从而来获得某一论文作者被 Web of Science（即 SCIE）收录论文的情况。为避免同名同姓或相同的拼写形式，作者姓名和组织机构（作者工作单位）显然是最重要的选项，至于研究领域只是一种可能性。以笔者为例，使用作者姓名"Xiao X"，并且选中机构为"SOUTH

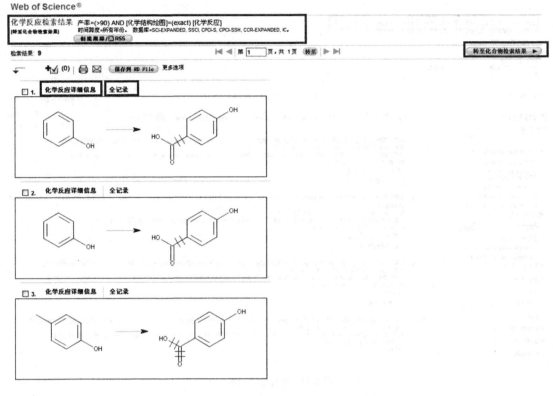

图 5-12　检索合成对羟基苯甲酸的化学反应

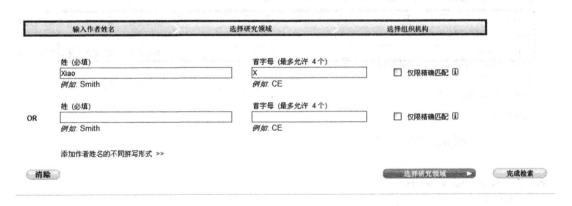

图 5-13　作者检索界面

CHINA NORMAL UNIVERSITY"，检索结果如图 5-14 所示，检索结果中包含第一作者和非第一作者的所有记录。

5.2.2.5　被引参考文献检索

被引参考文献检索（图 5-15）是用于了解某一作者、某篇论文或某个期刊在某个时段里被引用的情况。以笔者 2010 年发表的一篇论文为例，依次输入作者姓名和刊物名称，然后根据检索结果选中某一篇论文（也可多选），点击完成检索，获得最终的结果，如图 5-16 所示，结果表明该篇论文被引用了 41 次，并列举了这些施引文献的详细记录。

图 5-14 作者检索结果

图 5-15 被引参考文献检索界面

图 5-16 被引文献检索结果

5.2.2.6 检索历史

检索历史用于保存此前各次检索的检索式和结果，如图 5-17 所示。可以供使用者方便地再次访问此前的检索结果，或者再次对检索结果进行组配（交集 AND，并集 OR），还可以对检索记录进行保存（需要注册一个账号，免费），以便以后可以再次访问。

图 5-17 检索历史界面

5.2.3 检索结果处理

检索只是 Web of Science 中最基本的功能，因为检索无非是找到与主题相关的文献而已。Web of Science 的重要突破在于能够对文献和期刊进行有效评价，从而使用户能够在有限的时间里，阅读本领域最权威、最重要、最有代表性的文献，或者找到本领域最重要的研究者和机构，或者获得本领域的发展趋势和方向，这些都有赖于系统对检索结果的分析处理功能。本节实例基于检索式"ti＝graphene and ts＝（preparat*or synthe*）"，即石墨烯的合成。检索式说明如下："preparation"（制备）和"synthesis"（合成）两个词在学术论文中通常可以相互替代，即意义上是接近的，因此必须同时使用，否则会漏检；使用"ti＝graphene"而不是"ts＝graphene"是为了提高检索的相关度，减少论文阅读量。执行检索的结果如图 5-18 所示，共有 3540 个结果，通过翻页按钮，可以依次浏览所有记录的信息。

图 5-18　石墨烯合成的检索结果

5.2.3.1　单篇文献全记录页面

首先点击其中一个检索结果的标题，即可打开单篇文献全记录页面，以《美国化学会志》（"Journal of the American Chemical Society"）发表的一篇石墨烯文献"Synthesis of Large，Stable Colloidal Graphene Quantum Dots with Tunable Size"为例，如图 5-19 所示。

图 5-19　单篇文献全记录页面

从图 5-19 可见，记录页的主要内容包括文献的标题、作者、来源信息（对期刊来说是期刊名、年、卷、期、页码等）、被引用的次数、引用的参考文献数、论文摘要、类型、关键词、撰写语言、作者通信地址、基金信息、出版者信息、学科分类等。这个页面最重要的作用是提供了论文标题和摘要，用于判断是否要阅读全文、访问全文的链接，以及作者联系方式。不过这里首先来关注一下引用和被引用，以及所谓的相关记录。

首先点击"Cited References"后面的数字"37"，打开该论文引用的参考文献，如图 5-20 所示，共 37 个参考文献。这些文献即是与该研究工作密切相关的前人工作，从中可以发现该文的思想起源、与该文的猜想或实验结果相一致的文献以及与该文结果相异的用来对比的文献等。这个列表，在论文原文的参考文献部分，也可以找到，只是这里的信息更加完整。

然后点击"Times Cited"后面的数字"72"，打开引用该论文的文献列表，如图 5-21 所

图 5-20 该论文引用的参考文献

图 5-21 引用该论文的文献

示,共 72 个施引文献。这正是"引文系统"的核心功能：能够揭示某个研究工作后续是否被关注和进一步发展。这一系统的意义,除了能够有效地对某个研究工作的重要性和原创性进行评价外,还可以让使用本系统的读者能够了解到一个研究是如何被发展或拓展或在另一个学科领域加以创新的,因此是持续地学习如何做科研的重要学习资源。此外,要注意这个引用次数只统计收集在 Web of Science 中的文献对该文的引用情况,实际引用的次数（未被收录期刊的引用）会更多,但 Web of Science 收录的文献即 SCI 论文,因此其引用的价值较高。

如果希望同时揭示该研究工作的前因后果,可以点击"Citation Map",即引证关系图（这个功能需要 Java 运行库的支持）。有三个方向,包括前向引证关系（引用该文的文献）、后向引证关系（该文引用的文献）和双向引证关系；有两个分析深度,包括一层和二层。本例选择了一层的双向引证,如图 5-22 所示。

最后,看一下相关记录（"Related Records",图 5-19 右侧）,所谓相关记录是指收录在 Web of Science 中,并且与该文有较多相同参考文献（共引文献）的文献,结果如图 5-23 所示。根据该文的参考文献的数量,相关文献的数量一般会很多,比较有意义的文献是与该文共引文献数量较多的文献。因为同一领域高被引文献的作者共同关注的文献。显然也是本领域最重要和最经典的文献。

以上所有功能,相同的地方在于结果是一个文献列表,点击相应文献的标题,会进入这

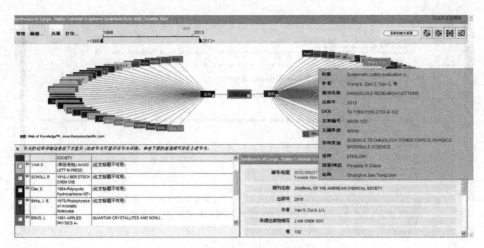

图 5-22 双向引证关系图

图 5-23 相关记录

个新文献的全记录页面,也可以进一步分析处理。另外,点击每一页面左上角"<< 返回上一页"可以回到原来页面,以免在检索过程中,迷失方向(这是初学者最容易发生的,很容易就迷失在文献的迷宫之中)。总之,通过上述的功能,检索者可以根据从某个与主题相关的重要文献出发,"发现"更多的相关的和重要的文献。

5.2.3.2 结果排序

检索结果的排序方式(图 5-24)包括:"出版日期(降序)""出版日期(升序)""入库时间--降序""入库时间--升序""被引频次(降序)""被引频次(升序)""相关性""第一作者(升序)""第一作者(降序)""来源出版物(升序)""来源出版物(降序)""会议标题(升序)""会议标题(降序)"等。其中被"引频次(降序)""相关性""出版日期(降序)"最重要。由于检索结果众多,不可能详细地对所有结果进行阅读,因此需要通过排序以发现其中重要的(引用次数多)、最相关的(相关性高)和最新的(按出版日期倒序)部分文献进行研究。

5.2.3.3 结果精炼

如果需要对检索结果进行进一步的限制以提高检索结果的相关度,可以使用"精炼"功能(图5-25)。精炼包括两大类。一类是"结果内检索"即通过输入新的关键词进行二次检索(这一功能也可以回到高级检索界面重新修订检索式实现)。另一类是对检索结果进行类

图 5-24 检索结果排序

图 5-25 精炼文献

型限定，可限定的选项包括：Web of Science 类别（Web of Science 分类）、文献类型（研究论文、综述、会议等）、研究方向（学科分类）、作者、团体作者、编者、来源出版物（即期刊名称）、丛书名称、会议名称、出版年、机构扩展、基金资助机构、语种（英文、中文等）、国家/地区等。点开每一类别，将展开下级目录，可单选或多选，然后点击"精炼"按钮，可获得原有检索结果的子集。展开的下级目录，通常只显示前 5 项（按类型下属文献数量排序前 5 位），如果需要完整的列表，可以点击目录下面的"更多选项/分类…"链接，则会展开所有子项。利用这个精炼功能，可以进一步限定检索结果，特别是限定文献类型（例如综述）、权威期刊（通过限定来源出版物）和最新文献（通过限定出版年）。

5.2.3.4 结果分析

比精炼更强大的功能是结果分析（点击排序方式下方的"分析检索结果"按钮）。这一功能支持高达 10 万条记录的分析，能够对 16 个字段进行排序，包括作者、丛书名称、会议名称、国家/地区、文献类型、编者、基金资助机构、授权号、团体作者、语种、机构、机构扩展、出版年、研究方向、来源出版物、Web of Science 类别。具体的使用方式是选择一个字段，然后设置显示多少个结果（通常选择 10、20 或 50）、最少记录数（即同一类别的最低命中数量，缺省设置为 2），再确定排序方式［包括记录数（即命中最高的排在前面）或已选字段（按名称排序）］，最后点击“分析”按钮开始分析，完成分析显示结果，也可以导出数据。下面仍然以前面的检索结果为例，演示“分析”功能的意义。

排序字段选择“国家/地区”用于发现该领域高产出的国家与地区，如图 5-26 所示。分析结果表明，2004 年首次在“Science”杂志报道，2010 年即获得诺贝尔物理学奖的石墨烯领域，在短短的几年里，来自中国的作者立即占领了这一领域的超过 50% 的领地。虽然数量不等于质量，但至少说明了中国近年来科技的快速崛起，包括对科学研究的重视、科技研究水平的提高、科技人才数量的增加、基础科技设施投入的增加等，毫无疑问已经进入了世界科技大国之列。除了中国的快速发展，从图 5-26 中还可以清晰地看到，整个亚洲的科技都在快速发展；反之，西方发达国家除了美国继续保持在第一梯度外，欧洲科技有没落的趋势（即使石墨烯是由英国籍的俄罗斯人发现的）。

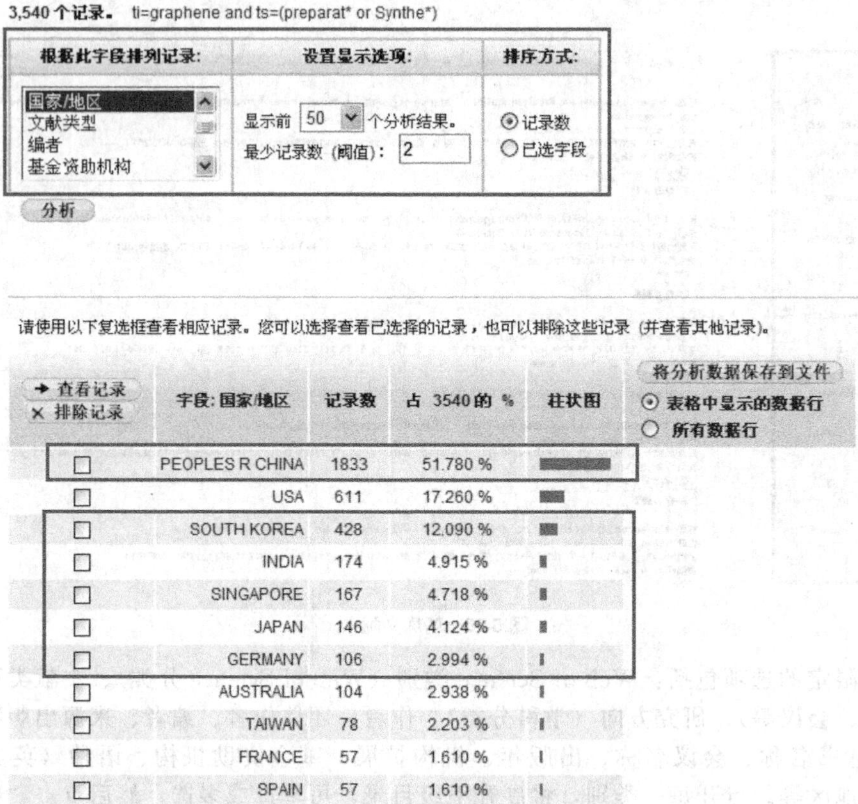

字段: 国家/地区	记录数	占 3540 的 %	柱状图
PEOPLES R CHINA	1833	51.780 %	
USA	611	17.260 %	
SOUTH KOREA	428	12.090 %	
INDIA	174	4.915 %	
SINGAPORE	167	4.718 %	
JAPAN	146	4.124 %	
GERMANY	106	2.994 %	
AUSTRALIA	104	2.938 %	
TAIWAN	78	2.203 %	
FRANCE	57	1.610 %	
SPAIN	57	1.610 %	

图 5-26 按国家和地区分析

对机构的分析可以发现该领域高产出的大学及研究机构，从而有利于开展机构间的合作，对学生来说可以发现可深造的机构。对机构的分析结果如图 5-27 所示：排首位的单位是中国科学院，发表文献占到检索结果总量的 11.4%，处于绝对领先位置；排第二位的是新加坡南洋理工大学；国内的几所重点大学，包括清华、复旦、南大、浙大、中科大，分别

→ 查看记录
× 排除记录

字段: 机构	记录数	占 3540 的 %	柱状图
CHINESE ACAD SCI	404	11.412 %	
NANYANG TECHNOL UNIV	106	2.994 %	
TSINGHUA UNIV	84	2.373 %	
FUDAN UNIV	79	2.232 %	
NANJING UNIV	70	1.977 %	
ZHEJIANG UNIV	63	1.780 %	
UNIV SCI TECHNOL CHINA	62	1.751 %	
NATL UNIV SINGAPORE	59	1.667 %	
KOREA ADV INST SCI TECHNOL	57	1.610 %	
SUNGKYUNKWAN UNIV	57	1.610 %	
SHANGHAI JIAO TONG UNIV	50	1.412 %	

将分析数据
⊙ 表格中显示
○ 所有数据

图 5-27 按机构分析

排到第 3～7 位。

按“作者”分析的作用在于发现该领域的高产出研究人员，可据此选择同行评审专家、选择潜在的合作者，也适用于机构的人才招聘以及学生选择导师等。分析结果（图 5-28）表明，排前几位的基本是华人（包括在海外的华人学者）。

→ 查看记录
× 排除记录

字段: 作者	记录数	占 3540 的 %	柱状图
WANG Y	51	1.441 %	
WANG L	49	1.384 %	
WANG X	49	1.384 %	
ZHANG H	40	1.130 %	
ZHANG Y	39	1.102 %	
LIU Y	36	1.017 %	
LI N	35	0.989 %	
LI Z	32	0.904 %	
RUOFF RS	32	0.904 %	
CHEN Y	31	0.876 %	
WANG J	31	0.876 %	

将分析数据保存到文件
⊙ 表格中显示的数据行
○ 所有数据行

图 5-28 按作者分析

选择“出版年”可用于分析整体发展趋势（图 5-29）。从图 5-29 可见，从 2005 年起，石墨烯领域的热门程度逐年上升。

按来源出版物分析（图 5-30）可以发现该领域的重要期刊，用于跟踪研究或作为论文投稿的方向。从图 5-30 可以发现，关于石墨烯合成的论文，比较集中地发表在“Journal of Materials Chemistry”“Carbon”“ACS Nano”“Journal of Physical Chemistry C”“Nanoscale”等期刊上面。

完成分析后，通过勾选列表前面的方框（单选或多选），然后点击“查看记录”，即可显示原有结果的子集（其实就是精炼功能）。本例选中“CHEMICAL COMMUNICATIONS”，结果如图 5-31 所示。

Internet 化学化工文献信息检索与利用

查看记录 排除记录	字段:出版年	记录数	占 3540 的 %	柱状图
☐	2012	1521	42.966 %	■■■■
☐	2011	860	24.294 %	■■
☐	2013	528	14.915 %	■
☐	2010	432	12.203 %	■
☐	2009	140	3.955 %	︳
☐	2008	36	1.017 %	︳
☐	2007	12	0.339 %	︳
☐	2006	7	0.198 %	︳
☐	2004	2	0.056 %	︳
☐	2005	2	0.056 %	︳

图 5-29　按出版年分析

查看记录 排除记录	字段:来源出版物	记录数	占 3540 的 %	柱状图
☐	JOURNAL OF MATERIALS CHEMISTRY	287	8.107 %	■
☐	CARBON	181	5.113 %	■
☐	ACS NANO	134	3.785 %	︳
☐	JOURNAL OF PHYSICAL CHEMISTRY C	109	3.079 %	︳
☐	NANOSCALE	98	2.768 %	︳
☐	ELECTROCHIMICA ACTA	97	2.740 %	︳
☐	CHEMICAL COMMUNICATIONS	72	2.034 %	︳
☐	NANO LETTERS	70	1.977 %	︳
☐	RSC ADVANCES	68	1.921 %	︳
☐	ACS APPLIED MATERIALS INTERFACES	64	1.808 %	︳
☐	NANOTECHNOLOGY	61	1.723 %	︳
☐	APPLIED PHYSICS LETTERS	57	1.610 %	︳

图 5-30　按来源出版物分析

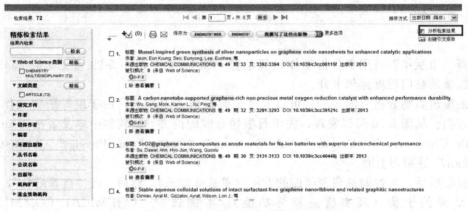

图 5-31　使用分析功能进行精炼的结果

精炼后的结果，仍然可以进行再次分析、精炼、排序和二次检索，次数没有限制。

5.2.3.5 引文报告

比按引用次数倒序以发现重要文献更有价值的分析功能是使用引文报告（点击排序方式下方的"创建引文报告"按钮）。因为这个报告不仅给出了这些文献的引用次数，而且分析了这些引用的年份分布（图 5-32）。经过这一报告，可以发现各个文献在过去年份里的引用情况，从而判断出该文献的生命力以及这一领域在不同年份的热门程度，最终发现该领域真正具有"高影响力"的文献。

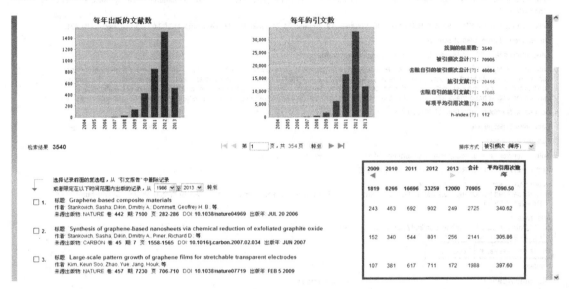

图 5-32　引文报告

5.2.4　全文获取与导出

5.2.4.1　获取全文

首先要说明的是，Web of Science 是一个文摘而不是全文数据库，也即该系统是没有文献全文版权的。这里所说的全文其实就是全文链接，最终能否获得文献全文取决于检索者所在机构是否订阅了该出版物或该出版物所在数据库的全文。在 Web of Science 中全文链接出现在检索结果列表和单篇文献全记录界面（如图 5-33 所示），提供了多种可能的选择，包括全文链接按钮、SFX 馆藏全文链接按钮、图书馆馆际互借、出版商信息和作者电子邮件地址等，检索者可根据实际情况，从中选择一种方式获取全文。点击"全文"按钮后转向出版商提供的网络地址，如果已经订购即可以下载全文，通常是标准的 PDF 文档格式，如图 5-34 和图 5-35 所示。如果按以上方式仍然未能获取全文，可以使用论文标题在 Google 和 Google Scholar 进行检索，也有可能获得该文全文（来自于作者本人或其他机构的全文共享服务）。

5.2.4.2　结果导出

对于检索的结果如果希望以后仍然可以使用，有两种方式可以保存。一种是直接保存检索式，另一个是保存检索历史（需要注册并登录）。但更好的方式是将文献信息完整地保存下来，并使用文献管理软件进行管理。Web of Science 提供了多种格式供导出，如图 5-36 所示。首先选择希望导出的文献，确定导出的内容和导出格式，按"保存"按钮下载导出文件，再用文献管理软件通过 Web of Science 过滤器导入进行管理。

5.2.4.3　定题服务

除了检索和分析，Web of Science 还提供了多项的个性化服务功能。这些功能首先需要

Web of Science

<< 返回结果列表   ◀ 第 5 条，共 25 条 ▶

Fudan University   转至

Facile electrochemical codeposition of "clean" graphene-Pd nanocomposite as an anode catalyst for formic acid electrooxidation

Author(s): Jiang, YY (Jiang, Yuanyuan)[1]; Lu, YZ (Lu, Yizhong)[1]; Li, FH (Li, Fenghua)[1]; Wu, TS (Wu, Tongshun)[1]; Niu, L (Niu, Li)[1]; Chen, W (Chen, Wei)[1]

Source: ELECTROCHEMISTRY COMMUNICATIONS **Volume:** 19 **Pages:** 21-24 **DOI:** 10.1016/j.elecom.2012.02.033 **Published:** JUN 2012

Times Cited: 2 (from Web of Science)

Cited References: 20   [view related records]   Citation Map

Abstract: Highly dispersed Pd nanoparticles (NPs) supported on graphene were successfully prepared by a one-step electrochemical codeposition approach. The as-obtained nanocomposite was very "clean" as a result of the reductant-free and surfactant-free synthesis process. The catalyst remarkably improved the electrocatalytic performance for formic acid oxidation (FAO). This facile and controllable method is of significance for the preparation of graphene-metal NPs with desirable catalytic performance. Crown Copyright (C) 2012 Published by Elsevier B.V. All rights reserved.

Accession Number: WOS:000305767700006

Document Type: Article

Language: English

Author Keywords: Electrodeposition; Graphene; Pd nanoparticles; Formic acid oxidation

KeyWords Plus: ELECTROCATALYTIC ACTIVITY; OXIDE

Reprint Address: Li, FH (reprint author)
  Chinese Acad Sci, Changchun Inst Appl Chem, State Key Lab Electroanalyt Chem, Engn Lab Modern Analyt Tech, Grad Univ, Changchun 130022, Peoples R China.

Addresses:
  [1] Chinese Acad Sci, Changchun Inst Appl Chem, State Key Lab Electroanalyt Chem, Engn Lab Modern Analyt Tech, Grad Univ, Changchun 130022, Peoples R China

E-mail Addresses: fhli@ciac.jl.cn

Funding:

Funding Agency	Grant Number
NSFC, China	20827004 21105096
Department of Science and Technology of Jilin Province	20080518
Chinese Academy of Sciences	KGCX2-YW-231 YZ200906 YZ2010018

[Show funding text]

Publisher: ELSEVIER SCIENCE INC, 360 PARK AVE SOUTH, NEW YORK, NY 10010-1710 USA

Web of Science Categories: Electrochemistry

图 5-33　获取全文

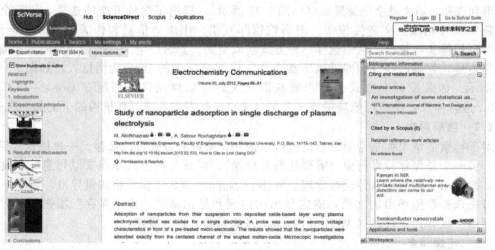

图 5-34　出版商的论文页面

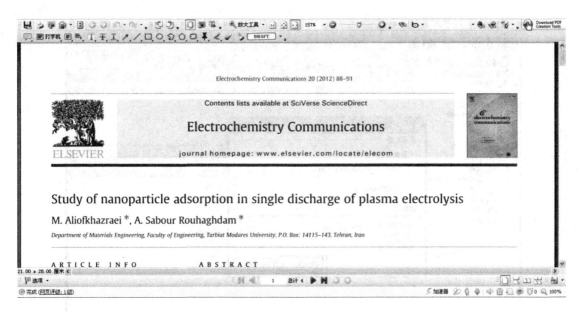

图 5-35　全文阅读与下载

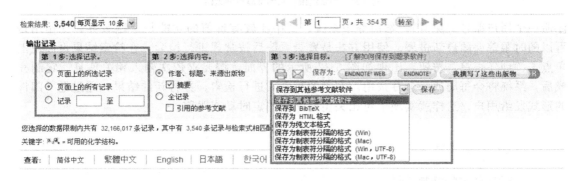

（a）选择希望导出的文献并设定导出格式

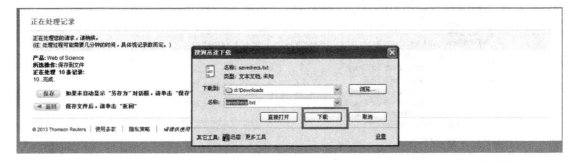

（b）点击"保存"后弹出下载窗口进行下载

图 5-36

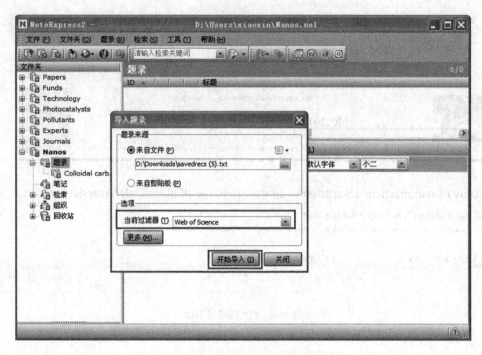

(c) 用文献管理软件导入管理

图 5-36　检索结果导出到文献管理软件

注册一个用户账号（免费），然后登录系统。其中比较有价值的功能是定题服务，其作用是可以随时跟踪课题最新进展。使用方法是登录系统后按常规进行检索，在检索结果页面左上角点击"创建跟踪"按钮，出现如图 5-37 所示的界面，按要求依次输入相关信息。定制完成后，系统将会每周或每个月按用户定制的检索式进行检索，并将新的结果，通过电子邮件的形式发给用户，这样就实现了对相关主题文献的定时动态跟踪。

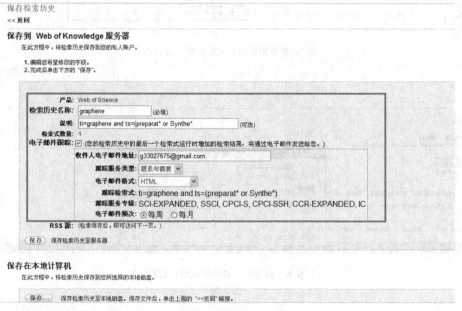

图 5-37　定题服务界面

5.3 Derwent Innovations Index

Derwent Innovations Index（简称 DII）是由 Thomson Derwent 与 Thomson ISI 公司共同推出的基于 ISI Web of Knowledge 平台的专利信息数据库。这一数据库将德温特世界专利索引（Derwent World Patents Index，简称 WPI）与专利引文索引（Derwent Patents Citation Index）加以整合，提供全球专利信息，包括美国专利（US）、世界专利（WO）、欧洲专利（EP）、德国专利（DE）、日本专利（JP）和中国专利（CN）等。DII 可协助研究人员简捷有效地检索和利用专利情报，鸟瞰全球市场，全面掌握工程技术领域创新科技的动向与发展。该数据库信息来源于全球 40 多个专利机构，详细记载了超过 1430 万项基本发明专利的信息，2 千多万条专利信息，资料回溯至 1963 年。具体分为"Chemical Section"（化学）、"Electrical & Electronic Section"（电子电气）和"Engineering Section"（工程技术）三个子库。在 Web of Knowledge 界面中点击"选择一个数据库"标签，然后点击"Derwent Innovations Index"即可进入 DII 系统（图 5-38）。

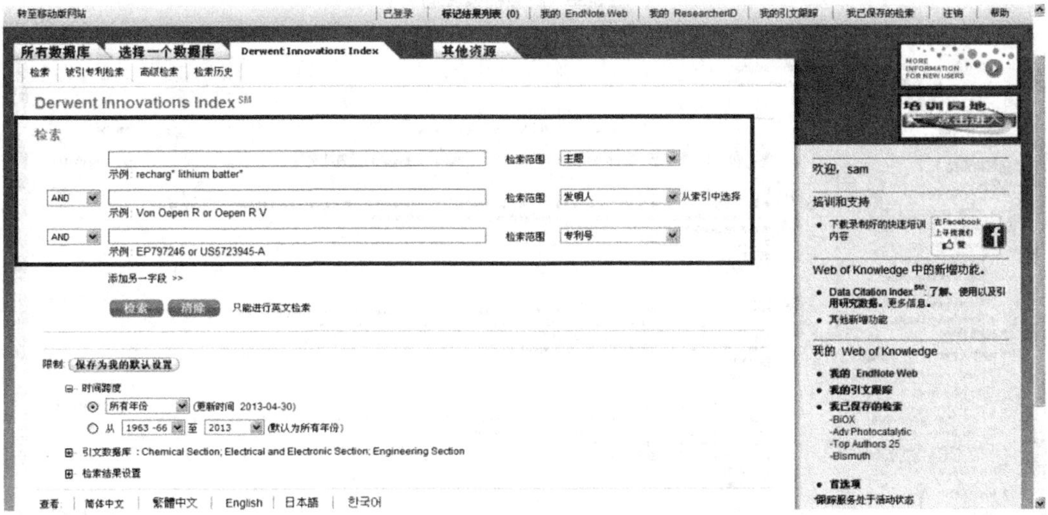

图 5-38　DII 主界面

5.3.1　专利检索方法

DII 的检索分成普通检索、高级检索、被引专利检索和检索历史。与 WOS 系统很类似。

普通检索界面如图 5-38 所示，通过选择检索字段、输入关键词和构建逻辑组合来完成检索，检索规则同 WOS 系统。可以检索的字段包括：主题、标题、发明人、专利号、国际专利分类、德温特分类代码、德温特手工代码、德温特主入藏号、专利权人-仅限名称和专利权人等。检索时可以对时间范围进行限定。

DII 的高级检索界面如图 5-39 所示，基本与 WOS 一致，除了检索字段标识有所不同。具体包括：TS＝主题、TI＝标题、AU＝发明人、PN＝专利号、IP＝国际专利分类、DC＝德温特分类代码、MAN＝德温特手工代码、PAN＝德温特主入藏号、AN＝专利权人名称、AC＝专利权人代码、AE＝专利权人名称和代码、CP＝被引专利号、CX＝被引专利＋专利家族、CAC＝被引专利权人、CN＝被引专利权人名称、CPC＝被引专利权人代码、CAU＝被引发明人、CD＝被引 PAN。继续以石墨合成为例，输入"ti = graphene and ts =

(preparat* or synthe*)"作为检索式,结果如图5-40所示。

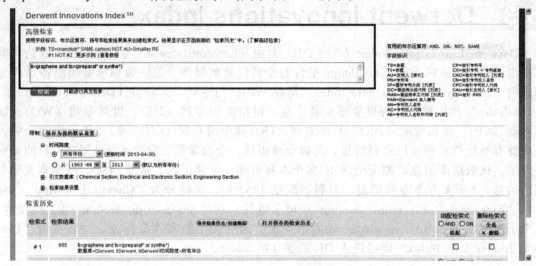

图 5-39 高级检索界面

图 5-40 高级检索结果

为了研究专利被引用的情况(代表该专利的生命力或重要程度),可以使用被引专利检索,如图5-41所示。可以检索的字段包括:被引专利号、被引专利号扩展、被引专利权人、被引专利权人名称、被引专利权人代码、被引发明人、被引的德温特主入藏号。例如输入专利号 WO2009049375-A1 进行检索,则结果如图5-42所示。

至于检索历史项目,与WOS是一样的,用于找回原来的检索式(结果)或对检索记录集进行合并。

5.3.2 检索结果处理

点击检索结果中专利名称,进入该专利的全记录页面,如图5-43所示。主要内容包括专利名称(描述性标题)、专利号、公开日期、发明人、专利权人和代码、专利摘要、详细说明、附图说明、附图、国际专利分类、德温特分类代码等信息。

可以对专利的检索结果进行排序,排序方式包括:更新日期、发明人、出版日期、专利

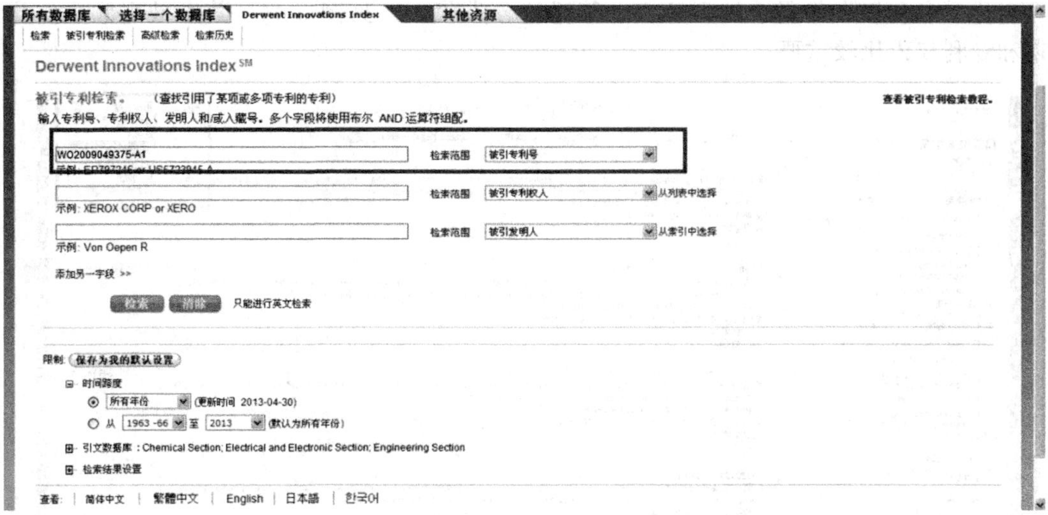

图 5-41 被引专利检索

图 5-42 被引专利检索结果

图 5-43 单篇专利全记录页面

权人名称、专利权人代码、被引频次、德温特分类代码,见图 5-44。其中被引频次、出版日期和专利权人比较重要。

图 5-44　检索结果排序

图 5-45　检索结果精炼

对检索结果进行进一步限定（精炼）可提高结果的相关度,具体包括二次检索和限定类别,如图 5-45。类别包括:学科类别、专利权人名称、专利权人代码、发明人、IPC 代码、德温特分类代码、德温特手工代码等。点击相应项目前面的三角图标,展开下级项目（显示前 5 项）,进一步点击"更多选项/分类"展开所有项目。单选或多选后点击"精炼",获得原有结果的子集。

可对检索结果进行统计分析（图 5-45 右上角按钮）,可排序的字段包括:专利权人名称、专利权人代码、发明人、国际专利分类号、德温特分类代码、德温特手工代码、学科类别等。还可限定分析的数量、显示数目、最代记录数、排序方式等。选择按专利权人名称进行统计排序,如图 5-46 所示,结果表明在该检索式（石墨烯合成）的条件下,前 3 位拥有最多专利的机构分别是"UNIV SHANGHAI JIAOTONG"（上海交大）、"UNIV ZHE-JIANG"（浙大）和"OCEANS KING LIGHTING SCI&TECHNOLOGY CO"（深圳海洋王照明工程有限公司），但集中度不算太高。可见，通过分析，可以发现本领域研究的进展以及找到本领域最主要的机构和专家。

图 5-46 专利权人分析结果

图 5-47 上海交大关于石墨烯合成的专利记录

选中"UNIV SHANGHAI JIAOTONG"，点击"View Recorders"浏览上海交大的相关专利记录（相当于精炼），如图 5-47 所示。

同 WOS 一样，DII 只提供了专利全文的链接，在检索结果或单篇专利全记录页面点击"原始"按钮即可获取专利全文（图 5-48），对于没有全文的专利，可以根据专利号和国别，通过各国官方专利机构获得（本书后面章节会进一步介绍）。这主要是因为专利与学术论文不同，专利文献总是希望有更多的公开，以便宣示专利权或获得专利合作的机会，因此获得专利全文通常是比较容易的。

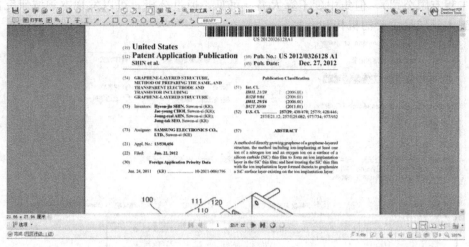

图 5-48 专利全文

5.4 期刊引文报告

5.4.1 期刊引文报告与影响因子

提到期刊引文报告（"Journal Citation Reports" JCR）就不得不讲一个极有影响力的词——影响因子（impact factor，IF）。众所周知，影响因子是目前用来评价科研论文学术价值的一种重要方法（不是最好，但没有更好），这个影响因子就是来自于 JCR。JCR 是对世界权威期刊进行系统客观评价的有效工具，包含学术领域超过 10000 种的权威期刊。分成自然科学和社会科学两个版本。自然科学版为 SCI（"Science Citation Index"，实际提供的是 SCIE 即 SCI 扩展版或网络版），社会科学版为 SSCI（"Social Science Citation Index"）。某个期刊被 JCR 收录即称之为 SCI 或 SSCI 期刊，这就代表该学术期刊进入了国际重要期刊的行列。JCR 因之计算这些期刊发表的论文以及其被其他期刊（也是 SCI 或 SSCI 收录期刊）引用的情况，从而将这些国际重要期刊的影响力再次进行排序，包括整体的排序和分学科方向的排序。这种统计排序每年进行一次（统计的是去年的结果），相应的 JCR 每年也发表一次报告（通常是 6 月 20 日左右）。通过 JCR，可以了解到不同期刊在某个学科领域的影响力、这种影响力的发展变化，从而来确定自己要跟踪阅读的学术期刊、投稿的方向、发现新的与自己研究领域相关的期刊、了解某个期刊出版的信息等。在 Web of Knowledge 系统中点击"选择一个数据库"，然后点击"Journal Citation Reports"即可进入 JCR 主界面，见图 5-49。

首先来了解一个期刊的 SCI 影响因子是如何计算的，如图 5-50 所示。假设现在是 2010 年，则获得的最新版本是 2009 年的 SCI 影响因子。2009 年的影响因子的计算方法是将该期刊在 2007 年和 2008 年发表的所有论文在 2009 年被所有 SCI 收录期刊引用的次数，除以该期刊在 2007 年和 2008 年发表的所有论文数。具体到本例来说，该期刊 2007 和 2008 年总共发表了 292 篇论文，其后在 2009 年被引用了 736 次，则计算结果为 2.521，这个数字就是该期刊的影响因子 IF 的数值。因此，不太严格地说，期刊的影响因子，就是该期刊发表的每篇论文的平均被引率。因此，一个影响因子为 4.5 的期刊与另一个影响因子为 2.5 的期刊，显然在学术权威性及其发表论文的创新价值方面是存在明显区别的。就目前来说，影响因子超过 5.0 的学术期刊应该就是各个领域比较优秀的期刊。其中自然科学综合性期刊 Na-

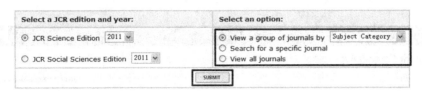

图 5-49　JCR 主界面

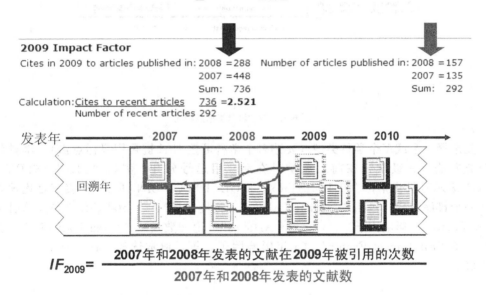

图 5-50　影响因子的计算式

ture 和 Science 的影响因子为 30 左右。而因为起步太晚、语言问题以及审稿严谨性和稿源等问题，以中文出版的学术期刊，大多数影响因子不超过 1.0，例如高等学校化学学报的影响因子为 0.6 左右。但是，在国际学术界，近年来中国人所发表的论文（国内较好的研究成果几乎都以英文发表），无论是数量还是质量，已然是一股异军突起的力量，甚至国际重要学术刊物的编委也能见到华人的身影。引用一位国际期刊出版商的话：中国人拿诺贝尔化学奖是迟早的事，或者就是下个十年。

5.4.2　期刊引用报告的检索方法

在 JCR 主界面（图 5-49）可以看到，要获得某个期刊的信息和影响因子，有三种方式："View all journals"（浏览所有期刊）、"Search for a specific journal"（检索某个期刊）和"View a group of journals by"（按分类浏览，分类包括"Subject Category""Publisher""Country/Territory"，即学科分类、出版商分类和国别分类）。由于期刊有近万种，因此其中的 View all journals 比较少使用。而"Search for a specific journal"则只有先确定某个期

刊的名称或缩写或ISSN号时使用，通过输入期刊名称进行检索，这种检索结果是唯一的，但如果输入错误则不能够有效获得结果。因此，比较重要和常用的功能是使用"View a group of journals by Subject Category"，点"SUBMIT"（提交）按钮后其界面如图5-51所示。

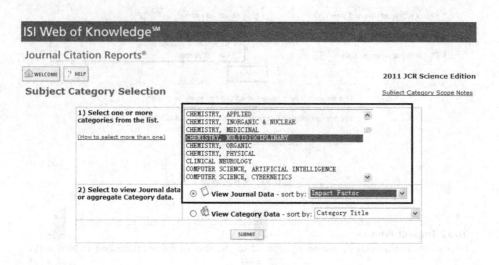

图 5-51　按学科分类检索期刊

首先选择一个或多个学科类型（要选多个学科可按 Ctrl 键再用鼠标点击），学科分类为二级分类方法，一级学科在前二级学科在后，用逗号分开，例如"CHEMISTRY, ORGANIC"表示有机化学，"CHEMISTRY, MULTIDISCIPLINARY"代表综合化学等。然后选择一个排序方式，包括"Journal Title"（按标题排序）、"Total Cites"（按总引用数）、"Impact Factor"（影响因子）、"Current Articles"（论文数量）、"Cited Half-Life"（引用半衰期）、"5-Year Impact Factor"（5年影响因子）等，通常选择"Impact Factor"，结果见图5-52。

Mark	Rank	Abbreviated Journal Title	ISSN	Total Cites	Impact Factor	5-Year Impact Factor	Immediacy Index	Articles	Cited Half-life	Eigenfactor Score	Article Influence Score
□	1	CHEM REV	0009-2665	103702	40.197	42.054	7.158	196	7.9	0.21470	13.333
□	2	CHEM SOC REV	0306-0012	35918	28.760	28.098	5.471	314	3.2	0.13678	8.089
□	3	ACCOUNTS CHEM RES	0001-4842	39664	21.640	22.507	3.460	126	7.0	0.10120	7.299
□	4	NAT CHEM	1755-4330	5260	20.524	20.533	5.308	120	1.8	0.03284	7.957
□	5	NANO TODAY	1748-0132	2170	15.355	16.078	2.324	37	2.8	0.01213	5.167
□	6	ADV MATER	0935-9648	79860	13.877	12.813	2.155	789	5.0	0.26241	4.071
□	7	ANGEW CHEM INT EDIT	1433-7851	209862	13.455	13.195	2.898	2002	5.4	0.51421	3.378
□	8	NANO LETT	1530-6984	75287	13.198	13.843	2.082	955	4.2	0.34591	5.070
□	9	ACS NANO	1936-0851	22409	11.421	11.708	1.631	1141	3.0	0.12083	3.767
□	10	ADV FUNCT MATER	1616-301X	28503	10.179	9.920	1.514	533	4.0	0.11269	2.945
□	11	J AM CHEM SOC	0002-7863	408307	9.907	9.766	1.865	3176	7.5	0.81730	2.799
□	12	ENERG ENVIRON SCI	1754-5692	5087	9.610	10.813	2.049	548	1.9	0.01802	2.700
□	13	SMALL	1613-6810	15181	8.349	8.262	1.221	430	3.2	0.07237	2.513
□	14	CHEM SCI	2041-6520	1697	7.525	7.545	2.848	328	0.9	0.00452	2.492
□	15	CHEMSUSCHEM	1864-5631	3040	6.827	7.171	1.114	201	2.4	0.01339	1.867
□	16	TOP CURR CHEM	0340-1022	4942	6.568	5.842	5.500	14	7.2	0.00783	1.730

图 5-52　按影响因子排序结果

从图 5-52 可见，综合类化学影响因子最高的是 "CHEM REV"，影响因子超过 40，其他重要的期刊还包括 "CHEM SOC REV" "ACCOUNTS CHEM RES" "NAT CHEM" "NANO TODAY" "ADV MATER" "ANGEW CHEM INT EDIT" "NANO LETT" "ACS NANO" "ADV FUNCT MATER" "J AM CHEM SOC" 等，影响因子均超过 10。一般认为 "J AM CHEM SOC"（《美国化学会志》）、"ANGEW CHEM INT EDIT"（《德国应用化学》）、"ADV MATER"（《先进材料》）为化学领域最权威的期刊。不过近年来 "NAT CHEM"（《自然·化学》）"NANO LETT"（《纳米快报》）等新期刊也发展迅猛。至于 "CHEM REV" "CHEM SOC REV" "ACCOUNTS CHEM RES" 等期刊因是综述期刊（非研究性论文），每篇论文通常长达数十页，影响因子算式的分母较小，因此影响因子更高。实际上，SCI 影响因子受到某期刊每年发表的数量（数量太多平均引用率不能保证）和学科（不同学科引用率不同）的极大影响，因此不同学科、不同类型的期刊没有可比性。

点击检索到的期刊标题，以 "J AM CHEM SOC" 为例，即可以访问该期刊的详细报告，如图 5-53 所示。具体的内容包括期刊的出版信息、影响因子及其计算式、影响因子的发展趋势（点击图 5-53 的 "IMPACT FACTOR TREND" 按钮，结果见图 5-54）、期刊在各个分类学科的地位等信息。

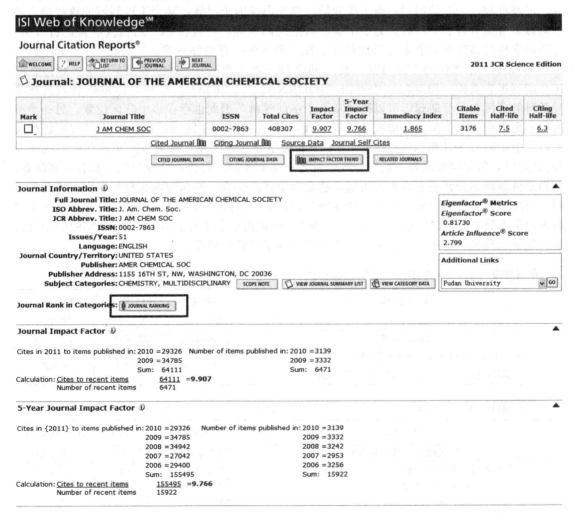

图 5-53　"J AM CHEM SOC" 记录页

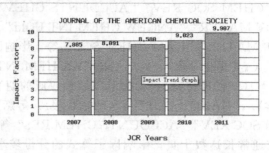

图 5-54 "J AM CHEM SOC" 影响因子近几年的发展变化

5.5 中科院 SCI 杂志分区

SCI 影响因子提供了一个相对客观的指标来评价各种学术期刊的影响力，但也存在一定的问题，尤其是不同学科之间，很难进行比较和评价。例如，生物医学的期刊影响因子很高，已经有超过 100 的期刊；而工程领域的期刊影响因子很低，某个工程领域的顶级杂志的影响因子可能只有 2.0 左右。为了平衡学科之间的差异，可以将 SCI 期刊按学科进行分类，将不同学科的高影响力杂志的层次拉平。SCI 期刊分区有两种标准，一种是"Journal Citation Reports"中提供的分区方法，按不同学科分成 4 个区：1 区期刊最好，4 区最差。在 JCR 期刊报告页面（图 5-53）中点击"JOURNAL RANKING"按钮，即可以看到其在不同学科的分区，一个期刊，可以同时从属于不同学科，因此也存在多个分区位置。另一个分区版本是由中国科学院文献情报中心按年度和学科根据 SCI 期刊的影响因子（数据仍然是来自于 JCR）对 SCI 期刊进行 1～4 区 4 个等级划分的分区表，称为《JCR 期刊影响因子及分区情况》，每年年底发布，期刊分区位置每年略有不同。目前，两种分区表都各有其缺点，特别是科学院的分区表主观性较明显，经常为学者所诟病。然而国内高校和研究机构普遍采用中科院分区表来对科研人员的工作业绩进行评估，其原因可能是国家科研管理部门为了对国内的学术研究方向进行引导。表 5-1～表 5-4 分别列举了中科院分区表 2012 年版中综合科学、化学、环境和工程技术类 1 区期刊（即这些学科的权威期刊）。

表 5-1 2012 年中科院 SCI 分区表综合性 1 区期刊

刊名全称	ISSN	2011 年 IF	3 年平均 IF
NATURE	0028-0836	36.28	35.621
SCIENCE	0036-8075	31.201	30.775
PROCEEDINGS OF THE NATIONAL ACADEMY OF SCIENCES OF THE UNITED STATES OF AME	0027-8424	9.681	9.628

表 5-2 2012 年中科院 SCI 分区表化学类 1 区期刊

刊名全称	ISSN	2011 年 IF	3 年平均 IF
CHEMICAL REVIEWS	0009-2665	40.197	36.397
ACTA CRYSTALLOGRAPHICA SECTION A	0108-7673	2.076	35.445
CHEMICAL SOCIETY REVIEWS	0306-0012	28.76	25.144
PROGRESS IN POLYMER SCIENCE	0079-6700	24.1	23.574
ACCOUNTS OF CHEMICAL RESEARCH	0001-4842	21.64	20.565
NATURE CHEMISTRY	1755-4330	20.524	19.226

续表

刊名全称	ISSN	2011 年 IF	3 年平均 IF
ALDRICHIMICA ACTA	0002-5100	16.091	15.522
ANNUAL REVIEW OF PHYSICAL CHEMISTRY	0066-426X	14.13	14.613
SURFACE SCIENCE REPORTS	0167-5729	11.696	14.584
ANGEWANDTE CHEMIE-INTERNATIONAL EDITION	1433-7851	13.455	12.671
COORDINATION CHEMISTRY REVIEWS	0010-8545	12.11	11.118
ANNUAL REVIEW OF ANALYTICAL CHEMISTRY	1936-1327	9.048	9.726
JOURNAL OF PHOTOCHEMISTRY AND PHOTOBIOLOGY C-PHOTOCHEMISTRY REVIEWS	1389-5567	10.36	9.707
NATURAL PRODUCT REPORTS	0265-0568	9.79	9.291
ENERGY & ENVIRONMENTAL SCIENCE	1754-5692	9.61	9.199
JOURNAL OF THE AMERICAN CHEMICAL SOCIETY	0002-7863	9.907	9.17
ADVANCES IN ORGANOMETALLIC CHEMISTRY	0065-3055	7	7.949

表 5-3 2012 年中科院 SCI 分区表环境类 1 区期刊

刊名全称	ISSN	2011 年 IF	3 年平均 IF
ECOLOGY LETTERS	1461-023X	17.557	14.376
FRONTIERS IN ECOLOGY AND THE ENVIRONMENT	1540-9295	9.113	8.285
ISME JOURNAL	1751-7362	7.375	6.642
ENVIRONMENTAL HEALTH PERSPECTIVES	0091-6765	7.036	6.438
GLOBAL CHANGE BIOLOGY	1354-1013	6.862	6.256
ECOLOGICAL MONOGRAPHS	0012-9615	7.433	6.078
GLOBAL ECOLOGY AND BIOGEOGRAPHY	1466-822X	5.145	5.444
ENVIRONMENTAL MICROBIOLOGY	1462-2912	5.843	5.43
EVOLUTION	0014-3820	5.146	5.411
CRITICAL REVIEWS IN ENVIRONMENTAL SCIENCE AND TECHNOLOGY	1064-3389	4.841	5.311
APPLIED CATALYSIS B-ENVIRONMENTAL	0926-3373	5.625	5.209
METHODS IN ECOLOGY AND EVOLUTION	2041-210X	5.093	5.093
GLOBAL ENVIRONMENTAL CHANGE-HUMAN AND POLICY DIMENSIONS	0959-3780	6.868	5.042
JOURNAL OF ECOLOGY	0022-0477	5.044	4.998
ENVIRONMENT INTERNATIONAL	0160-4120	5.297	4.925
ENVIRONMENTAL SCIENCE & TECHNOLOGY	0013-936X	5.228	4.895

表 5-4 2012 年中科院 SCI 分区表工程技术类 1 区期刊

刊名全称	ISSN	2011 年 IF	3 年平均 IF
NATURE MATERIALS	1476-1122	32.841	30.755
NATURE NANOTECHNOLOGY	1748-3387	27.27	27.968
NATURE BIOTECHNOLOGY	1087-0156	23.268	27.951
ENERGY EDUCATION SCIENCE AND TECHNOLOGY	1301-8361	31.677	20.505
PROGRESS IN MATERIALS SCIENCE	0079-6425	18.216	16.881
MATERIALS SCIENCE & ENGINEERING R-REPORTS	0927-796X	14.951	15.639
NANO TODAY	1748-0132	15.355	13.447
PROGRESS IN ENERGY AND COMBUSTION SCIENCE	0360-1285	14.22	11.869

续表

刊名全称	ISSN	2011 年 IF	3 年平均 IF
NANO LETTERS	1530-6984	13.198	11.803
ANNUAL REVIEW OF BIOMEDICAL ENGINEERING	1523-9829	12.214	11.483
ADVANCED MATERIALS	0935-9648	13.877	11.045
ANNUAL REVIEW OF MATERIALS RESEARCH	1531-7331	13.073	10.439
ACS NANO	1936-0851	11.421	9.593
PROGRESS IN SURFACE SCIENCE	0079-6816	8.636	8.972
TRENDS IN BIOTECHNOLOGY	0167-7799	9.148	8.567
ADVANCED FUNCTIONAL MATERIALS	1616-301X	10.179	8.559
BIOTECHNOLOGY ADVANCES	0734-9750	9.646	8.499
CURRENT OPINION IN BIOTECHNOLOGY	0958-1669	7.711	8.006
MATERIALS TODAY	1369-7021	5.565	7.761
BIOMATERIALS	0142-9612	7.404	7.551
ANNUAL REVIEW OF CHEMICAL AND BIOMOLECULAR ENGINEERING	1947-5438	7.294	7.294
SMALL	1613-6810	8.349	7.285
PROGRESS IN CRYSTAL GROWTH AND CHARACTERIZATION OF MATERIALS	0960-8974	5.75	7.25
ACM COMPUTING SURVEYS	0360-0300	4.529	6.732
POLYMER REVIEWS	1558-3724	6.281	6.639
CHEMISTRY OF MATERIALS	0897-4756	7.286	6.351
LAB ON A CHIP	1473-0197	5.67	6.079
INTERNATIONAL MATERIALS REVIEWS	0950-6608	6.962	5.871
NANOMEDICINE-NANOTECHNOLOGY BIOLOGY AND MEDICINE	1549-9634	6.692	5.671
PROGRESS IN PHOTOVOLTAICS	1062-7995	5.789	5.633
PROCEEDINGS OF THE IEEE	0018-9219	6.81	5.613
JOURNAL OF CATALYSIS	0021-9517	6.002	5.568
NPG ASIA MATERIALS	1884-4049	5.533	5.533
BIOSENSORS & BIOELECTRONICS	0956-5663	5.602	5.464
PROGRESS IN QUANTUM ELECTRONICS	0079-6727	7	5.447
MRS BULLETIN	0883-7694	4.95	5.348
JOURNAL OF MATERIALS CHEMISTRY	0959-9428	5.968	5.288
METABOLIC ENGINEERING	1096-7176	5.614	5.284
RENEWABLE & SUSTAINABLE ENERGY REVIEWS	1364-0321	6.018	5.152
CRITICAL REVIEWS IN BIOTECHNOLOGY	0738-8551	6.472	5.107
NANOSCALE	2040-3364	5.914	5.012
IEEE COMMUNICATIONS SURVEYS AND TUTORIALS	1553-877X	6.311	5.002
IEEE SIGNAL PROCESSING MAGAZINE	1053-5888	4.066	4.993
CARBON	0008-6223	5.378	4.926
IEEE TRANSACTIONS ON PATTERN ANALYSIS AND MACHINE INTELLIGENCE	0162-8828	4.908	4.865
MACROMOLECULES	0024-9297	5.167	4.848
INTERNATIONAL JOURNAL OF PLASTICITY	0749-6419	4.603	4.825
BIOTECHNOLOGY FOR BIOFUELS	1754-6834	6.088	4.784

续表

刊名全称	ISSN	2011 年 IF	3 年平均 IF
MIS QUARTERLY	0276-7783	4.447	4.658
SIAM JOURNAL ON IMAGING SCIENCES	1936-4954	4.656	4.578
SOFT MATTER	1744-683X	4.39	4.572
ACTA BIOMATERIALIA	1742-7061	4.865	4.555
BIORESOURCE TECHNOLOGY	0960-8524	4.98	4.533
ADVANCES IN APPLIED MECHANICS	0065-2156	5	4.5
ELECTROCHEMISTRY COMMUNICATIONS	1388-2481	4.859	4.463
MOLECULAR NUTRITION & FOOD RESEARCH	1613-4125	4.301	4.457
IEEE TRANSACTIONS ON INDUSTRIAL ELECTRONICS	0278-0046	5.16	4.44
MACROMOLECULAR RAPID COMMUNICATIONS	1022-1336	4.596	4.41
SOLAR ENERGY MATERIALS AND SOLAR CELLS	0927-0248	4.542	4.382
JOURNAL OF POWER SOURCES	0378-7753	4.951	4.344
CRITICAL REVIEWS IN FOOD SCIENCE AND NUTRITION	1040-8398	4.789	4.341
CURRENT OPINION IN SOLID STATE & MATERIALS SCIENCE	1359-0286	4.233	4.206
INTERNATIONAL JOURNAL OF COMPUTER VISION	0920-5691	3.741	4.133
IEEE TRANSACTIONS ON EVOLUTIONARY COMPUTATION	1089-778X	3.341	4.111
INTERNATIONAL JOURNAL OF HYDROGEN ENERGY	0360-3199	4.054	4.019
JOURNAL OF HAZARDOUS MATERIALS	0304-3894	4.173	4.013
MEDICAL IMAGE ANALYSIS	1361-8415	4.424	3.96
HUMAN-COMPUTER INTERACTION	0737-0024	1.476	3.889
MICROBIAL CELL FACTORIES	1475-2859	3.552	3.843
INTERNATIONAL JOURNAL OF NEURAL SYSTEMS	0129-0657	4.284	3.836
TRENDS IN FOOD SCIENCE & TECHNOLOGY	0924-2244	3.672	3.811
IEEE JOURNAL ON SELECTED AREAS IN COMMUNICATIONS	0733-8716	3.413	3.801
ORGANIC ELECTRONICS	1566-1199	4.047	3.779
ACTA MATERIALIA	1359-6454	3.755	3.769
APPLIED ENERGY	0306-2619	5.106	3.743
ACS APPLIED MATERIALS & INTERFACES	1944-8244	4.525	3.725
BIOTECHNOLOGY AND BIOENGINEERING	0006-3592	3.946	3.674
IEEE TRANSACTIONS ON POWER ELECTRONICS	0885-8993	4.65	3.606
BIOMASS & BIOENERGY	0961-9534	3.646	3.604
ELECTROCHIMICA ACTA	0013-4686	3.832	3.602
ANNUAL REVIEW OF FOOD SCIENCE AND TECHNOLOGY	1941-1413	3.6	3.6
NANOTECHNOLOGY	0957-4484	3.979	3.589
ACM TRANSACTIONS ON GRAPHICS	0730-0301	3.489	3.58
JOURNAL OF MEMBRANE SCIENCE	0376-7388	3.85	3.575
SENSORS AND ACTUATORS B-CHEMICAL	0925-4005	3.898	3.45

  实际上，无论是 SCI 影响因子，还是分区，无非都是对不同学术期刊权威性的一种相对的参考指标。科学研究者对其自身研究领域的几种权威学术期刊还是很清楚的。做科学研究的人，都是期望能够有机会在本学科的高影响力期刊上发表论文，提高自身学术影响力、同行认同度和扩展学术交流圈，本是不需要搞得这么复杂的。因此，影响因子也好，分区也好，其实是一个科研管理的问题，与学术无关。

第6章 英文全文数据库：海阔天高

Chapter 6

本章核心内容概览

- 科学之巅
  - "Nature"系列期刊
  - Science Online
- 学会出版物
  - 美国化学会 ACS
  - 英国皇家化学会 RSC
  - 美国电化学会 ECS
  - 英国物理学会 IOP
- 商业出版商
  - ScienceDirect (Elsevier)
  - Wiley Online Library
  - Springer LINK
  - EBSCO (ASP)

6.1 科学之巅

6.1.1 "Nature"系列期刊

英国《自然》杂志("Nature")是世界自然科学界最权威及最有名望的学术刊物,是国际性、跨学科的周刊类科学杂志,首版于1869年11月4日,是世界上最早的科学期刊之一,创建者和第一位主编是约瑟夫·诺尔曼·洛克耶爵士(天文学家和氦的发现者),"Nature" 2011年的SCI影响因子为36.235。

图 6-1 《自然》系列期刊网站首页

"Nature"的主要读者是从事研究工作的科学家,但期刊开始部分的社论、新闻及专题文章报道,包括最新消息、研究热点、科学事件、评论、通信等,通常使用通俗的语言加以概括,以使得一般公众也能理解自然科学的研究进展或新发现;期刊的其余部分主要是研究论文,包括全文和快报;期刊也介绍与科学研究有关的书籍和艺术。在"Nature"上发表文章是一件非常光荣的也是非常困难的事,因"Nature"上的文章经常被引用,这有助于晋升、获得资助、拓展学术圈甚至获得主流媒体的关注,历史上绝大多数诺贝尔获得者(指化学、物理学、生理学/医学)都在"Nature"上发表过论文。

"Nature"杂志的出版商为自然出版集团(NPG, http://www.nature.com/,图 6-1)。除了"Nature"杂志外,NPG 还出版其他专业期刊,数量达数十种之多。这些杂志中以"Nature"开头的系列杂志比较具权威性,例如"Nature Chemistry"(《自然化学》,影响因子 20.524)、"Nature Materials"(《自然材料》,影响因子 32.841)、"Nature Nanotechnology"(《自然纳米科技》,影响因子 27.270)、"Nature Chemical Biology"(《自然化学生物学》)、"Nature Communications"(《自然通信》)、"Nature Genetics"(《自然遗传学》,影响因子 35.532)、"Nature Biotechnology"(《自然生物技术》)、"Nature Physics"(《自然物

理》)、"Nature Cell Biology"(《自然细胞生物学》)、"Nature Immunology"(《自然免疫学》)、"Nature Medicine"(《自然医学》)、"Nature Neuroscience"(《自然神经科学》)、"Nature Reviews Cancer"(《自然评论：癌症》)、"Nature Reviews Drug Discovery"(《自然评论：药物发现》)、"Nature Reviews Genetics"(《自然评论：遗传学》)、"Nature Reviews Immunology"(《自然评论：免疫学》)、"Nature Reviews Microbiology"(《自然评论：微生物学》)、"Nature Reviews Molecular Cell Biology"(《自然评论：分子细胞生物学》)、"Nature Reviews Neuroscience"(《自然评论：神经科学》)、"Nature Structural & Molecular Biology"(《自然结构与生物学》)、"Nature Methods"(《自然方法》)、"Nature Photonics"(《自然光电学》，影响因子 30.773) 等。

要浏览 NPG 出版的期刊的各期文章，可以点击网站主页(图 6-1)左上角的"Publications A-Z index"或"Browse by subject"，通过期刊名称列表(图 6-2)或者按学科分类(图 6-3)，选中一个期刊，然后进入具体期刊主页。

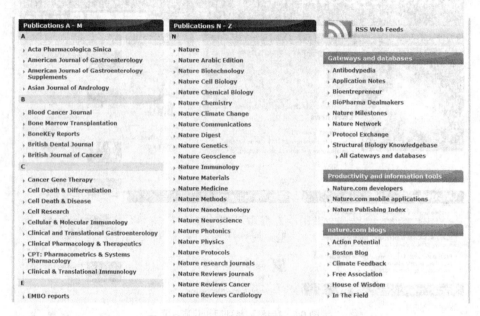

图 6-2　NPG 出版的期刊 (期刊名称列表)

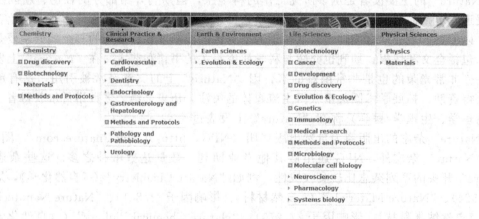

图 6-3　NPG 出版的期刊 (学科分类)

以"Nature"杂志为例，点击后出现图 6-4 所示的杂志主页界面。如果希望看到最新一

图 6-4 "Nature"杂志主页

期（当期）的内容，直接点击"Current issue"或其下的"Table of contents"；如果希望浏览其过刊（以前各期），可以点击"Archive"进入后选择其中一期进行浏览；如果希望投稿，则点击"Submit manuscript"。点击"Current issue"后的结果如图 6-5 所示，是一份图文并茂的杂志目录。

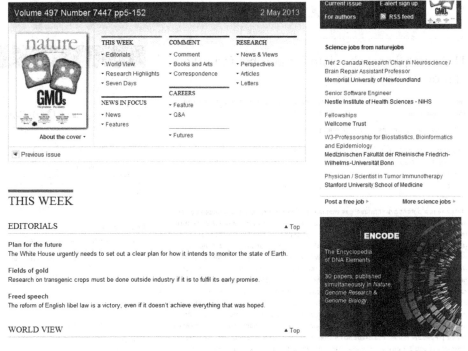

图 6-5 当期"Nature"杂志目录

点击目录页中的各文章标题即可浏览其内容。其中杂志前部分的科学新闻、热点等内容是免费的；研究论文全文一般需要收费（国内多数高校已经订购）。图 6-6 显示了当期的一则新闻，对日益增加的二氧化碳排放问题表达了忧虑；图 6-7 显示了当期的一篇论文全文的网页版本（如果没有订购则只能看到摘要），研究了细菌在有氧条件下产生甲烷的催化机理，点击"PDF"按钮可打开 PDF 版本全文（图 6-8）。

图 6-6　当期"Nature"杂志中的新闻

图 6-7　当期"Nature"杂志中的论文的网页版本

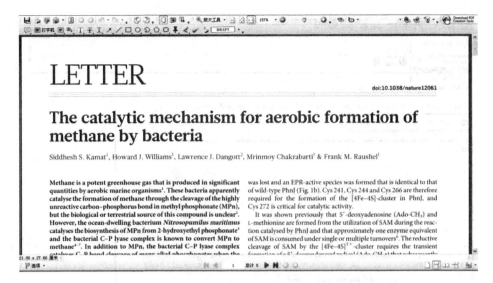

图 6-8 当期 "Nature" 杂志中的论文的 PDF 版本

"Nature" 系统的检索功能比较简单，直接在搜索框（图 6-1）中输入检索关键词，例如 "graphene"，点击 "Go" 或 "Search" 按钮，检索结果如图 6-9 所示。在主页进行搜索的检索范围是 "Nature" 网站所有内容，而正在浏览某个期刊时进行检索，则会自动限定在该期刊内容中进行。检索后可以选择排序方式，包括相关度、按日期、按标题、按期刊或按文章类型来排名。也可以设置显示方式，例如每页 25、50 或 100 个结果。检索结果的左边有一个精炼（过滤）功能，可以限制期刊名称、文章类别或出版时间。

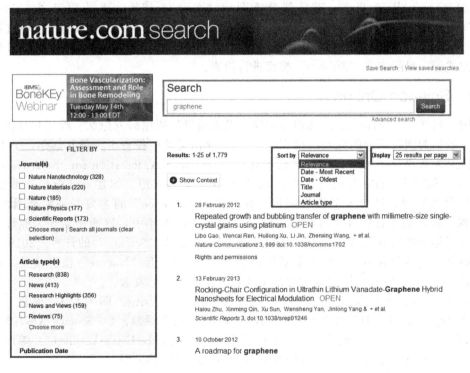

图 6-9 "Nature" 网站的普通搜索结果

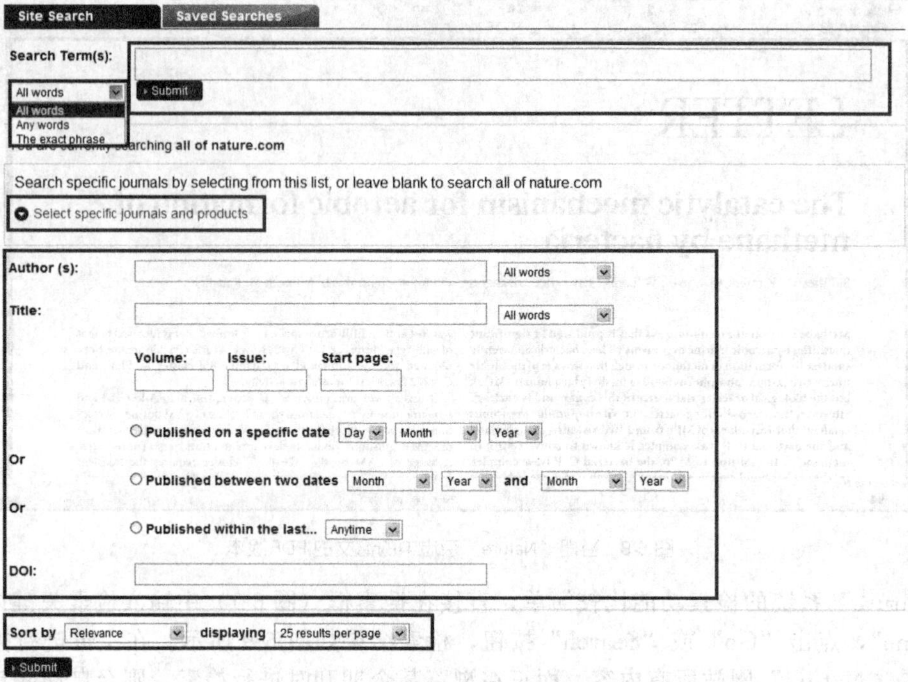

图 6-10 "Nature" 网站的高级搜索界面

除了普通检索，"Nature" 系统还提供高级检索功能，方法是点击普通检索框右下角的 "Advanced search"，结果如图 6-10 所示。通过输入主题检索词，并确定检索词是全部词必须同时满足（"All words"）还是部分满足（"Any words"）还是词组（"The exact phrase"）；点开 "Select specific journals and products" 选择一个或多个期刊（不选则代表全部）；还可以限定作者、标题、出版信息（出版日期、卷、期、DOI 号），设定排序方式和显示方式等，最后点击 "Submit" 按钮进行检索。

6.1.2 Science Online

美国《科学》（"Science"）周刊是世界上发表最好的原始研究论文、综述和分析当前研究和科学政策的同行评议的期刊。该刊物于 1880 年由爱迪生投资 1 万美元创办，于 1894 年成为美国最大的科学团体 "美国科学促进会"（American Association for the Advancement of Science，AAAS）的官方刊物。"Science" 的科学新闻报道、综述、分析、书评等内容，是权威的科普资料，适合一般读者阅读。在全球，"Science" 的主要对手为英国的 "Nature"，两者都是当今自然科学的权威期刊。21 世纪的前 4 年中，这两个期刊为能够率先发表人类基因排列的图谱而激烈竞争。诺贝尔奖获得者也是 "Science" 的常客。2010 年物理奖（石墨烯）获得者的第一篇论文原来投稿给 "Nature"，但 "Nature" 没有接受，最终在 "Science" 上发表。随后，第二篇相关论文才在 "Nature" 上发表。

Science Online（科学在线，http://www.sciencemag.org，图 6-11），提供了 "Science" 周刊电子版、《今日科学》（"Science Now"）、《科学后浪》（"Science Next Wave"）、《科学职业》（"Science Careers"）、《科学电子市场》（"Science E-marketplace"）等内容，其中 "Science" 周刊电子版是最主要组成部分，每周五与其印刷版同步发行。

与 NPG 集团凭借 "Nature" 的影响力出版了一系列期刊的做法不同，Science Online 最主要就是出版 "Science" 这本期刊。点击主页上的 "SCIENCE JOURNALS" 进入期刊主

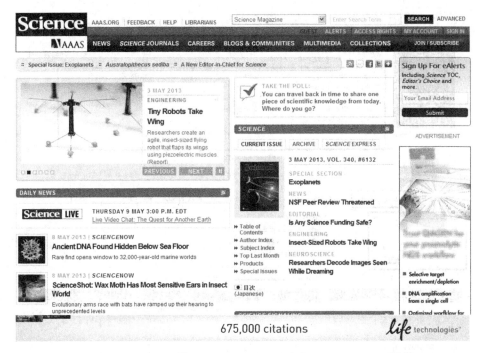

图 6-11 Science Online 主页

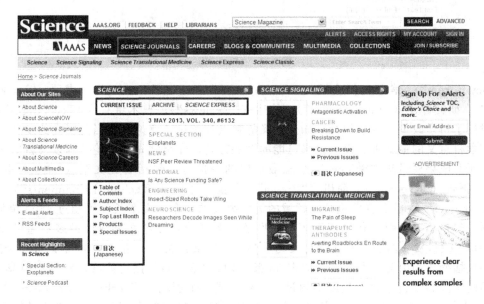

图 6-12 "Science" 主页

页,如图 6-12 所示。选择 "CURRENT ISSUE" 可查看当期的内容,选择 "ARCHIVE" 可查看过刊,选择 "SCIENCE EXPRESS" 则可查看即将发表的论文。

点击 "CURRENT ISSUE" 的 "Table of Contents" 打开当期目录,如图 6-13 所示。"Science" 主要有三大栏目:科学新闻("Science News")、科学指南("Science's Compass")和研究成果("Research")。科学新闻栏目有本周新闻("News of the week")和新闻聚焦("News focus"),本周新闻主要报道科学政策和科技新闻,新闻聚焦则进行更深入的专题报道。科学指南栏目有社论("Editorial")、读者来信("Letters")、政策论坛

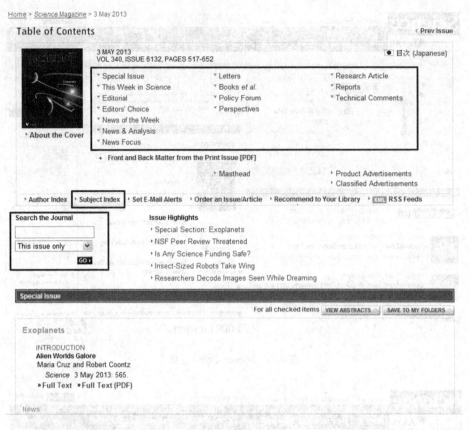

图 6-13 当期目录页

("Policy Forum")、科学与社会短文 ("Essays on Science and Society")、书评 ("Books Reviews")、研究评述 ("Perspectives")、综述 ("Reviews")、技术特写 ("Tech. Sight") 等，分别讨论了科学政策、科学与社会如何交叉的观点和意见，评论分析当前研究的发展，谈论具有跨学科意义的最新进展以及未来可能的发展方向，介绍领先的实验技术以及新出版的软件等。研究成果栏目是"Science"杂志最重要的一部分，包括研究文章 ("Research Articles")、报告 ("Reports")、简讯 ("Brevia") 和技术评论 ("Technical Comments")。"Research Articles"栏目发表反映某一领域的重大突破的文章，文章长度不超过 4500 单词或 5 个版面，包括摘要、引言和加有简短小标题的内容部分，参考文献建议最多不超过 40 条。"Reports"栏目发表新的、有广泛意义的重要研究成果，长度不超过 2500 单词或 3 个版面，报告要包括摘要和引言，参考文献应在 30 条以内。"Brevia"报道能够广泛吸引科学家的、学科间的实验和分析结果，长度不超过 800 单词或 1 个版面。"Technical Comments"讨论"Science"周刊过去 6 个月内发表的论文，长度不超过 500 单词，原文章作者将被给予答复评论的机会，评论和答复都要得到评议和必要的编辑，讨论的提要刊登在印刷版，全文刊登在电子版。

在 Science Online 中进行检索也非常简单，直接在"Search the Journal"（图 6-13）下面的输入框中输入内容，再选择是检索本期还是过期，本例继续以"graphene"为检索词，范围选择所有内容，点击"Go"按钮即可进行全文检索，结果如图 6-14 所示。检索结果可按相关度或日期排序，也可改变每页显示文章数量，点击"Full Text"显示论文全文（网页版），点击"Full Text（PDF）"显示 PDF 版全文，如图 6-15 所示。

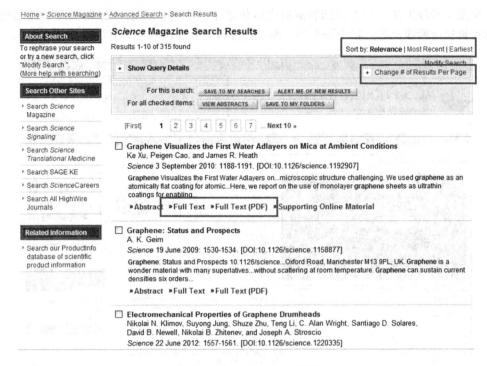

图 6-14 Science Online 搜索结果

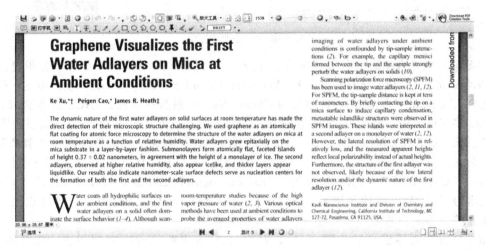

图 6-15 Science 论文全文

6.2 学会出版物

与商业学术出版机构相比，专业学会出版的期刊，一般被认为更具有权威性和代表性，而在学会期刊发表论文的作者，更容易获得业内同行的认同。

6.2.1 美国化学会

美国化学会（American Chemical Society，ACS）成立于 1876 年，是化学领域的专业组织，也是世界上最大的科技学会，其会员数超过 163 000 人。ACS 的总部设在华盛顿，下属的出版机构（ACS Publications，http://pubs.acs.org/，图 6-16）总部设在哥伦比亚，主要负责编辑加工、出版发行等工作。ACS 的期刊编辑出版体系十分完善,其倡导的编辑出版道德规范和写作与编辑指南所涉及的内容十分全面、细致,在科学界和出版界具有广泛影响。

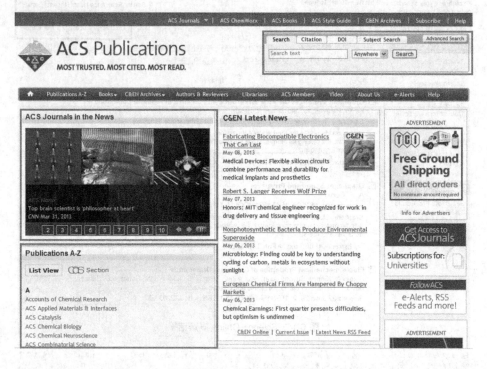

图 6-16 ACS 出版物主页

ACS 独立或联合出版的各类刊物有近 50 种,不同期刊的定位、分工等十分明确。其中《美国化学会志》("The Journal of the American Chemical Society",缩写为 JACS)和《化学评论》("Chemical Reviews",缩写为 Chem. Rev.)最具代表性。JACS 创办于 1879 年,已有 130 多年的历史,是 ACS 的旗舰期刊;Chem. Rev. 问世于 1924 年,目前影响因子为 40.197。除 JACS 和 Chem. Rev. 外,ACS 的其他与化学有关的二级学科期刊在学术界也均是权威杂志,例如"Nano Letters"(《纳米快报》)、"Organic Letters"(《有机化学快报》)、"Analytical Chemistry"(《分析化学》)、"Environmental Science & Technology"(《环境科学与技术》)等。ACS 的期刊档案("ACS Journal Archives")可提供自 1879 年以来(追溯到其主办的全部期刊的创刊号)超过 75 万篇论文全文。

ACS 网站主页界面简洁(图 6-16),左边为 ACS 出版的所有期刊列表,按名称排列,列表上边为最新发表的热点文章的图片滚动报道,右边为化学和工程新闻("C&EN Latest News"),右上角为搜索功能区。

点击列表中的期刊名称,即可进入具体期刊的网站,各期刊主页的界面和功能基本一致。以 JACS 为例(点击"Journal of the American Chemical Society"),结果如图 6-17 所示。左上角为期刊名称,右上角为搜索功能区。与 ACS 主页不同的地方是缺省搜索范围为 JACS,即在本期刊内检索,如果选中"All Publications"则功能与主页搜索完全相同。期刊名称下面为工具栏,这个工具栏在浏览过程中一直可见,包括返回主页[小房子(HOME)图标]、浏览期刊(所有各期,也可通过右侧栏"Browse By Issue"实现)、ASAP 文章、当期刊物("Current Issue")、投稿、订阅和关于(本期刊信息如编委会和杂志选题范围和定位等)。工具栏下方为图片流动区,推荐本期刊最新发表的一些亮点。图片滚动区下方为内容区包括"Just Accepted""Articles ASAP""Current Issue"和"Most Read"四个栏目。

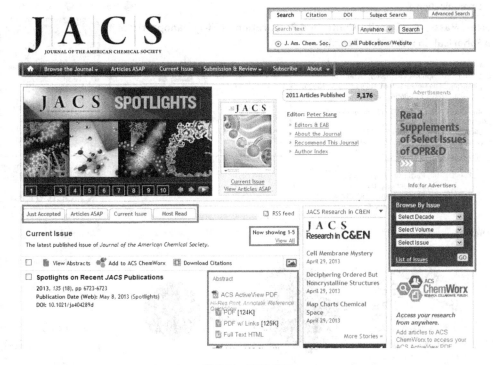

图 6-17　JACS 主页

一般来说，所谓阅读期刊，就是阅读"Current Issue"（现刊），但是由于网络出版和各出版商相互竞争的原因（自然科学研究的时效性确实非常重要），一些文章已经接受但还在排期出版的论文也会发表出来，称之为 ASAP 文章（"As Soon As Publishable"），这类文章除了没有排期和页码，基本上与正式论文是相同的。而为了抢占学术高地，刚刚接受（"Just Accepted"）的论文也立即在网络上发布，这类文章还有待最终定稿。在界面上，为加快网页显示速度，所有栏目只显示前 5 篇论文，如果要显示所有论文，则需要点击"View All"。点击某篇论文的标题，进入该论文的内容网页（图 6-18）。

论文页面提供了论文的标题、作者、摘要等基本信息，如果要获取全文，则可以点击全文链接。全文链接有四种选择：①全新的"ACS ActiveView PDF"格式，提供了 PDF 格式的全文，并且可以实现在线标注并保存在网络上；②"PDF"格式的版本提供了较高质量的图形显示；③"PDF w/ Links"版本的图形质量没有"PDF"格式高，但文件更小，且提供参考文献的跳转链接；④"Full Text HTML"为网页版本，优点是浏览速度较快，且提供参考文献的链接功能。一般来说，下载"PDF w/ Links"版本的用户较多，结果显示如图 6-19 所示。"Supporting Info"提供了论文的附件。目前科技论文的信息量越来越大，媒体形式也趋多样化，为了控制正文篇幅，并使其能够集中地讨论核心主题，大多数论文会将次要的内容和图形放于附件中，特别是快报（letter）和通信（communication）类论文，附件通常为 PDF 格式，有时候也会使用 Word 文档格式，个别时还会出现视频形式。

在 ACS 主页或任何一个期刊中选择"All Publications"，输入检索关键词，选择关键词的检索范围（如所有范围、期刊名称、论文标题、论文摘要等），点击"Search"按钮，即可获得搜索结果列表，如图 6-20 所示。左侧栏为搜索结果过滤，相当于精炼功能，可选限定包括"Content Type"（内容类型，如期刊论文、图书、新闻等）、"Section"（学科分类）、"Publication"（来源刊物）、"Manuscript Type"（论文类型，如研究论文、快报等）、"Author"（作者）、"Date Range"（时间范围）。排序方式包括相关度、出版日期、论文类型、

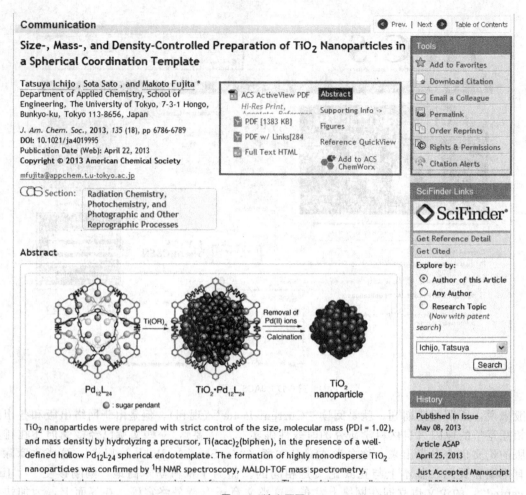

图 6-18 论文页面

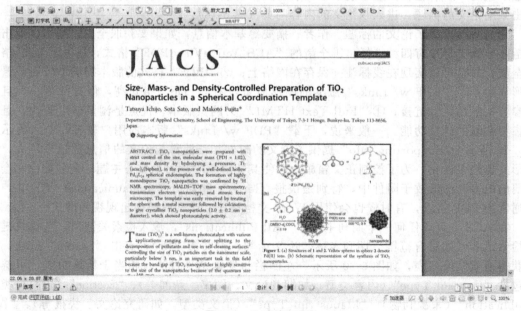

图 6-19 JACS 论文全文

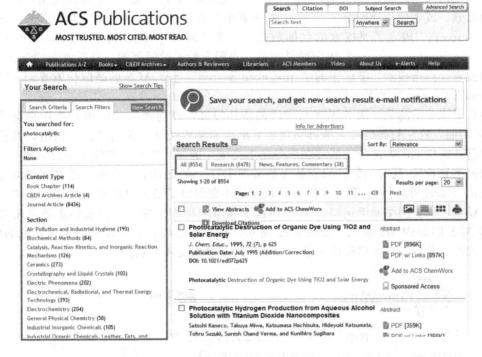

图 6-20　普通搜索结果

期刊名称和作者姓名。也可定制显示方式如每页显示数量等。

检索完成后，可以点击"Search Criteria"（搜索条件）来编辑和修改当前搜索，如图 6-21 所示。在内容、标题、作者、摘要、图形标题中输入一项或多项检索词，每个项目的检

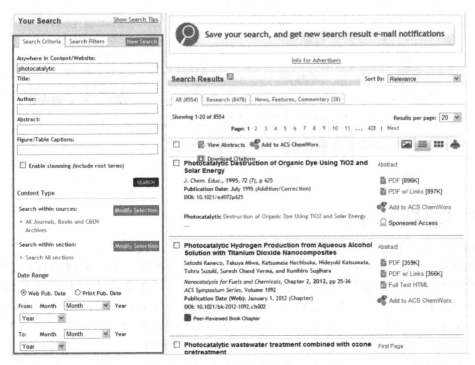

图 6-21　修改搜索选项

索词可以使用布尔逻辑包括 AND（或＋或 &）、OR 和 NOT（或－）；可以使用双引号限定为词组检索，或者使用通配符"*"（代表任意个字符）和"?"（代表一个字符）；"Search within sources:"限定了要搜索的目标杂志，点击"Modify Selection"展开，可单选或多选；"Search within section:"限定学科类型；再限定检索时间范围；最后点击"Search"进行新的搜索。点击搜索功能区中的"Advanced Search"进行 ACS 的高级检索界面，其项目与"Search Criteria"界面一致，只是开始了一个新的搜索。

最后要说一下的是，随着国际互联网的快速发展，目前网络的应用聚焦在移动平台和"云"端功能，这一趋势也极大地影响到学术出版和学术交流。所谓"云"网络，其实就是要将以前计算机上的大部分功能都在服务器上完成，例如，所有的文件存在服务器上（"云"存储或网络硬盘）、所有的软件只安装在服务器上（如在线 Office 功能，通过网络浏览器使用 Word、Excel 等软件），而原来的计算机功能主要保留了输入（键盘或触屏）和输出（显示器）设备，以及网络通讯接口。ACS 在这个领域跑得相当快，目前整体系统紧密集成了全新的 ACS ChemWorx 系统，如图 6-22 所示，在一个系统、一个账号里实现文献的保存、管理、批注、分析、科研想法的记录、日程管理、群组交流等功能。

图 6-22 ACS Chem Worx

6.2.2 英国皇家化学会

英国皇家化学学会（Royal Society of Chemistry，RSC）成立于 1841 年，是世界上历史最悠久的化学学术团体，也是欧洲最大的化学学术团体，世界上最有权威和影响的学会之一。学会由约 4.6 万名化学研究人员、教师、工业家组成，在全球范围内拥有 44000 名会员，也是化学信息的一个主要传播机构和出版商（http://pubs.rsc.org/，图 6-23）。学会一年组织几百个化学会议，出版近 40 种杂志，基本上都是化学领域的核心期刊，其中著名的有"Chemical Society Reviews"（《化学会评论》，影响因子 28.76）、"Chemical Communications"（《化学通讯》），其他较有影响的还包括"Journal of Materials Chemistry"（《材料化学》)、"Green Chemistry"(《绿色化学》)等。近几年，RSC 注重新学科和交叉学科，大力发展新杂志，其中比较重要的新杂志包括"Chemical Science"(《化学科学》，与美国化学会的 JACS 对应)、"Energy & Environmental Science"(《能源与环境科学》)和"Nanoscale"(《纳米尺度》)，以及最新的"Materials Horizons"(《材料地平线》)。除了出版期刊，RSC 还提供了四个化学专业数据库，包括"Analytical Abstracts"(《分析化学文摘》)、"Catalysts & Catalysed Reactions"(《催化剂与催化反应》)、"Methods in Organic Synthesis"(《有机合成方法》)和"Natural Product Updates"(《天然产物快报》)，都是化学二级学科的权威数据库。

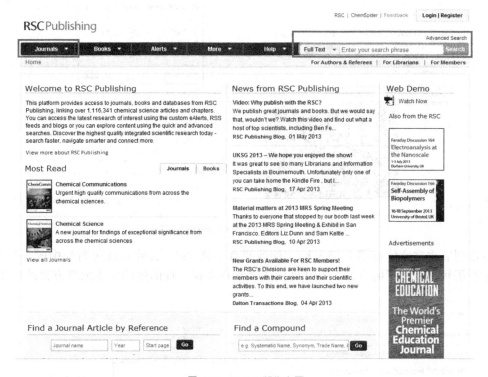

图 6-23　RSC 出版物主页

点击 RSC 主页（图 6-23）工具栏的"Journals"将显示 RSC 出版的所有期刊列表，点击其中一个期刊，即进入具体期刊的主页，所有期刊主页的功能基本类似，以"Chemical Communications"(CC)为例，结果如图 6-24 所示。从图可见，页面上部分为期刊的广告，包括出版信息和影响因子等，从中可以发现，CC 目前为半周刊，每年出版 100 期，影响因子 6.169（根据 SCI 影响因子的计算方法，每年出版论文的数量过多的话对影响因子有负面的影响，因此 6.169 其实是挺高的）。期刊介绍下方为论文分类区，包括"Recent Articles" "Issues" "Subjects" "Themed Collections"和"Most Read Articles"。点击"Issues"显示正式出版的最新一期内容（文章列表）；"Subjects"显示二级学科分类（CC 是化学综合性期刊）；"Themed Collections"是编辑按特定主题收集的文章（点击"Subjects"和"Themed Collections"后，通过选择一个分类，获得文章列表）；"Most Read Articles"为热门文章；"Recent Articles"（近期文章）显示还未正式出版的论文（展示最新成果，学术竞争），包括"Advance Articles"（即将出版论文）和"Accepted Manuscripts"（刚刚接收的论文）两类。期刊主页面右侧从上到下包括了期刊信息（如编委会、投稿入口等）、过刊浏览和定位论文等功能。

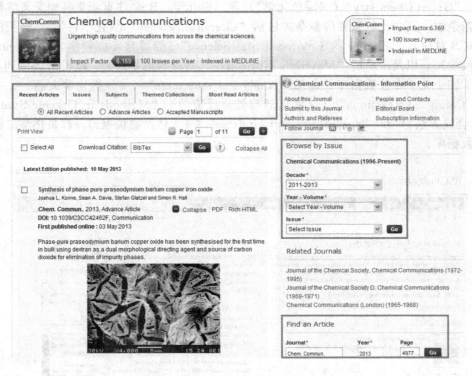

图 6-24 "Chemical Communications" 主页

点击列表中文章的标题,进入论文摘要页面,图 6-25 显示了当期期刊中的一篇论文,研究了石墨烯纳米粒子的合成、近红外荧光及其在非侵入性的生物医学成像方面的应用。从

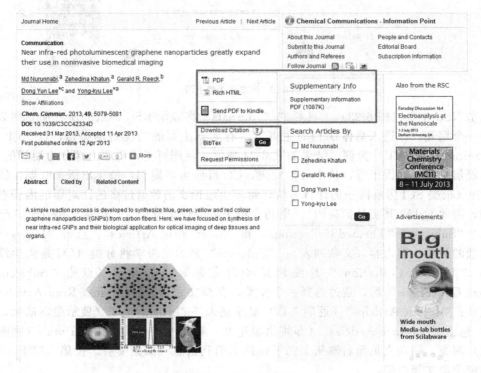

图 6-25 论文摘要页面

图可见，论文的摘要页显示了论文的标题、作者、出版信息和内容摘要，并提供了全文链接和引用导出功能。全文的形式有两种，即"PDF"格式和"Rich HTML"（网页）格式。此外，还可以将 PDF 格式转换成"Kindle"阅读器（亚马逊开发的电子书阅读工具）版本。点击"PDF"的结果如图 6-26 所示。

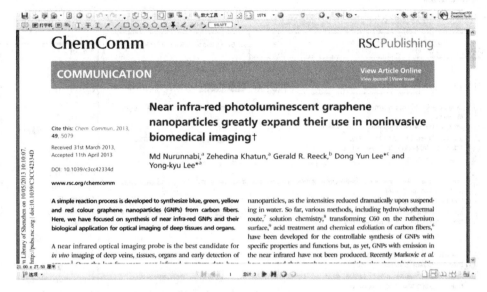

图 6-26　PDF 格式全文

在 RSC 出版物网站中，搜索功能区总是出现在网页右上角，如图 6-27 所示。直接在检索框中输入关键词，然后选择检索范围（包括全文"Full Text"、标题"Title"、作者"Author"、"DOI"和"ISSN"），点击"Search"按钮完成检索。以搜索"graphene"为例，检索结果如图 6-28 所示。从图可见，检索结果为文章列表，并对检索结果来源进行分类，其中："All"表示所有来源、"Journal Articles"表示期刊论文、"Book Chapters"表示图书、"Non-RSC Articles"则为非期刊论文，例如来自四个文摘数据库的内容等。检索结果可以进行排序，排序方式包括相关度和日期，也可以定制每页显示文章数量，或者导出引用信息等。页面右侧为精炼（限定）功能，项目包括"Author"作者、"Date Range"日期范围、"Journal"期刊名称、"Book"图书名称、"Database"数据库、"Non-RSC Articles"非"RSC"论文、"Themed Collections"主题收集等，点击各子项目，即获得当前检索结果的子集。由于检索关键词"graphene"存在于一个主题集中，点击"Physics Nobel 2010 Web Collection：Graphene（17 articles）"来获得这个主题，如图 6-29 所示。

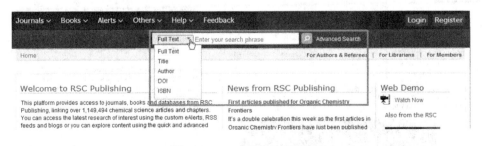

图 6-27　RSC 出版物普通检索

点击搜索框右边的"Advanced Search"链接，进入 RSC 的高级检索页面，如图 6-30 所示。与普通检索相比，高级检索的选项明显增多。例如，关键词及多关键词可以选择：

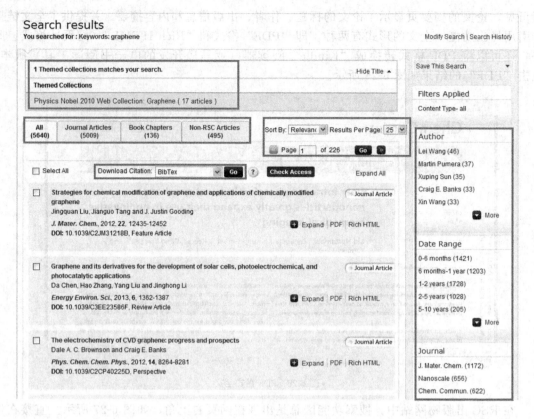

图 6-28 检索结果页面

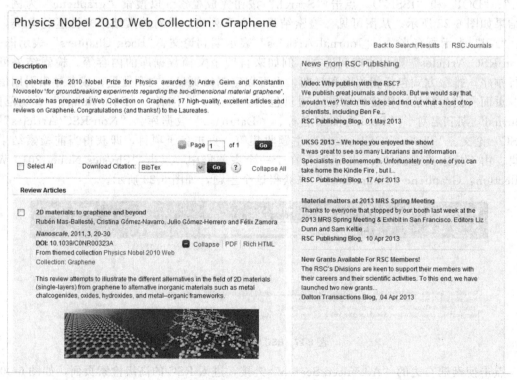

图 6-29 石墨烯专题论文集

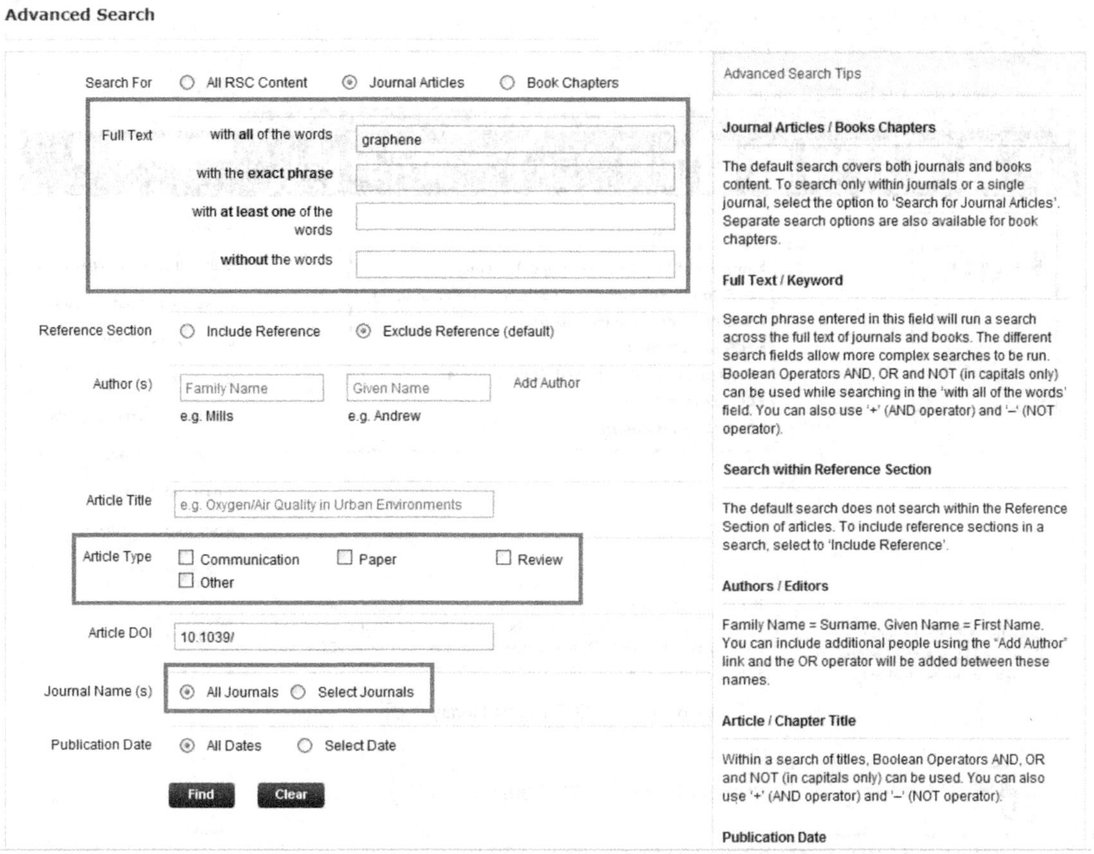

图 6-30 RSC 高级检索界面

"with all of the words" 检索结果出现所有词、"with the exact phrase" 关键词作为精确的词组进行检索、"with at least one of the words" 检索结果只要出现其中一个关键词即可、"without the words" 检索结果避免出现该关键词。又如可以限定文章类型（"Article Type"）和期刊名称（"Journal Name（s）"，相当于在特定期刊内检索）。

6.2.3 美国电化学会

美国电化学会（The Electrochemical Society，ECS）是非营利性专业学会，该学会目前共出版七种杂志，SCI 影响因子虽然不是很高，但在电化学领域具有较高影响力和权威性。其最核心的刊物是 "Journal of the Electrochemical Society"（JES），该杂志主要刊载电化学科学与技术，包括电池、腐蚀、介电与绝缘、电极淀积、工业电解等基础和技术研究方面的论文，自 1902 年以来连续出版至今。其他重要的刊物还包括 "ECS Journal of Solid State Science and Technology" "ECS Electrochemistry Letters" 和 "ECS Solid State Letters"。ECS 出版的刊物可以通过 The ECS Digital Library（http：// ecsdl. org/，图 6-31）来进行访问。

通过点击 The ECS Digital Library 主页中的具体刊物，可进入该杂志主页，以 JES 为例，如图 6-32 所示。其结构与其他系统类似，主要显示了本刊物的信息，包括介绍、选题和杂志信息等；点击 "CURRENT ISSUE" 显示当期（图 6-33），点击 "ACHIVE" 进入过刊；右上角为搜索功能区。

文章列表中，点击论文标题或 "Abstract" 显示摘要信息，点击 "Full Text" 显示网页全文，点击 "Full Text（PDF）" 显示 PDF 格式全文（图 6-34）。

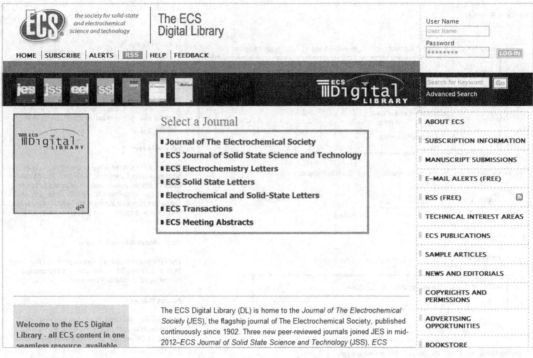

图 6-31 The ECS Digital Library 主页

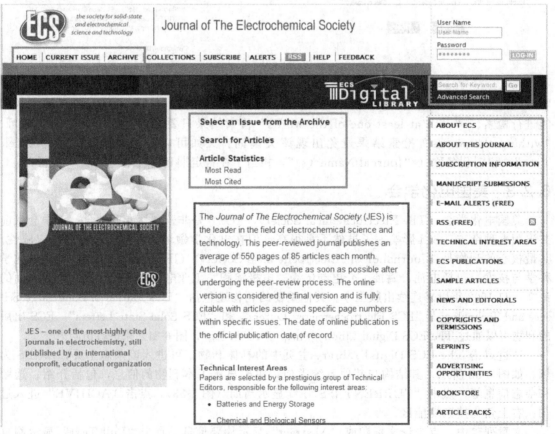

图 6-32 JES 杂志主页

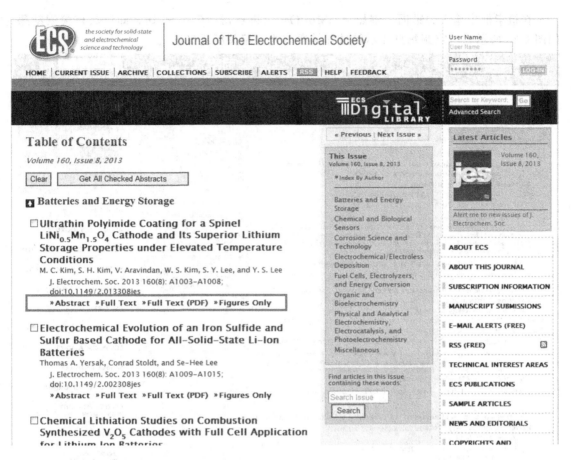

图 6-33 JES 当期目录

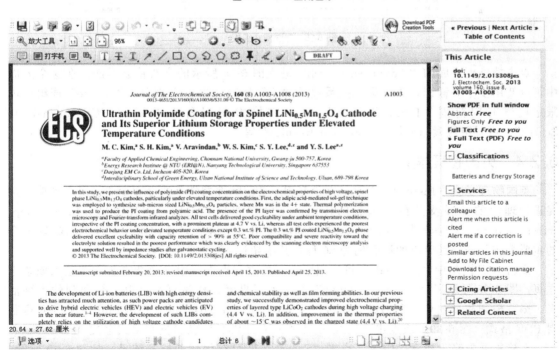

图 6-34 JES 全文

在检索框中输入关键词，例如"LiMnPO4"，再点击"Go"按钮，即可获得检索结果，如图 6-35 所示，可定制每页显示篇数和排序方式（相关度或日期）。

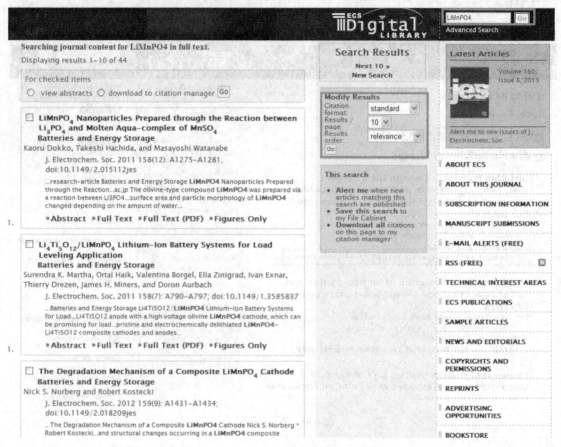

图 6-35　普通检索结果

点击搜索框下面的"Advanced Search"进入图 6-36 所示的高级检索界面。在这个界面中可以使用多个关键词，关键词的关系包括"all"所有、"any"部分、"phrase"词组；可限定检索时间范围"Limit Results"；可限定检索期刊名称"Select ECS Journals to Search"、可限定检索结果格式"Format Results"等。

6.2.4　英国物理学会

英国物理学会（Institute of Physics，IOP）是国际性的学术协会和专业机构，其使命是促进物理学的发展及其在全世界的传播。英国物理学会出版社（图 6-37，http：//iopscience.iop.org/）是全球领先的专注于物理学及相关学科的科技出版社，是英国物理学会的重要组成部分，其出版的期刊约为 60 种，其中超过 45 种被 SCI 收录。

点击 IOP 网站中"Journals"进入出版期刊列表，点击其中一个杂志名称即进入该杂志主页。图 6-38 显示了"Nanotechnology"杂志主页界面，从该页面可以了解期刊的各种信息，浏览现刊和过刊等。在浏览文章列表"Table of contents"时，点击 Full text PDF 可获得 PDF 格式（图 6-39）或点击"Enhanced article HTML"获得网页格式全文。

在检索框中输入检索关键词，点击"Search"即可获得普通检索结果，如图 6-40 所示，检索结果可以调整排序方式（"Ordered by"）、进一步限定（"Filter"）和选择不同检索范

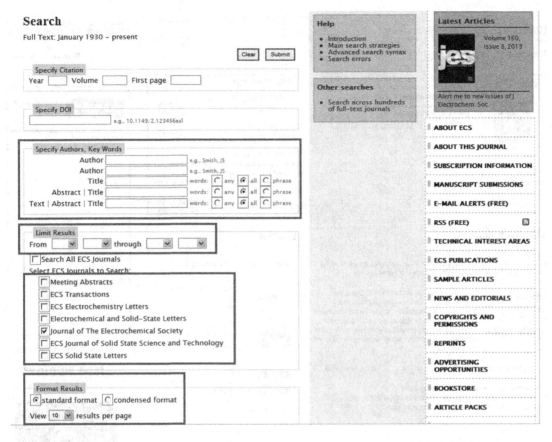

图 6-36　ECS 高级检索界面

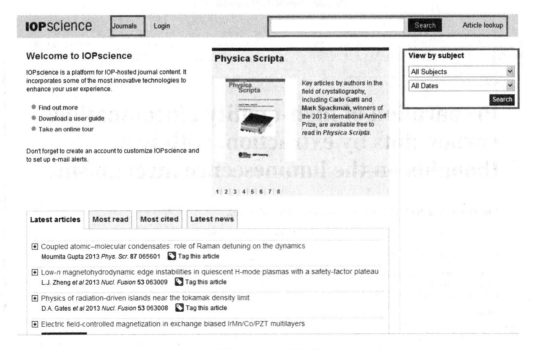

图 6-37　IOP 出版主页

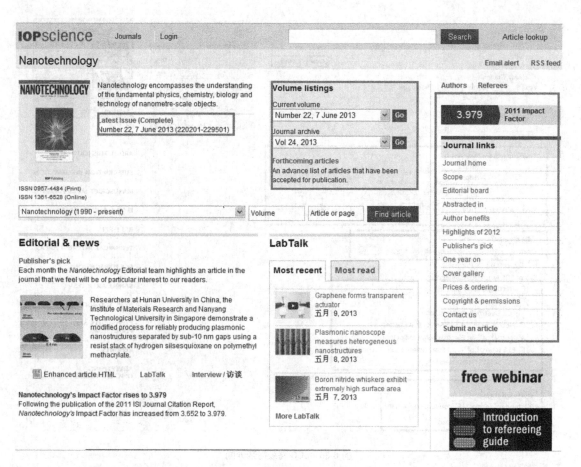

图 6-38　Nanotechnology 杂志主页

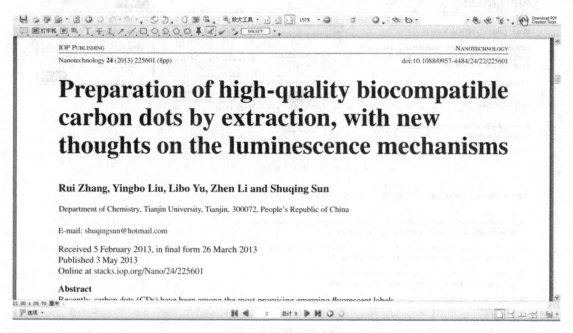

图 6-39　Nanotechnology 杂志论文全文

围,缺省的检索范围是将检索关键词在论文标题和摘要中进行检索,如果选择"Full text"则表示在全文中进行检索,检索结果的数量会增加。点击检索框右边的"Article lookup",可以进入高级检索界面,见图 6-41。

图 6-40 IOP 普通检索

图 6-41 IOP 出版物高级检索界面

6.3 商业出版商

6.3.1 ScienceDirect (Elsevier)

荷兰 Elsevier（爱思唯尔）是一家世界领先、全球最大的科技文献出版发行商，总部位于阿姆斯特丹，其前身可追溯到 16 世纪，而现代公司则始于 1880 年。该公司每年出版超过 2000 种期刊，其中 SCI、SSCI 收录期刊超过 1200 种，EI 收录期刊超过 500 种。有不少是国际公认的高水平的学术期刊，包括《柳叶刀》（"The Lancet"，影响因子 38.278）和《细胞》（"Cell"，影响因子 32.403）等世界著名期刊，还出版近 20 000 种图书。Elsevier 的在线解决方案包括著名的文摘数据库 Engineering Village（含 Ei Compendex，即美国工程索引数据库）和全文学术数据库 ScienceDirect（简称 SD，http://www.sciencedirect.com/，图 6-42）。后者覆盖农业、生物、数学、化学、化工、物理、天文、土木工程、计算机、地球、能源、环境、材料、医学、药学、经济、金融、商业、管理、财会、心理学等几乎所有自然科学和人文科学学科，每年出版论文超过 200 000 篇，下载量高达 10 亿多篇，是所有学术类数据库中下载量最大的，对全球的学术研究做出了极大贡献。

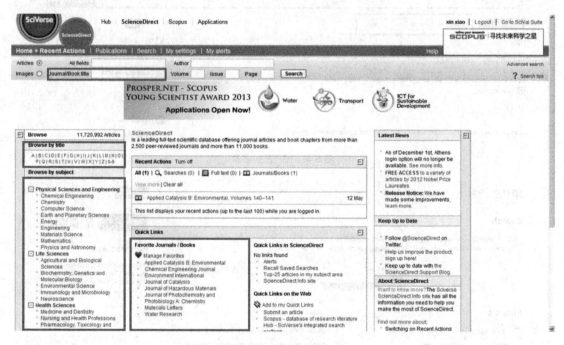

图 6-42 ScienceDirect 主页

由于 ScienceDirect 的期刊非常多，要找到一个期刊，需要通过搜索期刊名称（"Journal/Book title"）、或按期刊名称首字母浏览期刊（"Browse by title"）、或根据学科分类浏览期刊（"Browse by subject"，图 6-43），来定位一个期刊。找到一个期刊后，点击期刊标题即可以进入期刊内容主页，以环境学科的重要学术刊物 "Applied Catalysis B: Environmental"（Appl. Catal. B: Enviorn.）为例，如图 6-44 所示。一个更好的选择是先在 ScienceDirect 系统中注册一个账号（免费），然后在浏览期刊列表时可以点击期刊名称右侧标图（图 6-43），或者浏览某期刊主页时点击 "Add to Favorites" 快捷链接（图 6-44），则以后在 "ScienceDirect" 主页（图 6-42）将会显示这些 "Favorite Journals"（喜爱期刊），避免每次要重复查找。

第 6 章 英文全文数据库：海阔天高

图 6-43 按学科分类浏览期刊

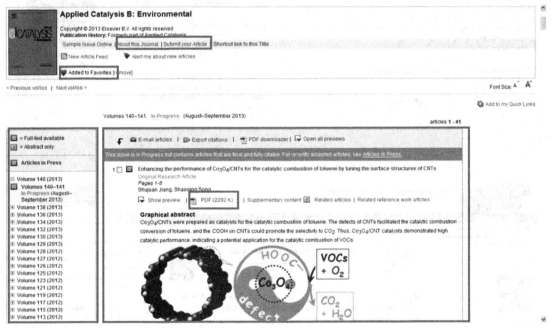

图 6-44 Appl. Catal. B：Enviorn. 期刊主页

ScienceDirect 中所有期刊主页的结构基本是一致的，如图 6-44 所示。最上面为期刊的名称和封面，"About this Journal"（关于期刊）、"Submit your Article"（投稿系统）；主体部分中，左侧为卷列表，右侧为当前卷的论文目录。"About this Journal" 会对本期刊进行详细的介绍，包括选题范围、影响因子、作者投稿指南等信息，如图 6-45 所示。卷列表中，包括了现刊和过刊各卷列表，因快速学术出版需要，其中现刊（当前期）甚至可能排版到未来几个月，点击各卷，则出现相应卷的论文列表。除现刊和过刊，还有 "Articles in Press" 栏目刊登即将出版的论文，具体又包含两种，即 "Accepted Manuscript"（刚刚接受论文）和 "Corrected Proof"（已校样，等待排期）。论文列表（目录）显现了本卷论文的标题、作者、摘要和图形摘要等信息,点击论文标题,即可以进入论文全文(网页格式),如图 6-46 所示,点击全文或论文列表中的 PDF 图标,则可获取更正式的 PDF 论文全文(图 6-47)。

图 6-45　Appl. Catal. B:Enviorn. 期刊介绍页

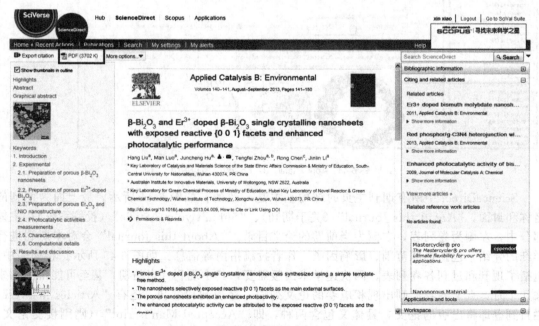

图 6-46　网页格式全文

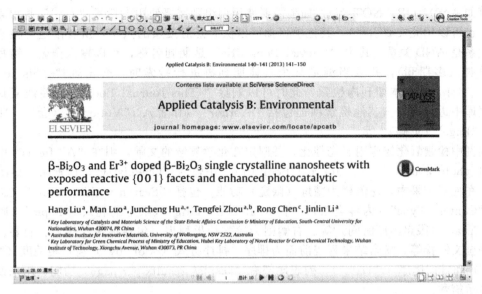

图 6-47　PDF 格式全文

　　ScienceDirect 的检索系统在所有英文全文系统中算是比较专业的。实际上，Elsevier 公司的其他服务还包括提供世界最大的摘要和引文数据库 Scopus 系统（http://www.scopus.com），以及科学搜索引擎 Scirus（http://www.scirus.com/）。后者类似于 Google 的 Scholar 系统。ScienceDirect 的搜索分成快速搜索（"Quick Search"）、高级搜索（"Advanced search"）和专家搜索（"Expert search"）。

　　ScienceDirect 的快速搜索是作为标准工具栏呈现的，即永远保持在页面上，所谓快速搜索，即是不分字段（多字段）的搜索，如图 6-48 所示。首先选择要搜索的是 "Articles"（文章）还是 "Images"（图像，这是 ScienceDirect 其中一个特殊的地方，允许直接对论文中的图像进行搜索以定位论文），通常选择 "Articles"。然后在 "All fields"（所有字段）中输入检索关键词，多关键词之间用空格隔开，代表 AND 操作（但不允许直接使用布尔逻辑

图 6-48　ScienceDirect 快速搜索

运算符如 AND，OR，NOT 等），如果需要使用词组则需要使用大括号"｛ ｝"将检索式括起来（也可以用英文双引号）。其他项目都可以认为是对搜索的限定，所有限定与检索词之间的关系是 AND 关系。其中"Journal/Book title"是期刊名称，可以输入全名、缩写或者学科分类（多期刊），并且当浏览某个具体期刊再进行检索时，会出现"-This Journal/Book-"字样，即在本期刊内检索，此时可以删除"-This Journal/Book-"以便恢复到在整个数据库中进行检索。其他检索项还包括"Author"（作者）、"Volume"（卷）、"Issue"（期）、"Page"（页码）。

实例中检索氧化铋应用于光催化，并限定在化学领域的文献，则在"All fields"中输入"Bi2O3 photocatalytic"，在"Journal/Book title"中输入"Chemistry"，检索结果如图 6-48 所示。在检索结果中，左侧栏为精炼（限定）功能，包括"Search within results"（二次检索）、"Content Type"（内容类型）、"Journal/Book Title"（限定期刊）、"Topic"（限定主题）、"Year"（限定出版时间）等。右侧则为检索结果列表，包括标题、作者、摘要、图形摘要和全文链接等。检索结果列表前面为排序，排序方式（"Sort by"）包括相关度（"Relevance"）和日期倒序（"Date"），列表尾部有"Display results per page"功能，用来设定每页的显示篇数。

点击搜索工具栏右侧的"Advanced search"，进入高级检索界面，如图 6-49 所示。整体上可以分成三个功能区，一个是按字段检索，可选字段包括"All Fields"（所有字段）、"Abstract, Title, Keywords"（摘要、标题、关键词）、"Authors"（作者）、"Journal Name"（期刊名称）、"Title"（论文标题）、"Keywords"（关键词）、"Abstract"（摘要）、"Refer-

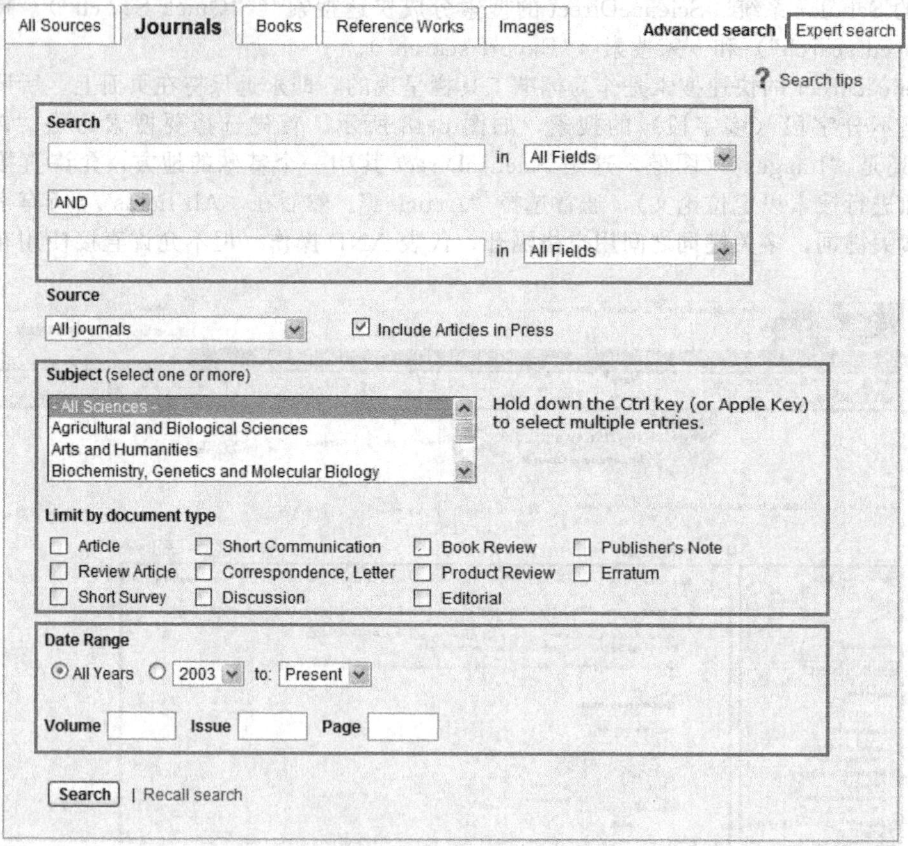

图 6-49 ScienceDirect 高级检索界面

ences"（参考文献）、"ISSN"（出版号）、"Affiliation"（作者联系方式，即机构）和"Full Text"（全文）。多检索词之间，可以使用布尔逻辑，包括 AND、NOT 和 AND NOT。可以使用能配符"*"和"?"，前者代表多个字符，后者代表一个字符。此外系统会自动处理单复数和同义词问题，即会同时检索所输入关键词的单复数和同义词形式。允许检索希腊字母，例如使用"β Bi2O3"或者"beta Bi2O3"来检索四方相的氧化铋。对于"Stop Words"（停用词，一些过于普通的单词如 of、on、to、about 等），如果确实需要进行检索，可以使用大括号或双引号括起来。除了检索词外，其他两部分是限定功能：一是限定学科（"Subject"，可同时按住 Ctrl 键多选）和限定文档类型如论文、快报或综述等；二是限定出版时间范围，包括卷、期、页码等。

点击高级检索的右上角"Expert search"链接进入专家检索界面，整体与高级检索类似，除了检索式要由检索者自行构建，如图 6-50 所示。基本检索式是"字段缩略词 括号 检索词"即"field_name（search_term）"，字段缩略词包括"tak"（标题、摘要、关键词）、"src"（期刊名称）、"aut"（作者）等。除了可以使用布尔逻辑外，还可以使用"W/n"和"PRE/n"，其中 W 代表 Within 即两检索词间的最长距离，PRE 代表前者在后者前面的距离，n 代表单词数。其他检索技巧和规则同高级检索。

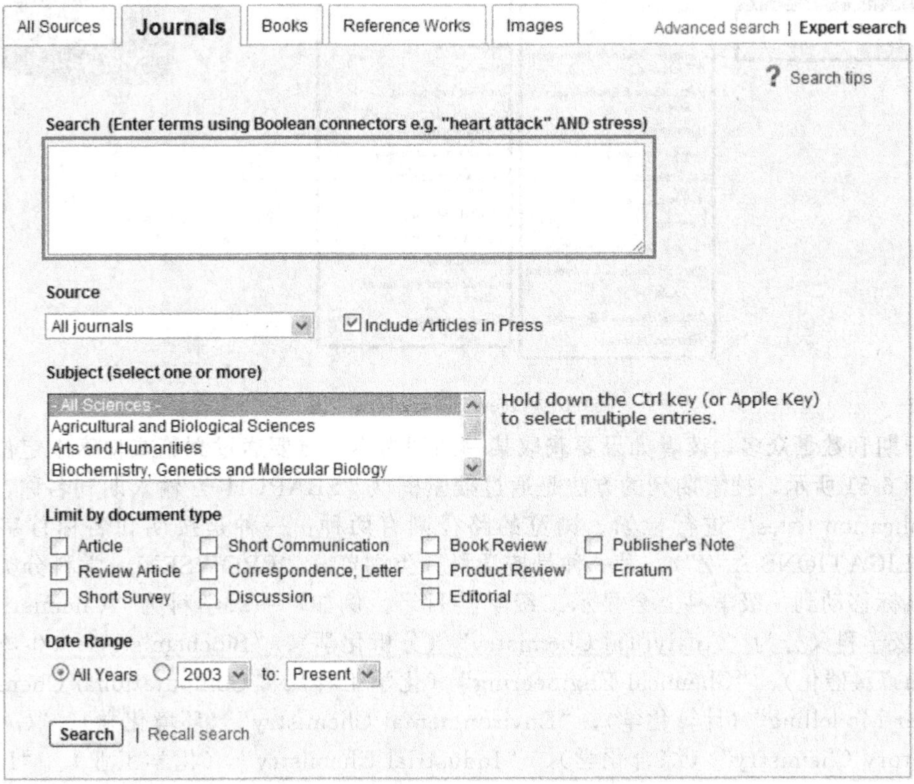

图 6-50 ScienceDirect 专家检索界面

6.3.2 Wiley Online Library

John Wiley & Sons Inc.（约翰·威立父子出版公司）在 1807 年创立于美国，是全球历史最悠久、最知名的学术出版商之一，在化学、生命科学、医学以及工程技术等领域学术文献的出版方面颇具权威性。目前，Wiley 拥有约 5000 名员工分布于世界各地，全球总部位于美国新泽西州的霍博肯市，国际业务横跨美国、欧洲、亚洲、加拿大和澳大利亚等。2010 年 8 月，Wiley 正式向全球推出了新一代在线资源平台"Wiley Online Library"（图 6-51，http：//onlinelibrary.wiley.com/）以取代已使用多年、并获得极大成功与美誉的"Wiley InterScience"。Wiley Online Library 覆盖了自然科学、社会与人文科学等全面的学科领域，收录了来自 1500 余种期刊，10 000 多本在线图书，数百种多卷册的参考工具书、丛书、手册和辞典、实验室指南以及数据库的 400 多万篇文章。该平台具有整洁、易于使用的界面，提供直观的网页导航，提高了内容的可发现性，增强了各项功能和个性化设置、接收通信的选择等功能和服务。

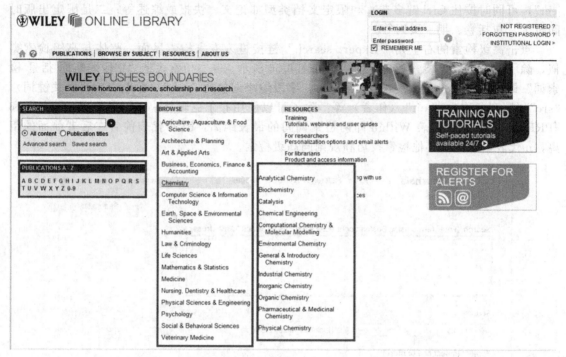

图 6-51　Wiley Online Library 主页

由于期刊数量众多，读者如果要获取某一期刊内容，需要通过浏览或检索来定位特定期刊。如图 6-51 所示，搜索期刊的方法是通过搜索框（"SEARCH"）输入期刊名称，然后选中"Publication titles"进行检索。浏览的路径则有两种：一种是按期刊名称首字母浏览（"PUBLICATIONS A -Z"），另一种是按学科分类浏览（"BROWSE"）。学科分类分为两级，将鼠标移动到一级学科上会显示二级学科目录。例如，一级学科为"Chemistry"（化学），二级学科又分为"Analytical Chemistry"（分析化学）、"Biochemistry"（生物化学）、"Catalysis"（催化）、"Chemical Engineering"（化学工程）、"Computational Chemistry & Molecular Modelling"（计算化学）、"Environmental Chemistry"（环境化学）、"General & Introductory Chemistry"（综合化学）、"Industrial Chemistry"（化学工业）、"Inorganic Chemistry"（无机化学）、"Organic Chemistry"（有机化学）、"Pharmaceutical & Medicinal Chemistry"（医药化学）和"Physical Chemistry"（物理化学）等。

点击"General & Introductory Chemistry"后结果如图 6-52 所示，本类中有著名的"Angewandte Chemie"杂志。点击"Angewandte Chemie"图标，进入"Angewandte Chemie International Edition"杂志主页，如图 6-53 所示。"Wiley Online Library"中所有杂志的主页结构基本类似，以"Angewandte Chemie International Edition"为例，左侧栏为期刊功能区，其中比较重要的栏目是"FIND ISSUES"（包括"Current Issue"现刊、"All Is-

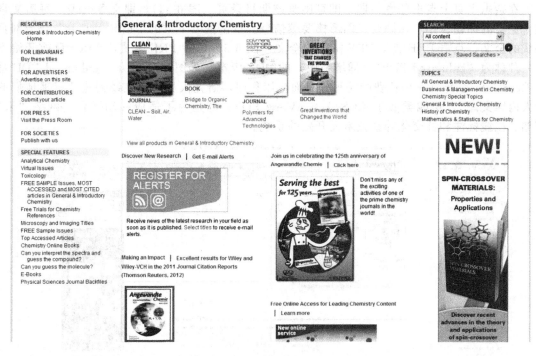

图 6-52　通过浏览学科目录获取期刊

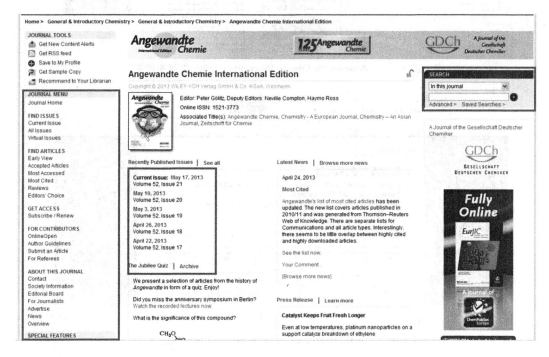

图 6-53　"Angewandte Chemie International Edition"杂志主页

sues"过刊、"Virtual Issues"专辑）和"FIND ARTICLES"（包括"Early View"即将出版文章预览、"Accepted Articles"刚刚接收、"Most Accessed"最多下载、"Most Cited"最多引用、"Reviews"综述、"Editors' Choice"编辑选择）；中间部分为近几期列表；右上角为搜索框，缺省设置为"In this journal"，即搜索当前刊物内容。

在杂志主页上点击任意一期，即可浏览该期目录页（图 6-54），即文章列表，每篇文章包含论文的标题、作者、摘要、图形摘要等信息。点击摘要下方的"Full Article"获得网页格式的全文，点击 PDF 获得 PDF 格式的全文（图 6-55）。除 PDF 格式，Wiley 目前开始支持一种称为"enhanced PDF"（即增强版）的 PDF 版本，如图 6-56 所示。enhanced PDF 基于 ReadCube 系统（一个免费的跨平台桌面应用程序，研究人员能够在线创建并管理他们的个人内容文库），功能类似于 ACS ActiveView PDF，都是为了适应移动平台、网络"云"存储、在线标注和社交化等新技术而开发的系统。

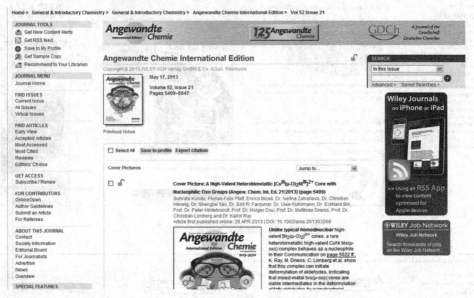

图 6-54 "Angewandte Chemie International Edition" 当期目录

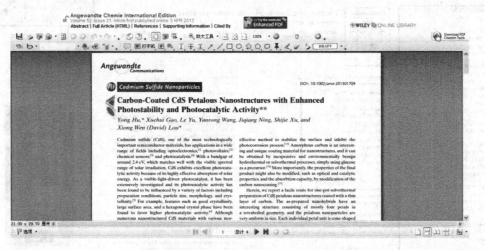

图 6-55 "Angewandte Chemie International Edition" 论文全文

Wiley 检索方式包括简单检索（搜索框，出现在所有网页上）和高级检索（点击搜索框下面的"Advanced"进入高级检索界面，如图 6-57 所示）。简单检索即不分字段的检索，高级检索可以限定检索字段和出版时间。可选字段包括"All Fields"（所有字段）、"Publication Titles"（期刊名称）、"Article Titles"（论文标题）、"Author"（作者）、"FullText"（全文）、"Abstract"（摘要）、"References"（参考文献）等。多项检索可以使用布尔逻辑加

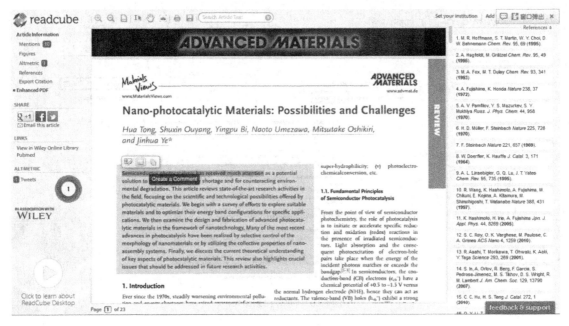

图 6-56　enhanced PDF 界面

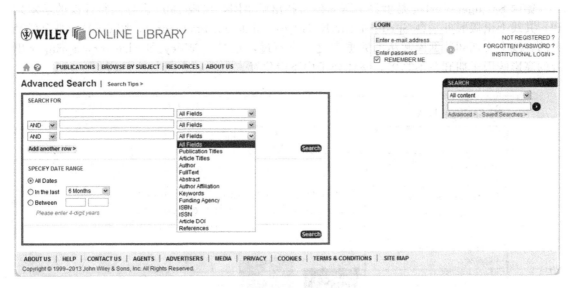

图 6-57　Wiley 高级检索界面

以组合。不管是简单检索或是高级检索，都使用以下原则对检索词进行处理：①自动处理检索词的各种变体，如单复数、词性等的变化，即输入任何一个形式，会同时检索该词的多种变体；②多个检索词之间可以输入布尔逻辑 AND、OR、NOT 来联结；③如果要精确检索词组，可以使用双引号括起来，如果没有使用双引号而输入多个关键词，则词之间按 AND 逻辑来操作；④允许使用通配符"*"和"?"。以"photocatalytic"为检索关键词，使用简单检索，结果如图 6-58 所示。检索结果为论文列表，可以选择排序方式（最佳匹配或按日期）和导出参考文献。与其他全文系统相比，Wiley 的检索系统应该说做得比较简陋，甚至检索结果的匹配情况也不是太令人满意。

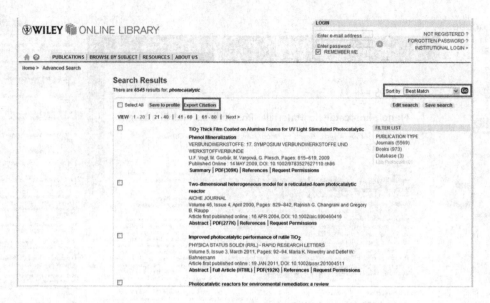

图 6-58　Wiley 检索结果

6.3.3　Springer LINK

德国 Springer-Verlag 是世界上著名的科技出版集团，出版 1900 多种同行评议的学术期刊，其线上出版服务平台 Springer LINK (http://link.springer.com/，图 6-59)，是全球最大的在线全文期刊数据库和丛书数据库之一。不过，相对于 Wiley 和 Elsevier，Springer 出版的高影响因子期刊并不算多，整体处于中下游位置。

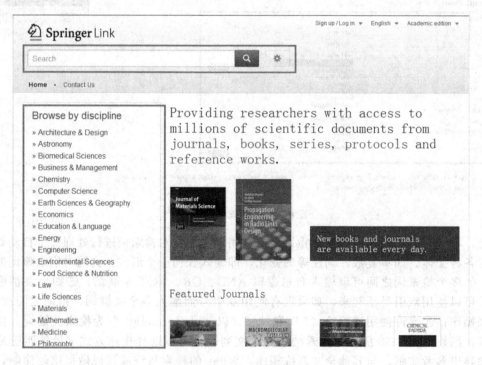

图 6-59　Springer LINK 主页

Springer LINK 中浏览期刊和检索论文是比较有特色的，这是一种将搜索和精炼紧密整合的检索系统。在 Springer LINK 主页中，首先看到的是 Search 搜索框和"Browse by discipline"，即按学科分类浏览。一级学科包括："Architecture & Design"（建筑与设计）、"Astronomy"（天文学）、"Biomedical Sciences"（生物医学）、"Business & Management"（商务管理）、"Chemistry"（化学）、"Computer Science"（计算机科学）、"Earth Sciences & Geography"（地球科学与地理）、"Economics"（经济学）、"Education & Language"（教育及语言）、"Energy"（能源）、"Engineering"（工程）、"Environmental Sciences"（环境科学）、"Food Science & Nutrition"（食品科学与营养）、"Law"（法学）、"Life Sciences"（生命科学）、"Materials"（材料学）、"Mathematics"（数学）、"Medicine"（医学）、"Philosophy"（哲学）、"Physics"（物理学）、"Psychology"（心理学）、"Public Health"（公共健康）、"Social Sciences"（社会科学）和"Statistics"（统计）。说明 Springer LINK 出版的期刊广泛涉及自然科学和社会科学多个领域，其中以理工类为主。

点击学科分类，以"Materials"为例，如图 6-60 所示。从图可以见，分类结果同时显示了该学科目录下的"Journal"期刊和"Article"论文，且页面被分成左右两栏，右栏为列表，左侧栏由为"Refine Your Search"精炼。依次点击精炼选项，可以限定检索结果，精炼选项可以多选（每点一个新的选项则表示增加选项，如果点击选项右侧的关闭按钮则减少一个选项）。选中的选项会全部显示于列表上方"within"后面。精炼选项包括："Content Type"内容类型，包括"Article"论文、"Chapter"章节（在 Springer 系统中，一本书按章分为若干个 PDF 文件，每部分相当于一篇长论文）、"Journal"期刊（选中后相当于只要"Materials"目录下的期刊）；"Discipline"学科（可增加一个学科分类或者关闭一些分类，点击"Discipline"右边的"see all"显示所有分类）；"Subdiscipline"子学科分类，

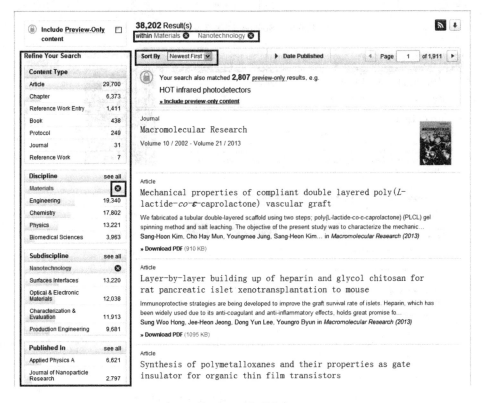

图 6-60　材料学分类

点击"see all"显示选中的一级学科（一个或多个）的所有子学科分类；"Published In"限定论文来源期刊；"Language"限定语言。通过多种限定选项，可以使读者快速定位感兴趣的论文或期刊。"Refine Your Search"上方有一个选项"Include Preview-Only content"，即是否要显示只能预览的论文（没有权限下载全文，但可以阅读第一页内容）。在右侧的结果列表部分，可以选择按时间排序，包括正序和倒序。点击结果列表中论文的标题，可以访问论文全文（网页格式），点击"Download PDF"可以下载 PDF 格式，如图 6-61 所示。点击论文标题和摘要下方的作者姓名，将执行作者姓名的检索。点击论文出版的来源期刊，或者点击列表中某期刊的名称或图标，则打开该期刊主页，以"Journal of Materials Science"期刊为例，结果如图 6-62 所示。

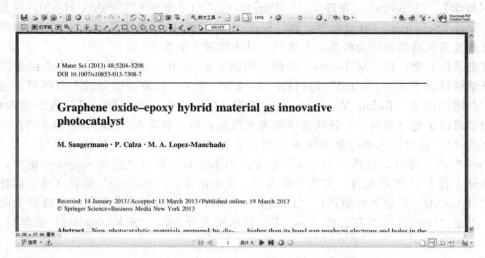

图 6-61　Springer LINK 全文显示

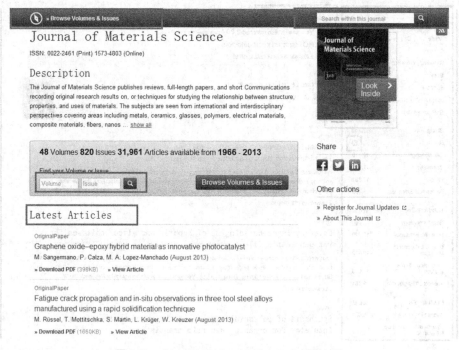

图 6-62　"Journal of Materials Science"期刊主页

Springer LINK 期刊主页界面非常简洁，除了显示期刊基本信息、最新论文"Latest Articles"外，主要的功能就是"Browse Volumes & Issues"各期刊浏览和"Search within this journal"本刊搜索（图 6-62 右上角）。点击"Browse Volumes & Issues"显示本期刊各期列表，如图 6-63 所示。在各期之前，另有"Online First Articles"，即将要出版还没有排期的论文。点击某一期链接，进入该期的目录列表，如图 6-64 所示，点击论文标题或"View Article"打开网页格式全文，点击"Download PDF"下载 PDF 格式全文。

图 6-63 "Journal of Materials Science" 期刊各期列表

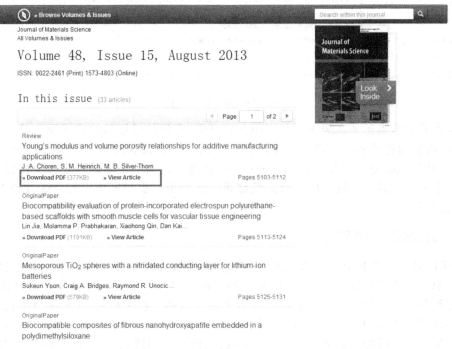

图 6-64 Journal of Materials Science 某期目录

Springer LINK 将检索与精炼功能很好地集成。以检索"Graphene"为例，如果已经在浏览某一个学科，则检索的结果会自动限定在本学科分类内进行［除非点击搜索框右侧的"New Search"而不是检索（放大镜）图标］，并且检索结果也可以随时改变（再次精炼，如果增加精炼选项则代表缩小检索范围，如果关闭精炼选项则代表扩大检索范围），并允许将检索结果按相关度或时间排序，如图 6-65 所示。点击检索图标右侧工具（齿轮）图标，并选择"Advanced Search"进入高级检索界面，如图 6-66 所示。如图可见，高级检索丰富了检索选项，增加了一些限定。

图 6-65　Springer LINK 普通检索

无论是普通检索还是高级检索，Springer LINK 系统的可用的检索规则包括：①布尔逻辑 AND（或使用符号 &）、OR（或使用符号 |）、NOT 和 NEAR（两关键词距离在 10 个词内），运算优先级为 NOT，OR，AND；②母体检索，当一个单词有多种变体形式时，使用任何一个形式搜索，将返回所有形式的结果；③使用双引号限定词组；④允许使用"*"或"?"作为通配符。

6.3.4　EBSCO (ASP)

EBSCO 是一个具有 60 多年历史的大型文献服务专业公司，提供期刊、文献定购及出版等服务，总部在美国，在 19 个国家设有分部。该公司开发了近 100 多个在线文献数据库，涉及自然科学、社会科学、人文和艺术等多个学术领域。收录超过 11 600 种期刊的索引及文摘；7580 多种全文期刊，其中 6491 种为同行评议（peer-reviewed）期刊，还包括 550 多种非期刊类全文出版物（如书籍、报告及会议论文等）。出版的学术期刊多数为文摘索引系

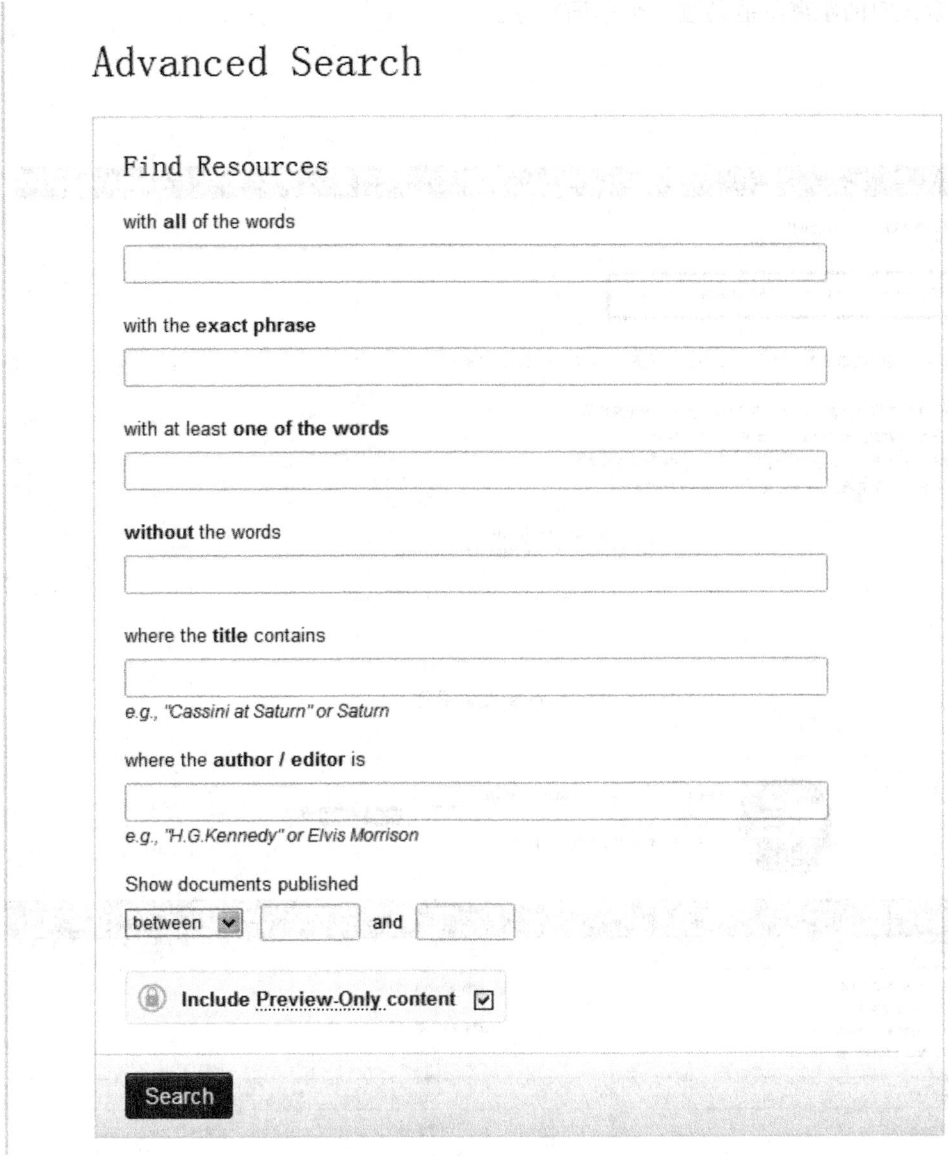

图 6-66　Springer LINK 高级检索

统收录，其中 SCI 收录 2000 种，EI 收录 480 种，SSCI 收录 700 种，Scopus 收录 2955 种，CAB Abstracts 收录 1000 种。EBSCO 平台的其中两个主要全文数据库是：Academic Search Premier（ASP）和 Business Source Complete（BSC）。ASP 主题涵盖多元化的学术研究领域，包括生物科学、工程技术、社会科学、心理学、教育、法律、医学、语言学、人文、信息科技、通信传播、公共管理、历史学、计算机科学、军事、文化、健康卫生医疗、宗教与神学、艺术、视觉传达、表演、哲学、各国文学等。

　　打开 EBSCOhost 搜索平台（http：//search.ebscohost.com/，图 6-67），点击"EBSCO one-stop research（ASP/BSC/Law/ebooks）"，打开数据库列表，从中选择"Academic Search Premier"，并按"继续"按钮，进入基本检索界面，如图 6-68 所示。在这个界面中，可以直接输入检索关键词进行检索，也可以为检索设定一些选项或限定。多检索词之间可以使用布尔逻辑 AND、OR 和 NOT，使用通配符"*"和"?"，使用附近操作符 Nn（例如

N5 表示两检索词间的距离不能超过 5 个单词）等。

图 6-67 EBSCOhost 搜索平台

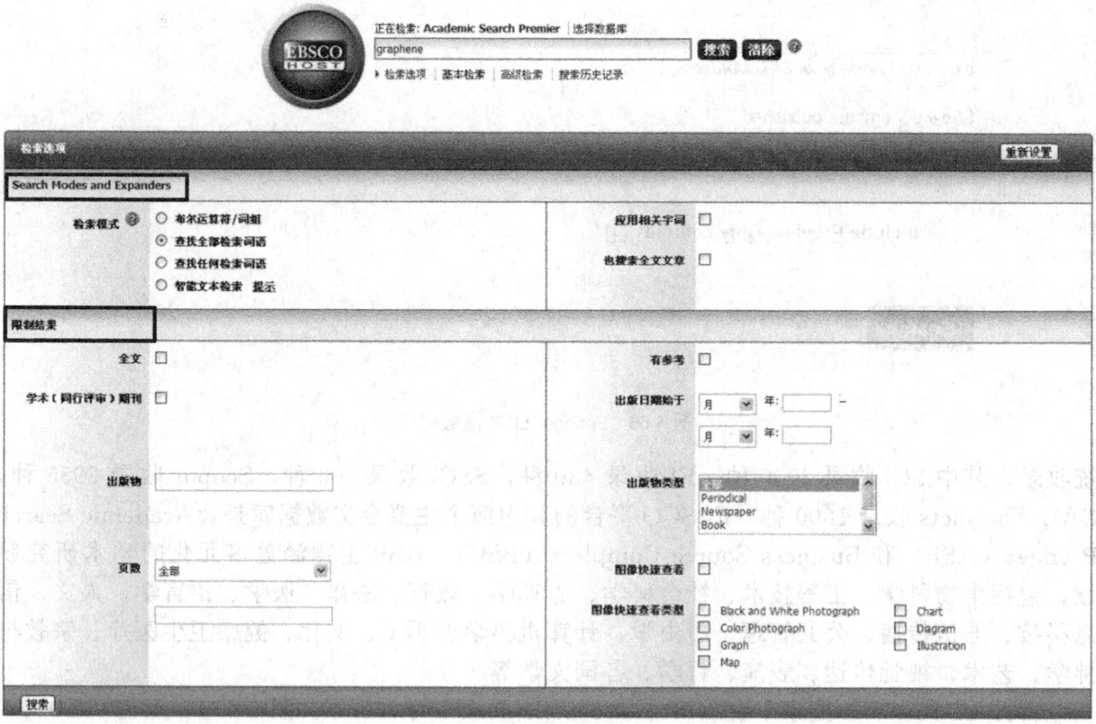

图 6-68 EBSCOhost 基本检索界面

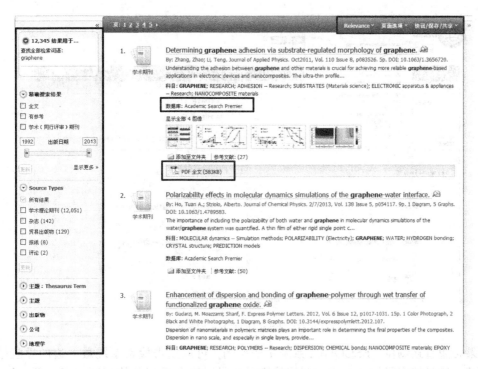

图 6-69 检索结果界面

以"graphene"为检索词,检索结果如图 6-69 所示。主体部分为检索结果列表,格式包括论文标题、摘要、来源数据库、参考文献和是否有全文等,可以设定结果排序方式、页面选项和保存方式等;左侧栏为精炼功能,用于对检索结果进行限定。点击论文标题,显示论文的详细记录,点击"PDF 全文"链接显示 PDF 格式的全文,如图 6-70 所示。

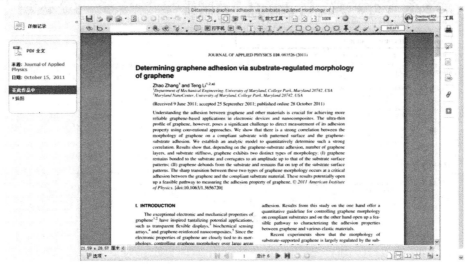

图 6-70 PDF 格式全文显示

点击检索框下方的"高级检索"链接,进入 EBSCOhost 高级检索界面,如图 6-71 所示。与普通检索相比,高级检索的选项更多,且允许限定检索字段。具体字段代码包括 TX(全文)、AU(作者)、TI(标题)、SU(主题)、AB(摘要)、KW(关键词)、SO(期刊名称)等,例如"TI graphene"表示要在标题字段检索"graphene"这个词。

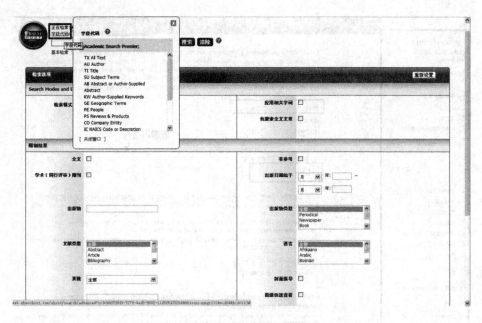

图 6-71　EBSCOhost 高级检索界面

如果希望直接浏览 EBSCOhost 系统中的期刊，可以点击检索系统最上边的导航栏中的"出版物"，通过按字母排序，或者直接检索某一学科来获得相关的期刊列表（图 6-72）。点击期刊名称进入该期刊的详细记录页面，最后点击获取该期刊的各期内容。

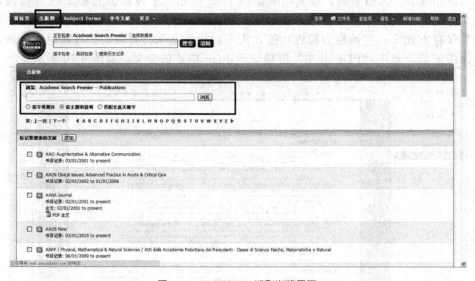

图 6-72　EBSCOhost 期刊浏览界面

第 7 章 特种文献与事实数据：走向应用

Chapter 7

本章核心内容概览

- 专利检索
  - 专利入门
  - 外国专利检索
  - 中国专利检索
- 标准与法规检索
  - 标准入门
  - 法规检索
  - 标准检索
- 物性数据检索
  - CRC Handbook
  - NIST Chemistry WebBook
  - ChemSpider
  - 毒性数据库
- 试剂与仪器检索
  - 化学试剂检索
  - 化学仪器检索
- 化工产品检索
- 电子图书和书目检索
  - 电子图书检索
  - 书目检索系统

7.1 专利检索

7.1.1 专利入门

专利（patent）是专利权（patent right）的简称，专利权是知识产权（intellectual property rights）的一个重要组成部分。它是指一个国家授予创造发明人在一定时间内对该发明创造的独占实施权，包括专利产品的生产、使用和销售。发明创造变成专利后主要产生两种结果：一是受到法律保护；二是变成一种商品。因此，专利是一种财产权，对发明人来说，这是将创造能力转换成财富的手段，对于企业来说，这是运用法律保护手段"跑马圈地"独占现有市场、抢占潜在市场的有力武器。

7.1.1.1 专利的类型和特性

（1）**专利的类型**　包括发明、实用新型和外观设计三种。所谓专利权就是此三种发明或创新经申请并通过官方机构审查后所授予的一种权利。发明，是指对产品、方法或其改进所提出的新的技术方案。发明必须是一种技术方案，是发明人将自然规律在特定技术领域进行运用和结合的结果，而不是自然规律本身，因而科学发现不属于发明范畴。同时，发明通常是自然科学领域的智力成果，文学、艺术和社会科学领域的成果也不能构成专利法意义上的发明。实用新型是指对产品的形状、构造或其结合所提出的适于实用的新的技术方案。实用新型专利只保护产品，该产品应当是经过工业方法制造的、占据一定空间的实体。一切有关方法（包括产品的用途）以及未经人工制造的自然存在的物品不属于实用新型专利的保护客体。外观设计又称为工业产品外观设计，是指对产品的形状、图案或者其结合以及色彩与形状、图案相结合所作出的富有美感并适于工业上应用的新设计。外观设计的载体必须是产品，产品是指任何用工业方法生产出来的物品。不能重复生产的手工艺品、农产品、畜产品、自然物不能作为外观设计的载体。通常，产品的色彩不能独立构成外观设计，除非产品色彩变化的本身已形成一种图案。可以构成外观设计的组合有：产品的形状；产品的图案；产品的形状和图案；产品的形状和色彩；产品的图案和色彩；产品的形状、图案和色彩。

（2）**取得专利的条件**　发明创造要取得专利权，必须满足实质条件和形式条件。实质条件是指申请专利的发明创造自身必须具备的属性要求，形式条件则是指申请专利的发明创造在申请文件和手续等程序方面的要求。

发明和实用新型专利授予专利权的实质条件主要包括：

① **新颖性（novelty）**　指在申请日以前没有同样的发明或者实用新型在国内外出版物上公开发表过、在国内公开使用过或者以其他方式为公众所知。也没有同样的发明或者实用新型由他人向专利局提出过申请并且记载在申请日以后公布的专利申请文件中。即必须不同于现有技术，同时还不得出现抵触申请。

② **创造性（creativity）**　指同申请日以前已有的技术相比，该发明有突出的实质性特点和显著的进步，或该实用新型有实质性特点和进步。申请专利的发明或实用新型，必须与申请日前已有的技术相比，在技术方案的构成上有实质性的差别，必须是通过创造性思维活动的结果，不能是现有技术通过简单的分析、归纳、推理就能够自然获得的结果。发明的创造性比实用新型的创造性要求更高。创造性的判断以所属领域普通技术人员的知识和判断能力为准。

③ **实用性（utility）**　指该发明或者实用新型能够制造或者使用，并且能够产生积极效果。它有两层含义：一是该技术能够在产业中制造或者利用（具有可实施性及再现性）；二是必须能够产生积极的效果，即同现有的技术相比，申请专利的发明或实用新型能够产生更好的经济效益或社会效益，如能提高产品数量、改善产品质量、增加产品功能、节约能源或

资源、防治环境污染等。

对于外观设计专利的要求包括：新颖性、实用性、富有美感、不得与他人在先取得的合法权利相冲突等。

(3) 专利权的特征　包括：排他性、时间性和地域性。

① 排他性，也称独占性或专有性，指专利权人对其拥有的专利享有独占或排他的权利，未经其许可或者出现法律规定的特殊情况，任何人不得使用，否则即构成侵权。这是专利权（知识产权）最重要的法律特点之一。

② 时间性，指法律对专利权所有人的保护不是无期限的，而有限制，超过这一时间限制则不再予以保护，专利权随即成为人类共同财富，任何人都可以利用。我国对发明专利保护的期限是 20 年，实用新型保护期限是 10 年。

③ 地域性，指任何一项专利权，只有依一定地域内的法律才得以产生并在该地域内受到法律保护。这也是其区别于有形财产的另一个重要法律特征。根据该特征，依一国法律取得的专利权只在该国领域内受到法律保护，而在其他国家则不受该国家的法律保护，除非两国之间有双边的专利（知识产权）保护协定，或共同参加了有关保护专利（知识产权）的国际公约。

《国际专利分类表》（IPC 分类）是根据 1971 年签订的《国际专利分类斯特拉斯堡协定》编制的，是目前唯一国际通用的专利文献分类和检索工具。在问世的 30 多年里，IPC 对于海量专利文献的组织、管理和检索，做出了不可磨灭的贡献。由于新技术的不断涌现，专利文献每年增长约 150 万件，目前约有 5000 万件。按照第 7 版 69 000 个组计算，平均每组包含的文献量超过 700 件。但各国的科学技术的发达程度差距很大，它并不能够适应每个国家的具体情况。另外，IPC 的建立是基于纸件专利文献的管理与检索，在计算机、通信网络等新技术快速发展的今天，它显现出一些不适应。为了让 IPC 名副其实地成为世界各国专利局以及其他使用者在确定专利申请的新颖性、创造性时进行专利文献检索的一种有效检索工具，IPC 联盟大会成员国、世界知识产权组织（WIPO）在 1999～2005 年对国际专利分类表进行了改革，将第 8 版 IPC 分成基本版和高级版两级结构。第 8 版 IPC 基本版约 20 000 条，包括部、大类、小类、大组和在某些技术领域的少量多点组的小组。第 8 版 IPC 高级版约 70 000 条，包括基本版以及对基本版进一步细分的条目。高级版供属于 PCT 最低文献量的工业产权局和大的工业产权局使用，用来对大量专利文献进行分类。IPC 分类表共分以下 8 个分册：第一分册（A）——人类生活需要（农、轻、医）；第二分册（B）——作业、运输；第三分册（C）——化学、冶金；第四分册（D）——纺织、造纸；第五分册（E）——固定建筑物；第六分册（F）——机械工程、照明、加热、武器、爆破；第七分册（G）——物理；第八分册（H）——电学。国际专利分类系统按照技术主题设立类目，把整个技术领域分为 5 个不同等级——部、大类、小类、大组、小组，并由此产生专利的分类号。比如分类号"B64C25/02"中：B 表示作业、运输部，即用英文大写字母标记"部"；64 表示飞行器、航空、宇宙飞船大类，即用两位数标记"大类"；C 表示飞行小类，即用英文大写字母标记"小类"；25 表示起落装置大组，即用 1～3 位数标记"大组"；/02 表示某一小组，即用斜线加两位数标记"小组"。

7.1.1.2　专利号和专利文献

专利号是在授予专利权时给出的编号（序号），是文献号的一种。在中国专利文献的查阅和使用过程中，遇到的专利文献编号包括六种：①申请号，国家知识产权局受理一件专利申请时给予该专利申请的一个标识号码；②专利号，在授予专利权时给予该专利的一个标识号码；③公开号，在发明专利申请公开时给予出版的发明专利申请文献的一个标识号码；④审定号，在发明专利申请审定公告时给予公告的发明专利申请文献的一个标识号码；⑤公告号，在专利申请公告时给予出版文献的一个标识号码；⑥授权公告号，在专利授权时给予出版的发明专利文献的一个标识号码。中国专利文献的编号体系由于 1989 年、1993 年和 2004 年的三次调整而分为四个阶段：1985—1988 年为第一阶段；1989—1992 年为第二阶段；1993—2004 年 6 月 30 日为第三阶段；2004 年 7 月 1 日以后为第四阶段。

第一阶段以"一号制"为特征，即各种标识号码均以申请号作为主体号码，然后，以文献种类标识代码标识各种文献标号，具体编号如表 7-1 所示。从表可见，在这一阶段：①三种专利申请号均由 8 位数字组成，前两位数字表示申请的年份，第 3 位数字表示专利申请的种类，其中 1 表示发明、2 表示实用新型、3 表示外观设计，后五位数字表示当年申请顺序号。②一号多用，所有文献号沿用申请号，专利号的前面冠以字母串"ZL"，ZL 为"专利"的汉语拼音的声母组合，表明该专利申请已经获得了专利权。公开号、公告号、审定号前面的字母"CN"为中国的国别代码，表示由中国国家知识产权局（或中国专利局）出版。公开号、公告号、审定号后面的字母是文献种类（状态）标识代码，其中 A 表示发明公开、B 表示发明审定、U 表示实用新型公告、S 表示外观设计公告。

表 7-1　第一阶段：1985—1988 年的编号体系

专利类型	申请号	公开号	公告号	审定号	专利号
发明	88100001	CN88100001A	—	CN88100001B	ZL 88100001
实用新型	88210369	—	CN88210369U	—	ZL 88210369
外观设计	88300457	—	CN88300457S	—	ZL 88300457

第二阶段以"三号制"为特征。为了克服"一号制"的出版文献的缺号和跳号（号码不连贯）现象，便于专利文献的查找和专利文献的收藏和管理，从 1989 年起，采用"三号制"的编号体系。即：申请号、公开号（发明）、审定号（发明）、公告号（实用新型和外观设计）各用一套编码，专利号沿用申请号，如表 7-2 所示。从表可见，在这一阶段：①三种专利申请号由 8 位数字、1 个下角圆点（.）和 1 个校验位组成，如 89103229.2。②所有专利说明书文献号均由 7 位数字组成，按各自流水号序列顺排，逐年累计。起始号分别为：发明专利申请公开号自 CN1030001A 开始、发明专利申请审定号自 CN1003001B 开始、实用新型申请公告号自 CN2030001U 开始、外观设计申请公告号自 CN3003001S 开始。其中的字母与第一阶段的含义相同。字母串 CN 后面的第一位数字表示专利申请的种类：1 表示发明，2 表示实用新型，3 表示外观设计。第二位数字到第七位数字为流水号，逐年累计。

表 7-2　第二阶段：1989—1992 年的编号体系

专利类型	申请号	公开号	公告号	审定号	专利号
发明	89100002.X	CN1044155A		CN1014821B	ZL 89100002.X
实用新型	89200001.5		CN2043111U		ZL 89200001.5
外观设计	89300001.9		CN3005104S		ZL 89300001.9

第三阶段以取消"审定公告"为特征。1993 年 1 月 1 日起，实施第一次修改后的专利法。由于第一次修改的专利法取消了三种专利授权前的异议程序，因此，取消了发明专利申请的审定公告，取消了实用新型和外观设计申请的公告，并且，均用授权公告代替之。第三阶段的具体编号如表 7-3 所示。对此阶段的编号说明：①取消了"审定公告"（发明）和"公告"（实用新型和外观设计），授权公告时授予的编号都称为授权公告号，分别沿用原审定号（发明）或原公告号（实用新型和外观设计）的序列，文献种类标识代码相应改为 C

表示发明、Y 表示实用新型、D 表示外观设计。②自 1994 年 4 月 1 日起,中国专利局开始受理 PCT(Patent Cooperation Treaty,专利合作条约)国际申请。指定中国的发明的 PCT 国际申请进入中国国家阶段的申请号的第三位用数字 8 表示,指定中国的实用新型的 PCT 国际申请进入中国国家阶段的申请号的第三位用数字 9 表示,例如 98800001.6 或者 98900001.X。③指定中国的 PCT 国际申请进入中国国家阶段的公开号、授权公告号、专利号不另行编号,即与发明或实用新型的编号方法一致。PCT 国际申请无外观设计专利申请。

表 7-3 第三阶段:1993—2004 年 6 月 30 日的编号体系

专利类型	申请号	公开号	授权公告号	专利号
发明	93100001.7	CN1089067A	CN1033297C	ZL 93100001.7
指定中国的发明专利的国际申请	98800001.6	CN1098901A	CN1088067C	ZL 98800001.6
实用新型	93200001.0		CN2144896Y	ZL 93200001.0
指定中国的实用新型专利的国际申请	98900001.X		CN2151896Y	ZL 98900001.X
外观设计	93300001.4		CN3021827D	ZL 93300001.4

第四阶段以专利文献号全面升位为特征。为了满足专利申请量的急剧增长的需要和适应专利申请号升位的变化,国家知识产权局从 2004 年 7 月 1 日起启用新标准的专利文献号。第四阶段的具体编号如表 7-4 所示。由于中国专利申请量的急剧增长,原来申请号中的当年申请的顺序号部分只有 5 位数字,最多只能表示 99999 件专利申请,在申请量超过十万件时,就无法满足要求。于是,国家知识产权局不得不自 2003 年 10 月 1 日起,开始启用包括校验位在内的共有 13 位(其中的当年申请的顺序号部分为 7 位数字)的新的专利申请号及其专利号。事实上,2003 年发明和实用新型的年申请量均超过了 10 万件大关。对此阶段的编号说明:①三种专利的申请号由 12 位数字和 1 个下角圆点(.)以及 1 个校验位组成,按年编排,如 200310102344.5。其前四位表示申请年代,第五位数字表示要求保护的专利申请类型:1 表示发明、2 表示实用新型、3 表示外观设计、8 表示指定中国的发明专利的 PCT 国际申请、9 表示指定中国的实用新型专利的 PCT 国际申请。第六位至十二位数字(共 7 位数字)表示当年申请的顺序号,然后用一个下角圆点(.)分隔专利申请号和校验位,最后一位是校验位。②自 2004 年 7 月 1 日开始出版的所有专利说明书文献号均由表示中国国别代码的字母串 CN 和 9 位数字以及 1 个字母或 1 个字母加 1 个数字组成。其中,字母串 CN 以后的第一位数字表示要求保护的专利申请类型:1 为发明、2 为实用新型、3 为外观设计。在此应该指出的是"指定中国的发明专利的 PCT 国际申请"和"指定中国的实用新型专利的 PCT 国际申请"的文献号不再另行编排,而是分别归入发明或实用新型一起编排。第二位至第九位为流水号,三种专利按各自的流水号序列顺排,逐年累计。最后一个字母或一个字母加一个数字表示专利文献种类标识代码。发明专利文献种类标识代码包括:A,发明专利申请公布说明书;A8,发明专利申请公布说明书(扉页再版);A9,发明专利申请公布说明书(全文再版);B,发明专利说明书;B8,发明专利说明书(扉页再版);B9,发明专利说明书(全文再版);C1-C7,发明专利权部分无效宣告的公告。实用新型专利文献种类标识代码包括:U,实用新型专利说明书;U8,实用新型专利说明书(扉页再版);U9,实用新型专利说明书(全文再版);Y1-Y7,实用新型专利权部分无效宣告的公告。外观设计专利文献种类标识代码包括:S,外观设计专利授权公告;S9,外观设计专利授权公告(全部再版);S1-S7,外观设计专利权部分无效宣告的公告;S8,预留给外观设计专利授权公告单行本的扉页再版等。

表 7-4 第四阶段：2004 年 7 月 1 日以后的编号体系

专利类型	申请号	公开号	授权公告号	专利号
发明	200310102344.5	CN 1 00378905 A	CN 1 00378905 B	ZL200310102344.5
指定中国的发明专利的国际申请	200380100001.3	CN 1 00378906 A	CN 1 00378906 B	ZL200380100001.3
实用新型	200320100001.1		CN 2 00364512 U	ZL200320100001.1
指定中国的实用新型专利的国际申请	200390100001.9		CN 2 00364513 U	ZL200390100001.9
外观设计	200330100001.6		CN 3 00123456 S	ZL200330100001.6

以上讨论的是中国专利号的形式和变迁，在国际上，各国专利号的编码方式是有所不同的，就不再一一加以讨论。为了显示不同国别的专利，各国专利会在专利号前面加上两位英文字母，例如 CN 代表中国、US 代表美国、EP 代表欧洲、JP 代表日本、WO 代表世界专利等。

专利文献是指实行专利制度的国家及国际性专利组织在审批专利过程中产生的官方文件及其出版物的总称。主要包括专利申请说明书、专利说明书、专利证明书以及申请、批准专利的其他文件等。专利说明书是专利文献的核心，其主要作用，一是公开技术信息，二是限定专利权的范围。专利说明书的组成包括标头部分（扉页）、权利要求书、正文部分（说明书），用以描述发明创造内容和限定专利保护范围。扉页是揭示每件专利的基本信息的文件部分，基本专利信息包括：专利申请的时间、申请的号码、申请人或专利权人、发明人、发明创造名称、发明创造简要介绍及主图（机械图、电路图、化学结构式等——如果有的话）、发明所属技术领域分类号、公布或授权的时间、文献号、出版专利文件的国家机构等。权利要求书是专利文件中限定专利保护范围的文件部分，其中至少有一项独立权利要求，还可以有从属权利要求。说明书是清楚完整地描述发明创造的技术内容的文件部分，附图则用于对说明书文字部分的补充。各国对说明书中发明描述的规定大体相同，以中国专利说明书为例，说明书部分包括：技术领域、背景技术、发明内容、附图说明、实施举例等。有些机构出版的专利说明书还附有检索报告。检索报告是专利审查员通过对专利申请所涉及的发明创造进行现有技术检索，找到可进行专利性对比的文件，向专利申请人及公众展示检索结果的一种文件。附有检索报告的专利文件均为申请公布说明书，即未经审查尚未授予专利权的专利文件，检索报告以表格式报告书的形式出版。

7.1.2 专利检索

与学术论文需要通过限制下载和阅读权限来获得收益不同，专利文献倾向于向公众公开声明，依据相关法律来保证发明人的权益，因此通常专利全文是很容易获得的。在前面的相关章节中，已经讨论过使用中国期刊网、万方数据库、Derwent Innovations Index（通过 ISI Knowledge）、SciFinder Scholar、Google Patent 等平台进行专利检索，下面是其他免费专利全文检索系统的介绍。

7.1.2.1 中国国家知识产权局专利检索系统

作为中国专利的官方机构，国家知识产权局网站专利检索平台（http://www.sipo.gov.cn/zljs/）提供了 1985 年 9 月 10 日以来公布的全部中国专利信息，包括发明、实用新型和外观设计三种专利的著录项目及摘要，并可浏览到各种说明书全文及外观设计图形。

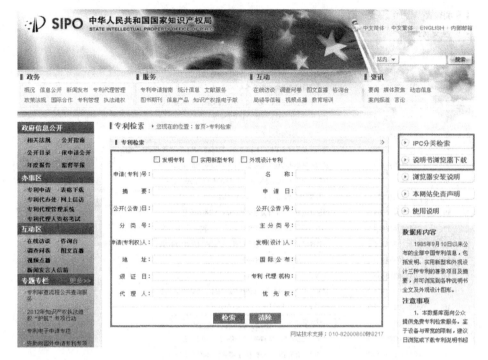

图 7-1　国家知识产权局专利检索系统

如图 7-1 所示，检索系统提供了一系列检索字段，包括专利类型（发明专利、实用新型专利、外观设计专利，如果选中则只检索一种类型的专利，不选则检索所有类型的专利）、申请（专利）号、专利名称、摘要、申请日、公开（公告）日、公开（公告）号、分类号、主分类号、申请（专利权）人、发明（设计）人、地址、国际公布、颁证日、专利代理机构、代理人和优先权，在相应字段输入检索词进行检索即可定位相关专利。其中名称和摘要字段内各检索词之间可进行 AND、OR、NOT 运算；申请（专利）号、公开（公告）号、申请（专利权）人、发明（设计）人、代理人、地址、专利代理机构字段可以使用 "?" 代替单个字符，使用 "%" 代替多个字符；申请日、公开（公告）日、颁证日字段由年、月、日三部分组成；分类号和主分类号可由《国际专利分类表》查得（点击图 7-1 右侧的 "IPC 分类检索"），当同一专利申请案具有若干个分类号时，其中第一个即为主分类号。

以检索 "磷酸锰锂" 的专利为例，在摘要字段输入 "磷酸锰锂 OR LiMnPO4"，然后点击检索按钮，则结果如图 7-2 所示，共获得 65 条发明专利和 2 条实用新型专利。

点击检索结果中任意一个专利名称，即进入检索摘要页面，提供了该专利的相关细节信息和摘要，如图 7-3 所示。如果要阅读专利说明书全文，则需要先安装说明书浏览器（在图 7-1 右侧栏，下载后安装），然后点击专利摘要页中 "申请公开说明书（7）页" 进行全文浏览（图 7-4）。使用全文浏览器的工具栏，可对说明书进行翻页、跳转、缩放、打印和保存（TIF 图片格式），从而获得专利说明书正文。专利说明书全文主要包括扉页、权利要求书和正文部分。扉页包括专利号（申请号、公布号）、专利名称、申请人、发明人、公布日期等基本信息，以及专利摘要，通常还含有图形摘要。权利要求书主要是对该发明（产品）的特征、实现方法（技术手段）、用料范围等进行描述和定义，以便在一定范围内保障该发明的权益。正文部分是专利说明书的主体，通常包括专利名称、领域、背景，以及显示比较详细技术细节的发明内容和具体实施方式等。

如果要检索多国专利或获得专利分析服务，可访问国家知识产权局专利检索与服务系统

| 专利检索 | 您现在的位置：首页>专利检索 |

· 发明专利（65）条   · 实用新型专利（2）条

序号	申请号	专利名称
1	200680010123.7	排气净化器
2	200410018330.X	用于薄膜锂离子电池的纳米阴极材料及其制备方法
3	200410015039.7	锂离子电池用正极、使用该正极的锂电池及其制造方法
4	201110066014.X	稀土掺杂的磷酸锰锂正极材料及其制备方法
5	201110080829.3	制备电池级磷酸锰锂的方法
6	201110108888.7	用作锂离子电池正极材料的复合磷酸锰锂及其制备方法和锂离子电池
7	201110095572.9	锌和氟掺杂的碳包覆磷酸锰锂正极材料及其制备方法
8	201110187299.2	采用溶胶-凝胶制备锂离子电池材料磷酸锰锂/碳的方法
9	201102152819	一种磷酸锰锂正极材料的离子热制备方法
10	201110410881.0	微波快速反应制备锂离子电池正极材料磷酸锰锂
11	201110410921.1	低温固相反应制备锂离子电池正极材料$LiMnPO_4$的方法
12	201110397625.2	一种磷酸锰锂和碳纳米管原位复合正极材料及其制备方法
13	201110397926.5	一种磷酸锰锂前躯体的制备方法
14	201110358665.6	锂离子二次电池及其正极片
15	201110267354.9	锂离子电池正极材料金属镁掺杂的磷酸锰锂/碳制备方法
16	201210134618.8	一种$LiMnPO_4$电极材料的形貌控制合成方法
17	201210117278.8	一种制备锂离子电池正极材料$LiMnPO_4$/C的方法
18	201210278000.9	掺杂其他金属离子的磷酸锰锂溶胶凝胶合成方法
19	201210265983.2	一种球形锂离子电池正极材料磷酸锰锂/碳的制备方法
20	201210455213.4	一种纳米级磷酸锰锂正极材料的制备方法

首页 上一页 下一页 尾页 页次：1/4 共有67条记录 转到 页 GO

图 7-2 专利检索结果

申请（专利）号：**201210117278.8**

+大中小

申请公开说明书（7）页			
申 请 号	201210117278.8	申 请 日：	2012.04.19
名 称	一种制备锂离子电池正极材料$LiMnPO_4$/C的方法		
公开（公告）号	CN102646828A	公开（公告）日：	2012.08.22
主 分 类 号	H01M4/58(2010.01)I	分案原申请号：	
分 类 号	H01M4/58(2010.01)I;C01B25/45(2006.01)I		
颁 证 日：		优 先 权：	
申请（专利权）人	中南大学		
地 址	410083 湖南省长沙市岳麓区麓山南路932号		
发明（设计）人	王志兴；熊训辉；郭华军；李新海；彭文杰；胡启阳；张云河	国际申请：	
国际公布：		进入国家日期：	
专利代理机构	长沙市融智专利事务所 43114	代 理 人：	魏娟

摘要

一种制备锂离子电池正极材料LiMnPO4/C的方法，包括以下步骤：将锂源、高价锰源与磷源按锂、锰、磷元素摩尔比为1:1:1的比例混合，所述高价锰源中锰离子的价态大于2；加入有机碳源还原剂，5～35℃条件下进行机械活化还原0.5～20小时，从而高价锰还原成二价锰并制备出无定形LiMnPO4前驱体，然后在非氧化性气氛中加热到400～800℃，恒温0.5～12h，即得纯相LiMnPO4/C材料。本方法在机械活化过程中各元素达到原子水平混合并还原高价锰，直接制备出LiMnPO4前驱体，在烧结过程中过量的有机还原剂抑制颗粒长大，从而制备出性能优异的LiMnPO4/C材料，1C首次放电比容量达100mAh/g以上。本发明具有流程短、过程简单、产品性能优越，生产过程成本低，易于实现大规模生产等优点。

图 7-3 专利摘要页

图 7-4 专利全文浏览

(http://www.pss-system.gov.cn/sipopublicsearch/portal/indexAC.do，图 7-5）。该网站提供了 103 个国家、地区和组织的专利数据，包括中国、美国、日本、德国、欧盟、世界专利等，具体收录范围和时间跨度可点击图 7-5 右边的"更多"显示。点击主页"专利检索"链接，进入专利检索，该系统提供了多种检索界面，下面重点介绍"表格检索"界面，如图 7-6 所示。

图 7-5 国家知识产权局专利检索与服务系统

从图 7-6 可见，"表格检索"界面中，最上面是检索范围的选择，缺省设置为"中外专利联合检索"；接着以表格（form）的形式，呈现专利的各个字段，允许在这些字段中输入检索关键词，输入后再点击"生成检索式"按钮，系统自动生成并将检索式填写到下面的"命令编辑区"中。所以，实际上要检索的内容是"命令编辑区"中的检索式，因此也可以

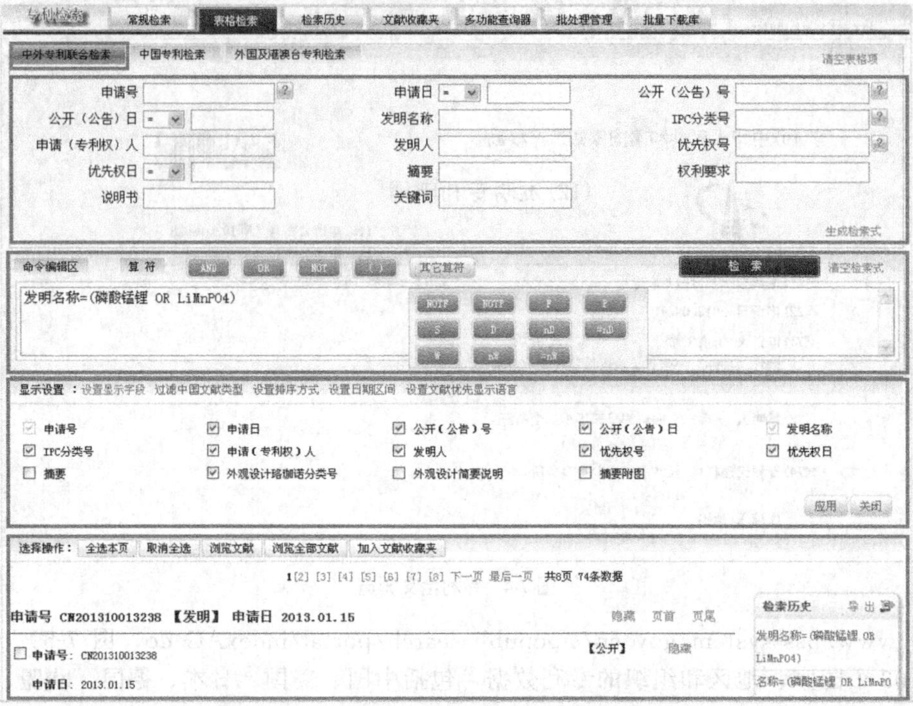

图 7-6 专利检索"表格检索"界面及检索结果

手工在这个区域输入检索式,而不用管上面的表格部分。点击"检索"按钮完成搜索,搜索结果呈现在本页最下方(图 7-6)。对于检索结果的显示方式,可以点击检索结果上方的"显示设置"来进行调整。"命令编辑区"提供了非常专业的检索式编辑功能,支持多字段的 AND、OR、NOT 等的布尔逻辑运算,并可以使用括号"()"运算符来进行优先运算。此外,单一字段的检索词支持逻辑运算和模糊匹配功能。具体来说可以将专利各个字段分成三大类:第一类是发明名称、申请(专利权)人、发明人、摘要、权利要求、说明书、关键词这类"文字型"字段,支持布尔运算和截词符"+"(代表任何长度的字符串)、"?"(代表一个或没有字符)、"#"(代表一个强制存在的字符);第二类是申请号、公开(公告)号、优先权号这样的"编号"字段,支持编号的模糊匹配并自动去掉校验位;第三类是申请日、公开(公告)日、优先权日这样的"日期"字段,允许限定日期范围,年月日之间可以连续编号或用"-"或"."分隔。

点击检索结果中"查看文献详细信息"可打开专利摘要页,点击摘要页中"全文图像"获取专利全文,如图 7-7 所示。

7.1.2.2 SooPat 专利检索系统

SooPat(http://www.soopat.com/,图 7-8)目前是一个完全免费的专利数据搜索引擎,其中 Soo 代表"搜索",Pat 代表"patent"。正如其网站所宣称的那样,SooPat 致力于做"专利信息获得的便捷化,努力创造最强大、最专业的专利搜索引擎,为用户实现前所未有的专利搜索体验"。SooPat 本身并不提供数据,而是将所有互联网上免费的专利数据库进行链接、整合,并加以人性化的调整,使之更加符合人们的一般检索习惯。例如,SooPat 中国专利数据的链接来自国家知识产权局互联网检索数据库,国外专利数据来自各个国家的官方网站。SooPat 无需注册即可免费检索,但要进行全文浏览和下载则需要免费注册成会员。除检索外,SooPat 还提供了强大的专利分析功能,例如可以对专利申请人、申请量、

(a) 专利摘要页

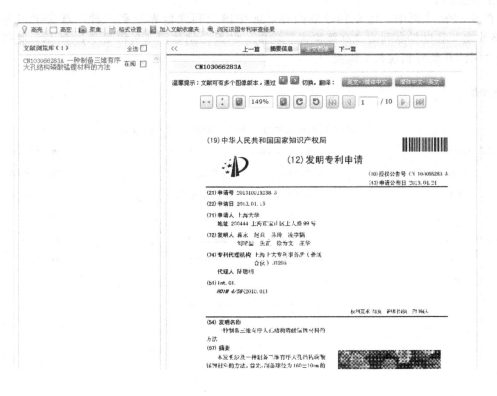

(b) 专利全文

图 7-7 专利检索的摘要和全文

图 7-8 SooPat 专利检索系统首页

专利号分布等进行分析，用图表表示，而且处理速度相当快，到目前为止，该专利分析功能是完全免费的。

在 SooPat 主页中，将专利分成两种，即中国专利和世界专利两种，点击中国专利的"表格检索"和世界专利的"高级检索"功能，结果分别如图 7-9 和图 7-10 所示，整体上与前面介绍的其他专利检索系统类似。

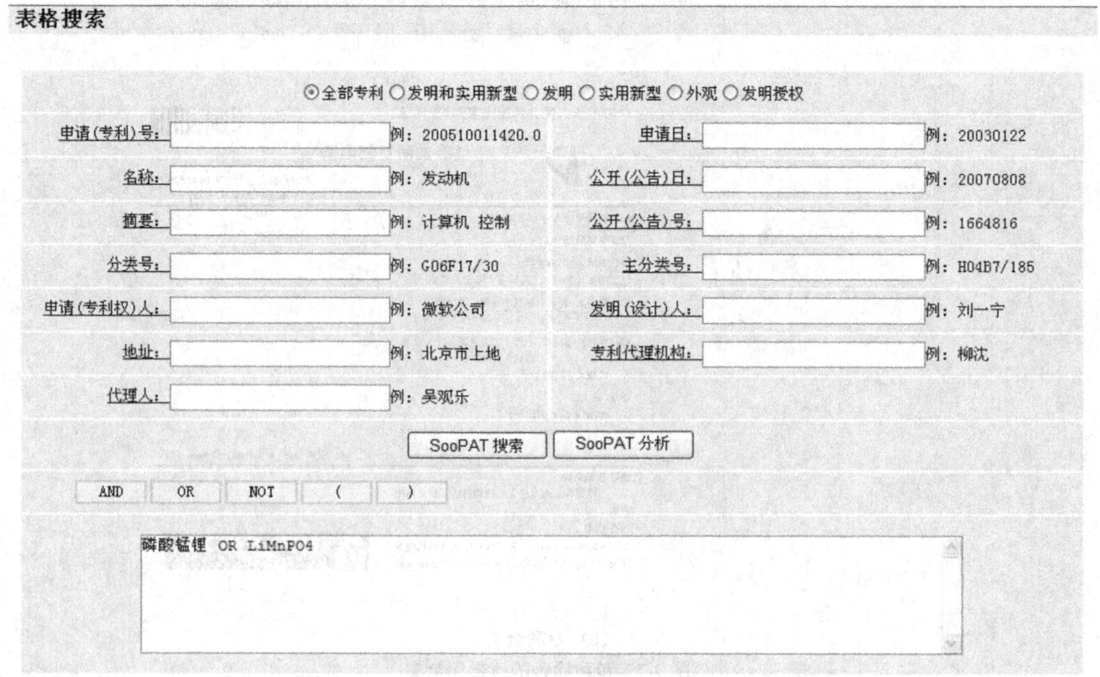

图 7-9 SooPat 中国专利"表格检索"界面

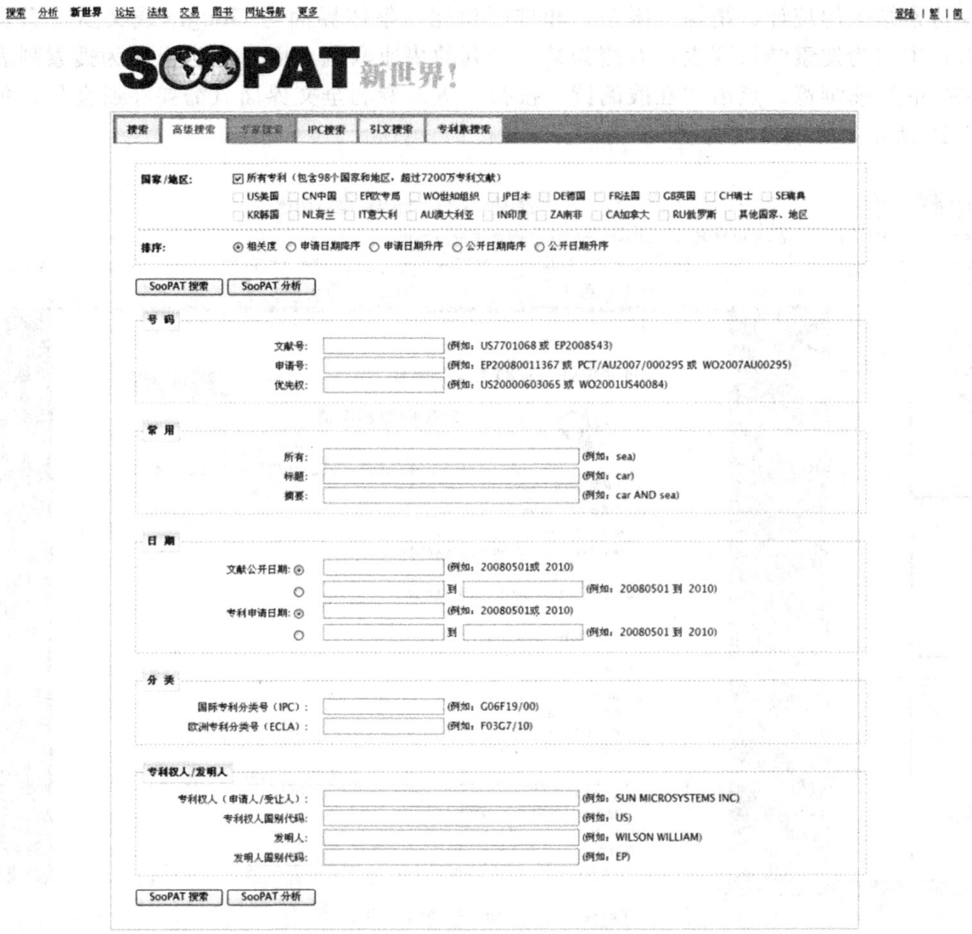

图 7-10 SooPat 世界专利"高级检索"界面

继续以"磷酸锰锂 OR LiMnPO4"为检索关键词进行演示,检索结果为专利列表,并可以定制显示方式。选择显示方式为"两栏式",则搜索结果如图 7-11 所示。如图所示,左

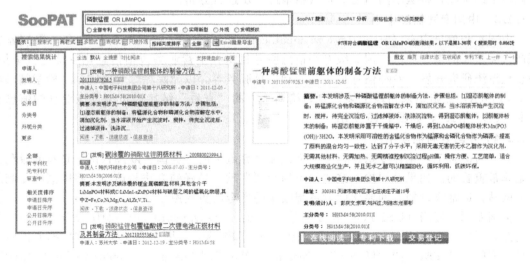

图 7-11 专利检索结果

侧栏为检索结果的统计、精炼（限定）和排序功能，整体界面与 Google 或文献检索系统比较类似；中间为搜索结果列表；右侧为某一专利的快速浏览页面，缺省设置为搜索列表中第一个结果的快速浏览。点击"在线阅读"按钮，进入专利全文界面（需要注册会员，免费），如图 7-12 所示，专利全文为 PDF 格式。

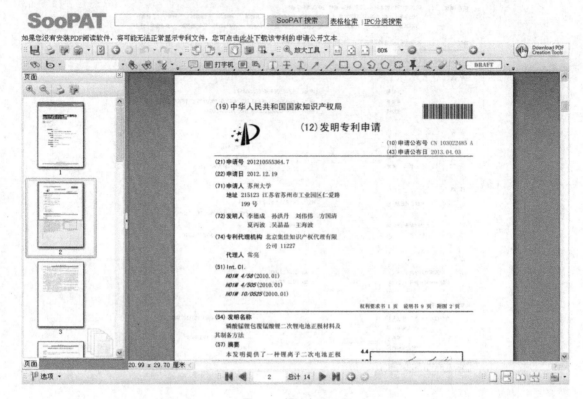

图 7-12 阅读专利全文

输入检索词或在检索结果后点击"SooPat 分析"按钮，则进入专利分析页面（需要登录才能显示），如图 7-13 所示，使用图表形式形象地对当前检索结果集进行分析整理。点击左侧栏中的选项，将从不同角度对检索结果进一步进行分析。

7.1.2.3 中国专利信息中心

中国专利信息中心（http://www.cnpat.com.cn，图 7-14）成立于 1993 年，是国家知识产权局直属的事业单位、国家级专利信息服务机构，主营业务包括信息化系统运行维护、信息化系统研究开发、专利信息加工和专利信息服务等。以"除垢"为关键词，检索结果如图 7-15 所示，点击结果列表中某一专利摘要下方的"查看"链接即可浏览该专利的信息和全文（PDF 格式），如图 7-16 所示。

7.1.2.4 外国专利检索系统

专利与国家工业化程度息息相关，因此在世界范围内，美国、欧洲各国、日本的专利文献是非常重要的。如果希望检索这些国家的专利文献，最好的方法是访问这些国家的专利局官方网站，通常收录的专利要比商业系统收录的更全面更权威。

美国专利商标局（USPTO）官方网站（http://www.uspto.gov/patft/index.html）免费向互联网用户提供 1790 年以来的美国专利全文和图像，如图 7-17 所示。该数据库提供了多种类型的专利文献，如"Utility""Design""Plant""Reissue""Defensive Pub""SIR"，其中"Utility"是被检索最多的一类，相当于中国专利中的发明专利和实用新型，数据库每

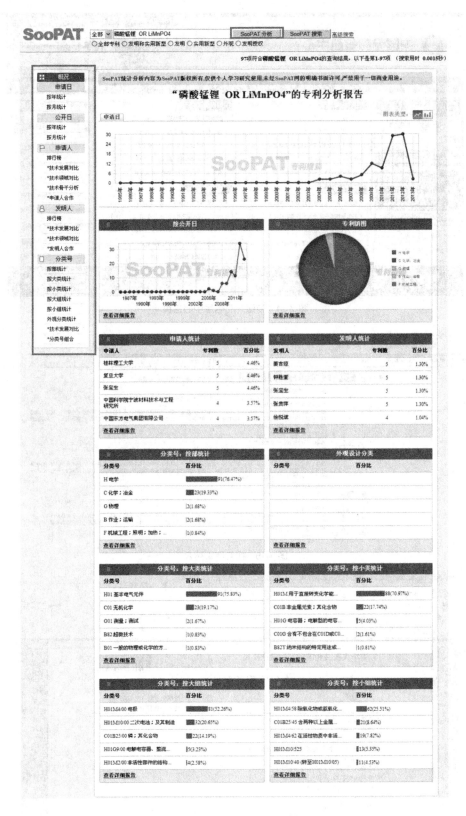

图 7-13 SooPat 专利分析功能

图 7-14　中国专利信息中心主页

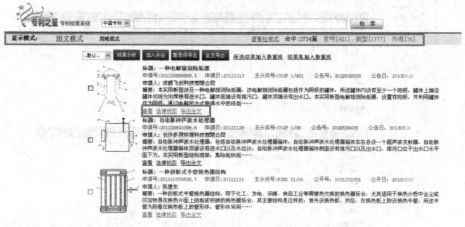

图 7-15　检索结果列表

图 7-16　查看专利全文

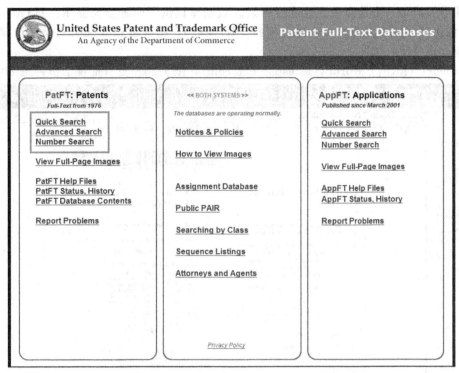

图 7-17　美国专利商标局专利搜索系统

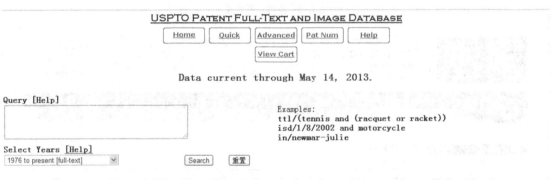

图 7-18　美国专利商标局专利搜索高级检索界面

周更新一次。系统提供了以下四种检索方式：快速检索、高级检索、精确检索、专利号检索。快速检索方式仅允许两个检索字段之间进行逻辑组配检索，涉及了专利名称、摘要、专利号等三十来个检索字段。高级检索方式（图 7-18）可以满足更多的检索条件，允许用户使用布尔逻辑算符、截词算符（"$"）、词组检索、时间限制检索方式以及规定的字段代码将检索词组织成为一个检索表达式进行检索。数据库提供了两种全文显示：HTML 格式和 TIFF 图像格式（需要先为网络浏览器安排 TIF 插件）。图像格式的说明书是单页显示，可以下载或直接打印，如图 7-19 所示。

Espacenet（http://worldwide.espacenet.com/，图 7-20）免费提供了世界上 80 个国家

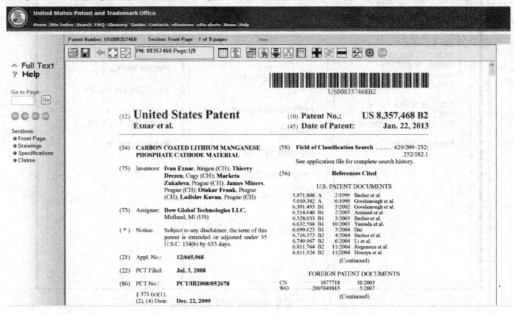

图 7-19 美国专利全文

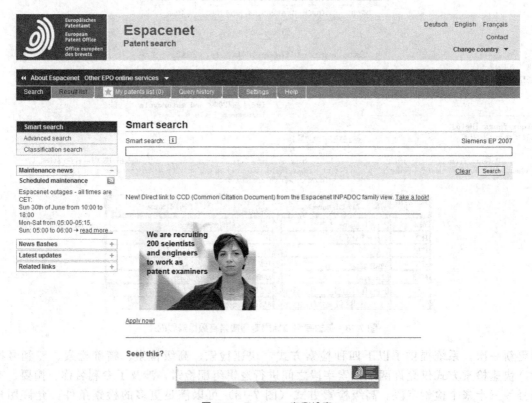

图 7-20 Espacenet 专利检索

和地区（主要包括欧洲专利局的专利、世界知识产权组织的专利、世界专利以及美国和日本专利）出版的近亿件专利文献。该数据库更新较快，一般能检索到当年当月的专利文献。数据库提供了以下四种检索方式：快速检索、高级检索（图 7-21）、专利号检索、分类号检索。在主页的每一种检索方式旁都配有快速帮助信息，能有效地指导用户完成简单检索。关键词检索时最多运行使用四个词进行逻辑组配检索，允许使用双引号对词组进行限定检索。数据库的专利全文以 PDF 图像格式显示（图 7-22）。另外，该数据库的一大特色就是能反映同族专利的情况，用户可以选择适合的语言来阅读相关专利全文。

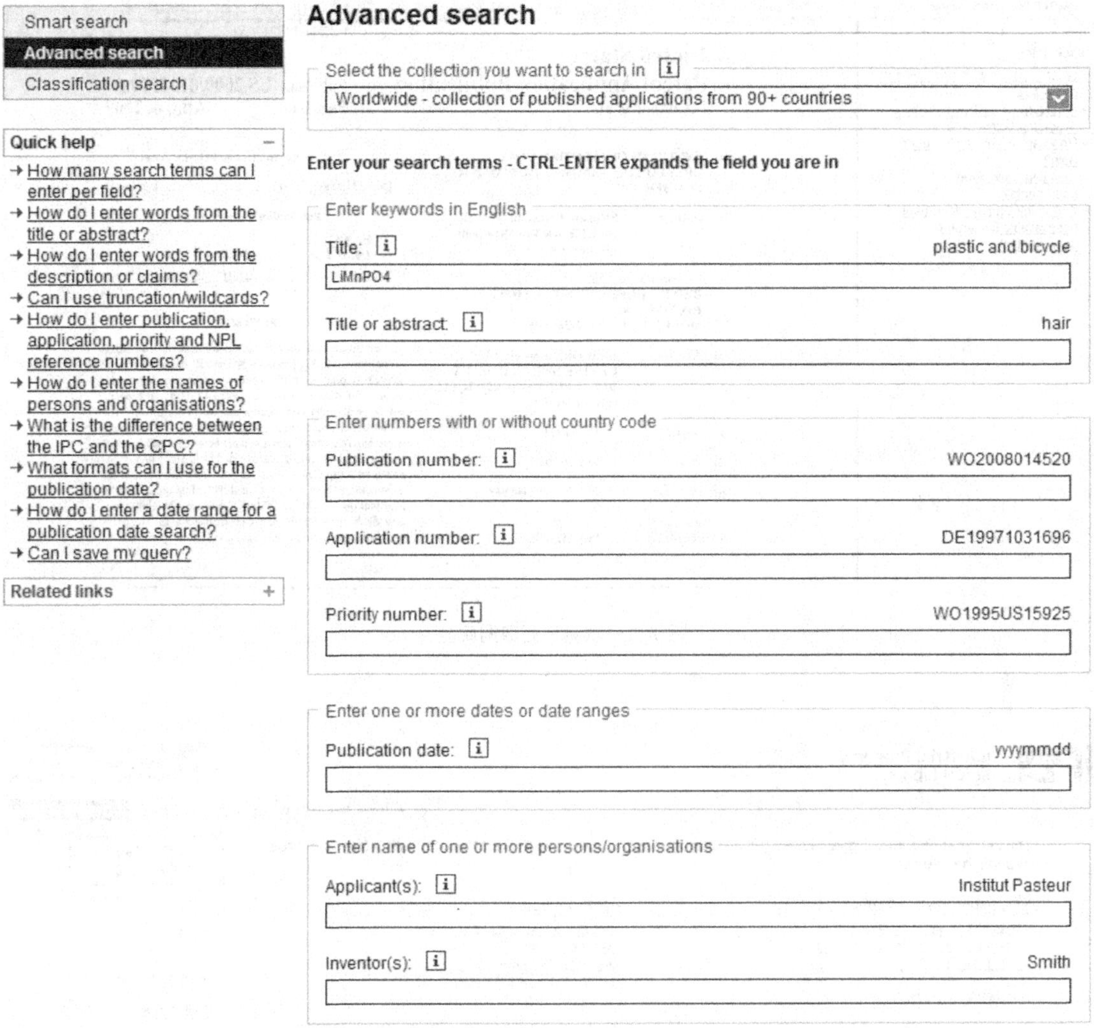

图 7-21 欧洲专利数据库高级检索界面

IPDL（http://www.ipdl.inpit.go.jp/homepg_e.ipdl）即日本特许厅工业产权数字图书馆在互联网上免费提供的日本专利数据库（图 7-23）。该系统收集了各种公报的日本专利（特许和实用新案），有英语和日语两种工作语言。英文版收录自 1993 年至今公开的日本专利题录和摘要；日文版收录 1971 年开始至今的公开特许公报，1885 年开始至今的特许发明细书，1979 年开始至今的特许公报等专利文献。由于日本专利数据库提供的专利全文多数是日语的，因此对于不懂日语的用户最常用的两个检索途径是：①按日本专利号检索；②在英文版检索系统中按关键词、或专利号检索。按日本专利号检索要注意年代转换及专利类型

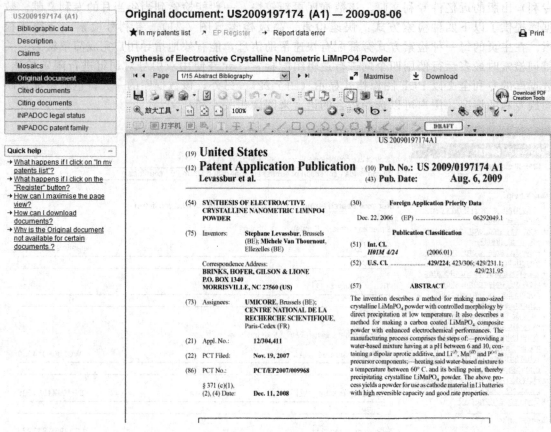

图 7-22　欧洲专利数据库全文

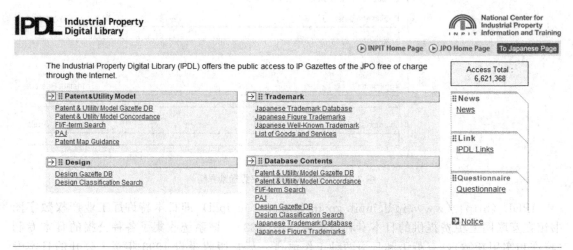

图 7-23　日本专利数据库

代码。如：M 代表明治年，明治年＋1868＝公元年；T 代表大正年，大正年＋1912＝公元年；S 代表昭和年，昭和年＋1925＝公元年；H 代表平成年，平成年＋1988＝公元年。例如检索"特公 平 6—123456"，可输入"H06—123456"。再如检索"Jpn. Kokai Tokkyo koho JP 03 95，145 [9195，145] 19 Apr 1991"，可输入"H03—95145"。常用的专利类型代码为：A 代表特许公开，B 代表特许公告。在 PAJ 英文版检索系统中检索到的专利，虽然可以看到由机器自动翻译的英文专利说明书的全文，但最原始的全文还需通过专利号检索出日文版的说明书来阅读。

7.2 标准与法规检索

7.2.1 标准入门

标准（standard）是对重复性事物和概念所做的统一规定，它以科学、技术和实践经验的综合成果为基础，经有关方面协商一致，由主管机构批准，以特定形式发布，作为共同遵守的准则和依据。这一定义表明：①标准的本质属性是一种"统一规定"，这种统一规定是作为有关各方"共同遵守的准则和依据"；②标准制定的对象是重复性事物和概念，这里讲的"重复性"指的是同一事物或概念反复多次出现的性质；③标准产生的客观基础是"科学、技术和实践经验的综合成果"，这就是说标准既是科学技术成果，又是实践经验的总结，并且这些成果和经验都是在经过分析、比较、综合和验证基础上，加之规范化，只有这样制定出来的标准才能具有科学性；④制定标准的过程要"经有关方面协商一致"，就是制定标准要发扬技术民主，与各有关方面协商一致，这样制定出来的标准才具有权威性、科学性和适用性；⑤标准文件有其自己的一套特定格式和制定颁布的程序，必须"由主管机构批准，以特定形式发布"，标准的编写、印刷、幅面、格式和编号、发布的统一，既可保证标准的质量，又便于资料管理，体现了标准文件的严肃性。

标准按性质可划分为技术标准和管理标准。技术标准是为科研和生产的技术工作、技术质量等制定的标准，其按内容又可分为基础标准、产品标准、方法标准、安全和环境保护标准等。管理标准按内容分为技术管理标准、生产组织标准、经济管理标准、行政管理标准、管理业务标准、工作标准等。标准按适用范围可划分为国际标准、区域性标准、国家标准、行业（专业）标准、地方标准和企业标准。标准按是否强制执行和成熟程度，可以分为强制性标准（法定标准）、推荐标准、试行标准和标准草案等。强制性标准必须严格执行，做到全国统一，推荐性标准国家鼓励企业自愿采用。

标准文献狭义指按规定程序制定，经公认权威机构（主管机关）批准的一整套在特定范围（领域）内必须执行的规格、规则、技术要求等规范性文献；广义指与标准化工作有关的一切文献，包括标准形成过程中的各种档案、宣传推广标准的手册及其他出版物、揭示报道标准文献信息的目录、索引等。现代标准文献产生于 20 世纪初。1901 年英国成立了第一个全国性标准化机构，同年世界上第一批国家标准问世。此后，美、法、德、日等国相继建立全国性标准化机构，出版各自的标准。中国于 1957 年成立国家标准局，次年颁布第一批国家标准（GB）。20 世纪 80 年代，已有 100 多个国家和地区成立了全国性标准化组织，其中 90 多个国家和地区制定有国家标准。国家标准中影响较大的有美国（ANSI）、英国（BS）、日本（JIS）、法国（NF）、德国（DIN）等。国际标准化机构中最重要、影响最大的是 1947 年成立的国际标准化组织（ISO，International Organization for Standardization）和 1906 年成立的国际电工委员会（IEC，International Electrotechnical Commission），它们制定或批准的标准具有广泛的国际影响。随着标准化事业的迅猛发展，标准文献数量激增。中国标准化研究院国家标准馆是国家重点支持、面向全国的国家级标准文献服务中心，是全国最大的标准收藏中心。该馆目前藏有 60 多个国家、70 多个国际和区域性标准化组织、450 多个专业协（学）会的成套标准以及全部中国国家标准和行业标准，收集了 160 多种国内外标准化期刊和 7000 多册标准化专著。

国际标准代号及编号的基本结构为：标准代号＋专业类号＋顺序号＋年代号。其中：标准代号大多采用缩写字母，如 ISO、IEC、ANSI；专业类号因其所采用的分类方法不同而各异，有字母、数字、字母数字混合式三种形式；标准号中的顺序号及年号的形式各国基本相同。

这里简单介绍一下国际标准化组织 ISO。它是世界上最大的非政府性标准化专门机构，是国际标准化领域中一个十分重要的组织。ISO 的任务是促进全球范围内的标准化及其有关活动，以利于国际间产品与服务的交流，以及在知识、科学、技术和经济活动中发展国际间的相互合作。由于它显示了强大的生命力，吸引了越来越多的国家参与其活动。国际标准 ISO 代号及格式为：ISO＋标准号＋（"-"＋分标准号）＋冒号＋发布年号。其中括号中的内容可有可无，例如 ISO8402:1987 和 ISO9000-1:1994 都是 ISO 标准编号。

我国标准的编号由标准代号、标准发布顺序号和标准发布年号构成。其中国家标准的代号由"国标"二字的大写汉语拼音首字母构成，例如强制性国家标准代号为"GB"，推荐性国家标准的代号为"GB/T"；行业标准代号由行业名称的汉语拼音大写首字母组成，再加上"/T"组成推荐性行业标准，如 HJ/T 为环境推荐标准；地方标准代号由"地标"二字大写汉语拼音首字母 DB 加上省、自治区、直辖市行政区划代码的前面两位数字（北京市 11、天津市 12、上海市 13 等）构成，再加上"/T"组成推荐性地方标准（DB××/T），不加"/T"为强制性地方标准（DB××）；企业标准的代号由"企"字大写汉语拼音首字母 Q 加斜线再加企业代号组成（Q/×××），企业代号可用大写拼音字母或阿拉伯数字或者两者兼用所组成。

7.2.2 标准检索

标准是由权威机构或主管机关批准的一整套规格、规则、技术要求的规范性文献，其内容与专利或论文相比要详尽得多并具有一定的法律效应，通常为正式出版物。因此，要获得标准的最佳途径是购买该标准文献出版物或通过标准机构进行复印，通常要支付少量的费用。

国家标准查询网（http://cx.spsp.gov.cn/index.aspx）是浙江省标准化研究院旗下的浙江省标准信息与质量安全公共科技创新服务平台，拥有 400 个国内外标准组织的 120 万份标准题录，60 万件标准文本。在该网主页，可以通过输入关键字、标准号、组织类别、分类号等信息，来查询相应的标准文献，如图 7-24 所示。以"饮用水"为关键字，检索后的结果见图 7-25。

在检索结果列表中，点击标准号右侧"详情"按钮打开标准摘要页面，显示标准名称、标准号、实施日期、起草单位、相关图书等信息；点击"预览"按钮可以打开标准全文（需要先注册，目前免费）。以《生活饮用水标准检验方法　消毒剂指标》（GB/T 5750.11—2006）标准为例，全文预览如图 7-26 所示。该标准的内容，涉及实验方法、适用范围、实验原理、试剂、操作步骤、仪器、分析步骤、计算方法等，详尽地对各项检测指标及对应的实验方法和过程进行了介绍。

国家标准馆隶属中国标准化研究院，是国家标准化管理委员会的基础信息支撑机构。国家标准馆是国家标准文献中心，是中国图书馆学会专业图书馆分会理事单位和国家科技图书

图 7-24　国家标准查询网主页

图 7-25　国家标准查询网检索结果

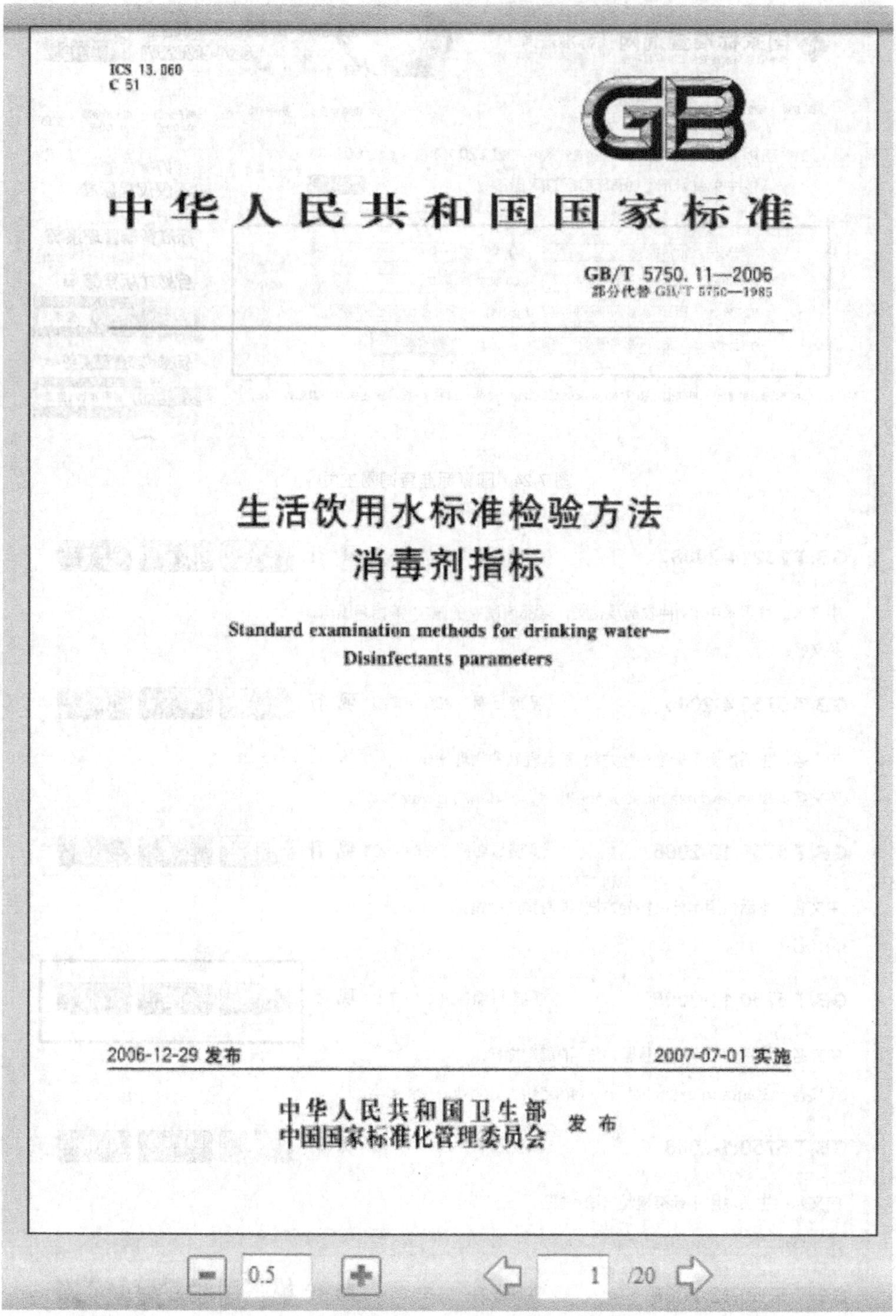
ICS 13.060
C 51

GB

中华人民共和国国家标准

GB/T 5750.11—2006
部分代替 GB/T 5750—1985

生活饮用水标准检验方法
消毒剂指标

Standard examination methods for drinking water—
Disinfectants parameters

2006-12-29 发布 2007-07-01 实施

中华人民共和国卫生部
中国国家标准化管理委员会 发布

图 7-26 标准全文预览

文献中心（NSTL）的成员单位，是我国历史最久、资源最全、服务最广、影响最大的权威性标准文献服务机构。“国家标准文献共享服务平台”，是国家科技基础条件平台重点建设项目之一，由国家质量监督检验检疫总局牵头，中国标准化研究院承担。平台门户网站（http://www.cssn.net.cn，图 7-27）向社会开放服务，为社会各界提供标准文献查询（查

图 7-27 国家标准文献共享服务平台主页

阅)、查新、有效性确认、咨询研究、信息加工、文献翻译、销售代理、专业培训以及其他专题性服务。在平台的主页,可以输入相应的关键词或标准号进行检索,以"饮用水"为例,检索结果如图 7-28 所示。检索后,需要支付一定的费用才能获得全文。

图 7-28 国家标准文献共享服务平台检索结果

图 7-29 WSSN 主页

要获取各国标准，最简单的方法是访问 WSSN（world standards services network，http://www.wssn.net/WSSN/index.html，图 7-29）网站，这个网站提供了国际上大量的标准化机构网站，可以按字母或按地域进行浏览，然后进入具体标准机构的官方网站，再进行检索和访问即可。不过一般情况下要获得标准文件，是要付费的。

7.2.3 法规检索

法规指国家机关制定的规范性文件，是法律、法令、条例、规则、章程等法定文件的总称，法规具有法律效力。法律包括宪法、基本法律（如刑法、民法通则、经济法等）、普通法律等。法规包括行政法规（由国务院制定并修改）、地方性法规（由各省、自治区、直辖市以及省政府所在的市和国务院批准的较大的市的人民代表大会及其常委会制定并修改，不得与最高法规相冲突）、部门规章（由国务院各部、委、总局、局、办、署经国务院批准制定的一种在本部门管辖范围内有效的低层次法律，与地方性法规、自治条例的法律地位是平等的）。

法律法规一般是向公众公开的，因此在互联网上通常比较容易找到，例如通过访问法律教育网（http://www.chinalawedu.com/falvfagui/，图 7-30），使用关键词检索或分类浏览可以获得相关法律法规的正文。当然，通常意义上文献所说的法规，其实是指"技术法规"，这类法规与标准联系在一起称为"标准与法规"。很多"标准"检索网站通常也提供技术法规的检索。例如前面介绍的国家标准查询网（图 7-31）和国家标准文献共享服务平台（图 7-32）。

第 7 章 特种文献与事实数据：走向应用

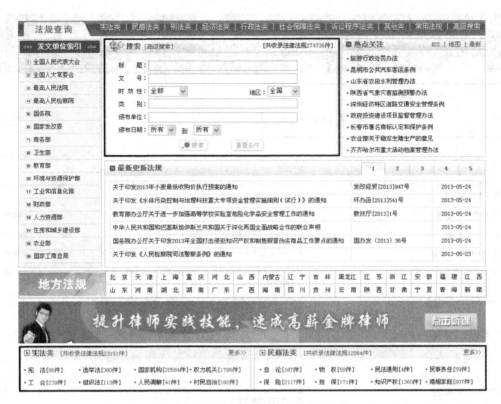

图 7-30 法律教育网-法律法规政策查询库

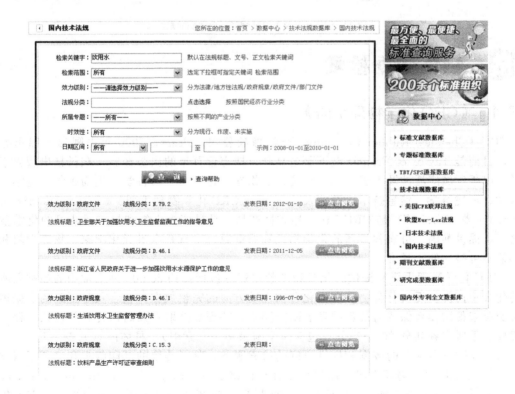

图 7-31 国家标准查询网法规检索结果

图 7-32 国家标准文献共享服务平台法规检索结果

7.3 物性数据检索

7.3.1 《CRC 化学物理手册》

CRC（Chemical Rubber Company，化学橡胶公司）Press，1900 年由阿瑟·弗里德曼创立，目前是 Taylor & Francis 旗下著名品牌，拥有近百年的出版经验，在科技出版界享有盛誉。出版领域广泛涉及工程、数学与统计、物理、化学、生命科学、生物医学、药学、食品科学、环境科学、信息技术、商业及法学等。《CRC 化学物理手册》（"CRC Handbook of Chemistry & Physics"）是 CRC Press 标志性产品，是最广为人知和最广泛认可的化学参考书之一，提供准确、可靠和最新的化学物理数据资源，一直是全世界化学家、物理学家和工程师们不可替代的工具书。

《CRC 化学物理手册》提供的化学物理数据资源包括：约 20 000 种最常用的和被人所熟知的化合物；提供无机化合物和有机化合物性质方面的完整数据；包含及时更新的数据表和参考资源来帮助读者保持与最新的发展研究同步；特征数据取自及时研究，并被认真评估其准确性。手册内容共分 20 个部分（包含两个附录和一个索引），具体内容见表 7-5。

为了及时发布最新的数据和提供更好的检索服务，除了传统的纸印版本和电子版（软件系统）外《CRC 化学物理手册》还提供了在线网络版本（http://www.hbcpnetbase.com/，图 7-33）。网络版本的主界面非常简洁，左侧栏提供各部分的目录用于进行浏览，右上角提供了检索功能，右侧主体部分则用于显示结果。

表 7-5 《CRC 化学物理手册》主要内容

序号	英文名称	中文名称和主要内容
Section 1	Basic Constants, Units, and Conversion Factors	基本常数、单位和换算因子
Section 2	Symbols, Terminology, and Nomenclature	符号、术语和命名法
Section 3	Physical Constants of Organic Compounds	有机化合物物理常数。收集了 10 000 多种有机化合物的熔点、沸点、密度、折射率数据及在不同溶剂中的溶解性能
Section 4	Properties of the Elements and Inorganic Compounds	元素和无机化合物的性质。给出近 3000 种无机化合物的一些主要性质和数据
Section 5	Thermochemistry, Electrochemistry, and Kinetics	热力学、电化学和动力学。化学物质的标准热力学性质表,包括标准摩尔生成焓、标准摩尔吉布斯能、标准摩尔熵和定压摩尔热容
Section 6	Fluid Properties	流体的性质。主要包括水的一些性质,气体的维里系数、范德华常数、临界常数、蒸气压、蒸发焓和熔化焓等
Section 7	Biochemistry	生物化学
Section 8	Analytical Chemistry	分析化学。主要有无机物测定用有机分析试剂,指示剂,电动势序列,酸和碱的解离常数,水溶液的性质,有机化合物在水溶液中的溶解度和亨利常数等
Section 9	Molecular Structure and Spectroscopy	分子结构和光谱。主要包括键长,化学键强度,偶极矩,电负性,小分子的基本振动频率,双原子分子的光谱常数,红外相关图表等
Section 10	Atomic, Molecular, and Optical Physics	原子、分子和光学物理
Section 11	Nuclear and Particle Physics	核物理和粒子物理。主要是粒子性质简表和同位素表
Section 12	Properties of Solids	固体的性质。主要有晶体的对称性及晶体的其他性质,金属及合金的性质等
Section 13	Polymer Properties	聚合物性质。主要包括有机聚合物的命名及优质聚合物的玻璃化温度
Section 14	Geophysics, Astronomy, and Acoustics	地球物理学、天文学和声学
Section 15	Practical Laboratory Data	实验室使用数据。包括标准 ITS-90 热偶表,常用实验室溶剂和性质,以及压力对沸点的影响、沸点升高常数、凝固点降低常数等
Section 16	Health and Safety Information	健康和安全信息。包括实验室化学品的管理与处置,化学物质的易燃性,空气中污染物的极限,辛醇-水分配系数等
Section 17	Mathematical Tables	数学用表
Section 18	Sources of Physical and Chemical Data	附录 A:物理和化学数据来源
Section 19	Tables from Older Editions	附录 B:旧版移除的数据表
Section 20	Index	索引

图 7-33 《CRC 化学物理手册》主页

《CRC 化学物理手册》采用二级目录结构，点击各手册左侧目录导航栏中某一部分的标题，展开下级目录，再点击该子目录标题，则可以浏览全部归属于这个子目录的手册内容，如图 7-34 所示，是一个 PDF 文档。利用 PDF 文档浏览器的各个功能，例如查找、复制等功能，可以获取相应的数据信息。除了直接浏览 PDF 文档，《CRC 化学物理手册》还提供了交互性表格（"Interactive Table"）的功能，这一功能将 PDF 中的主要数据转化为一个二维电子表格，如图 7-35 所示。在电子表格中，可以对数据进行排序、筛选、复制和导出。

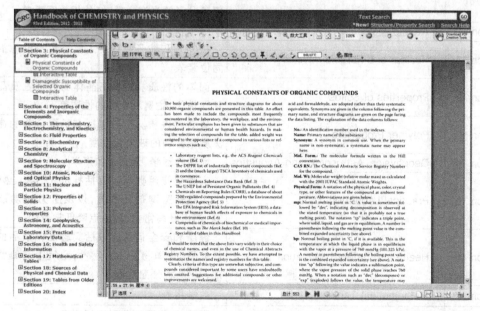

图 7-34 通过目录浏览手册内容

《CRC 化学物理手册》在线版本提供了两种检索功能，一种称之为文本检索（"Text Search"），另一种是结构与属性检索（"Structure/Property Search"）。文本检索即全文检索（本

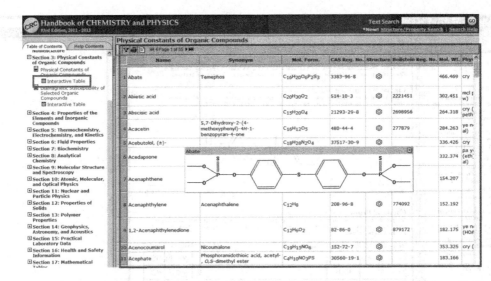

图 7-35　通过交互性表格浏览化合物性质

质上是所有 PDF 文档和交互性表格的全文检索），以检索词 "Bisphenol A" 为例，检索结果如图 7-36 所示。检索结果显示了各部分内容与检索词相匹配的情况，并显示了相应的符合数（hits），点击检索结果中各部分的标题，即可快速定位到与检索词相关的文档或表格。

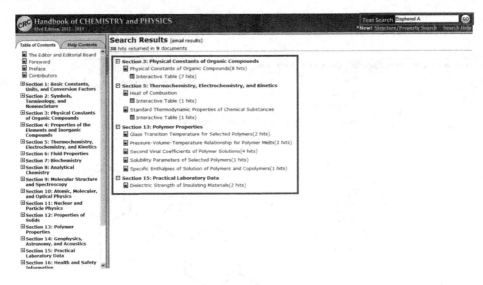

图 7-36　文本检索功能

与文本全文检索相比，结构与属性检索提供了非常专业的功能，如图 7-37 所示。其中上半部分为结构检索，点击 "Draw Structare" 按钮打开化学结构编辑器（第一次运行需要安装 JAVA 运行库），如图 7-38 所示，绘好后点击 "Add Structure" 返回；下半部分为属性检索，可以对多种属性条件进行逻辑运算（AND 或者 OR）。几种常见属性可以通过直接选择进行检索，包括："Name of substance"（名称）、"Formula"（分子式）、"CAS Registry No."（CAS 登记号）、"Molecular weight"（分子量）、"Subject"（主题）。更多的属性选项需点击 "Add Another Property" 进行添加，再进行检索，包括："Melting point"（℃，熔点）、"Boiling point"（℃，沸点）、"Density"（g/cm^3，密度）、"Refractive index"（折射率）、"Solubility"（mass％，质量溶解度）、"Critical temperature"（K，临界温度）、"Criti-

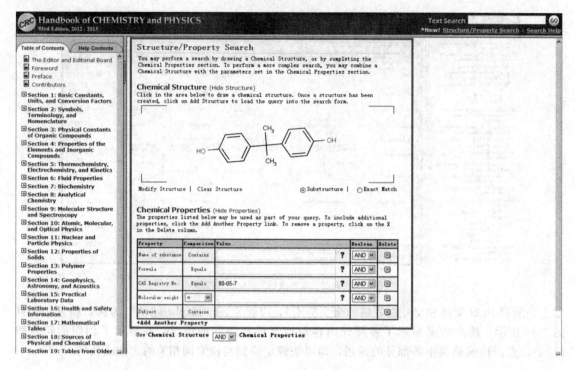

图 7-37　结构与属性检索

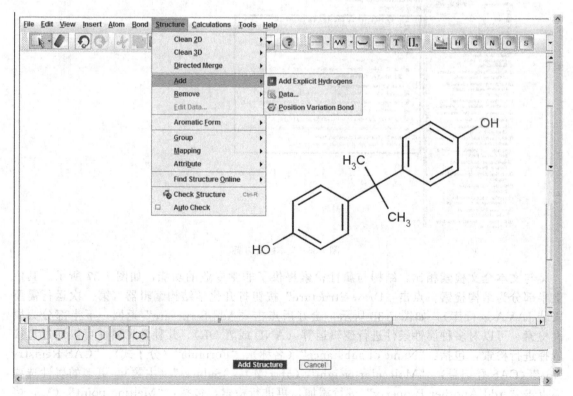

图 7-38　化学结构编辑器界面

cal pressure"（MPa，临界压力）、"Flash point"（℃，闪点）、"Solid heat capacity"[J/(mol·K)，固体热容]、"Liquid heat capacity"[J/(mol·K)，液体热容]、"Viscosity"（mPa·s，黏度）、"Thermal conductivity"[W/(m·K)，热导率]、"Enthalpy of fusion"（kJ/mol，熔融焓）、"Enthalpy of vaporization"（kJ/mol，汽化焓）、"Surface tension"（mN/m，表面张力）、"Acid dissociation const."（pK_a，酸解离常数）、"Octanol-water partition coefficient"（$\lg P$，醇-水分配系数）、"Dielectric constant"（介电常数）、"Electric dipole moment"（D，偶极矩）、"Magnetic susceptibility"（$10^{-6}\,cm^3/mol$，磁化率）、"Spectral wavelength"（Å，波长）、"Ionization energy"（eV，电离能）等。属性与数据的运算关系包括等于、包含、大于、小于、范围等。

7.3.2 ChemSpider

ChemSpider（化学蜘蛛，http://www.chemspider.com/，图 7-39）是英国皇家化学会 RSC 提供的一个免费的网络化学数据库，记录了超过 2800 万个化学物质的性质。与其他化学数据库不同的地方在于，它以公开的网络数据库和在线服务为主要信息来源，并允许注册用户添加化合物结构和光谱数据，因此这个数据库更像是化学专家的化合物百科全书。

ChemSpider 提供了多个检索入口供用户进行检索，包括简单检索"Simple search"、结构检索"Structure search"和高级检索"Advanced search"。在简单检索界面（见图 7-39），可以在搜索框中输入某物质的名称（如系统名称、同义词、商品名等）、登记号（如 CAS 登记号）或分子结构线性记法（包括 SMILES 和 InChI），然后按"Search"即可。

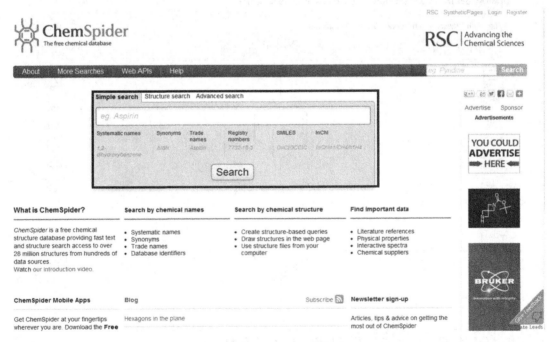

图 7-39 ChemSpider 主页

ChemSpider 的结构检索功能非常强大，如图 7-40 所示。有三种获得结构的方法：①通过上传一个化学分子格式文件（支持 MOL、SDF、CDX 格式）或一个图像文件（支持 PNG、JPG、GIF 等格式）；②使用物质的名称、分子结构线性记法或 ChemSpider 登记号转换成一个结构；③直接绘制结构。要绘制一个化学结构，要先点击"Edit molecule"区域打开编辑器（如图 7-41 所示），同时支持 Accelrys JDraw、Elemental、ACD/Labs SDA、

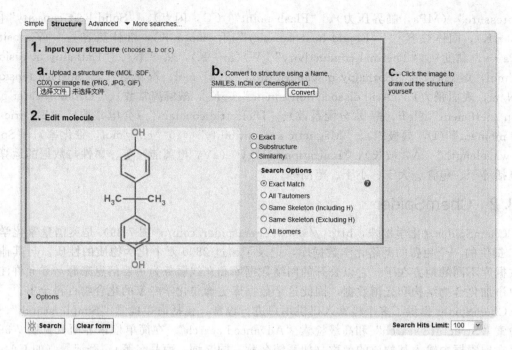

图 7-40 ChemSpider 结构检索

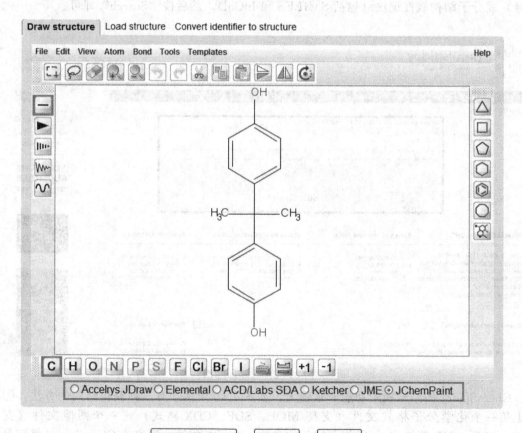

图 7-41 ChemSpider 化学结构编辑器

Ketcher、JME、JChemPaint 等几种网络上最为流行的在线分子结构编辑器（需要 JAVA 运行库支持）。确定某个结构后，检索选项包括精确匹配"Exact"、子结构"Substructure"和相似结构"Similarity"。此外，还有互变异构体、相同骨架（含 H）、相同的骨架（不含 H）、所有异构体等选项。在高级检索界面，则提供了更多的可以检索条件，例如按元素检索、按属性检索等，如图 7-42 所示。

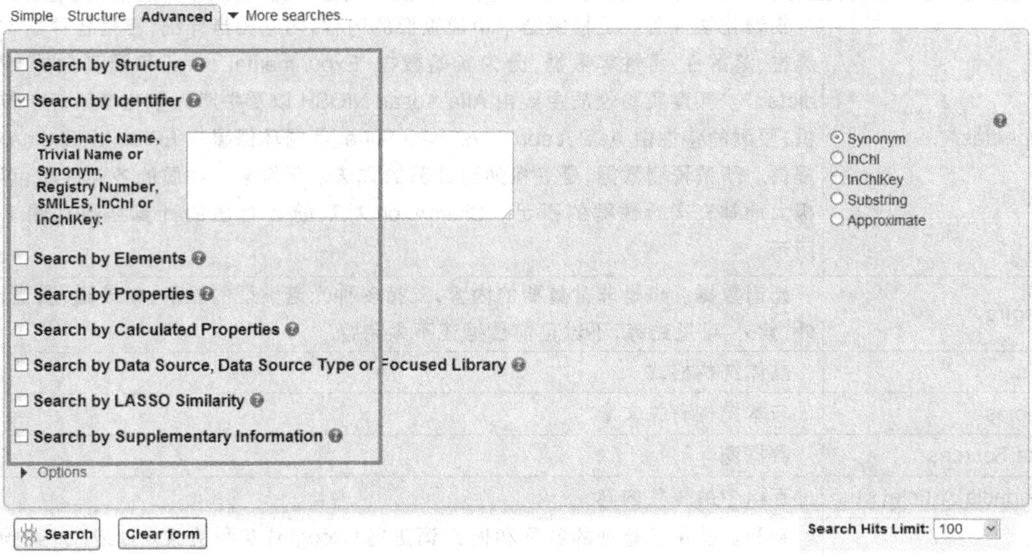

图 7-42　ChemSpider 高级检索

继续以"Bisphenol A"为例，使用简单检索方式，结果如图 7-43 所示，按段分别列表了双酚 A 的各种相关信息，各部分说明见表 7-6。

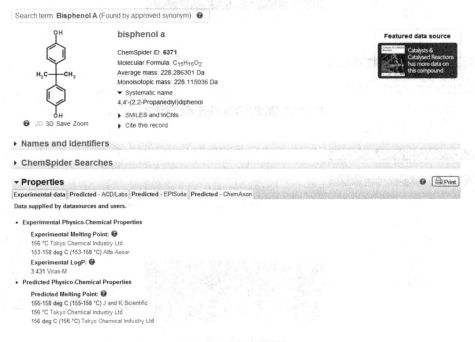

图 7-43　检索结果页面

表 7-6　检索结果说明

各部分名称	相　关　说　明
Names and Identifiers	名称和标识符。经用户验证的名称和标识符用粗体字显示,普通字体表示尚未进行验证
ChemSpider Searches	ChemSpider 扩展检索。提供物质的外部搜索接口
Properties	物理化学性质。是检索结果中最重要的内容,内容相当详细,包括各种基本的属性、溶解性、毒性等数据,分为实验数据"Experimental data"和预测数据"Predicted"。实测实验性质主要由 Alfa Aesar、NIOSH 以及牛津大学化学系等单位提供,预测的特性由 ACD/Labs PhysChem Suite、美国环保署的 EPISuite、ChemAxon 提供。所谓预测数据,是直接通过计算的方法来获得某一物质的各类性质,可以极大地补充实验数据的不足。ChemAxon 对双酚 A 性质的计算结果如图 7-44 所示
Spectra	光谱数据。也是非常重要的内容,支持多种光谱类型的显示,如核磁、质谱、红外、紫外-可见光等,不过目前数据还不太完善
CIFs	晶体结构格式
Articles	与本结构有关文章
Data Sources	数据源
Wikipedia Article(s)	百科中的相关内容
Patents	专利。使用已验证的名称和同义词进行(Google)专利检索。USPTO(美国专利和商标局)、欧洲、WO(世界知识产权组织)/PCT(专利合作条约)以及日本的专利选项卡通过 InChI 链接到 SureChem 专利检索,并显示前三个检索结果,以及检索结果总数

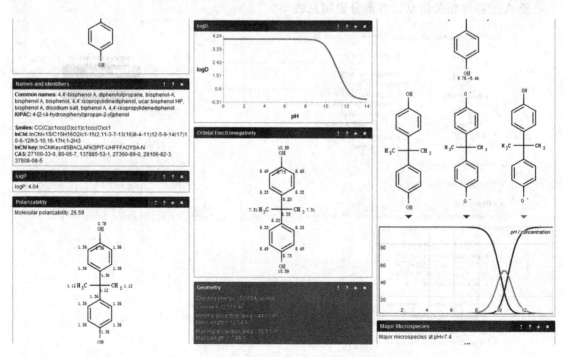

图 7-44　ChemAxon 提供的双酚 A 性质的预测界面

7.3.3 NIST Chemistry WebBook

NIST Chemistry WebBook（http://webbook.nist.gov/chemistry/，图 7-45）是美国国家标准与技术研究所（NIST）汇集的化学参考数据访问入口，内容包括 4000 多种有机和无机化合物的热化学数据，1300 多个反应的反应热，5000 多种化合物的红外谱，8000 多种化合物的质谱，12000 多种化合物离子能数据。在 NIST Chemistry WebBook 的主页，可通过"Formula"（分子式）、"Name"（名称）、"IUPAC identifier"（IUPAC 标识符，InChI）、"CAS registry number"（CAS 登录号）、"Reaction"（反应式）、"Author"（作者）、"Structure"（结构）、"Ion energetics properties"（电离能）、"Vibrational and electronic energies"（振动和电子能）、"Molecular weight"（分子量）等入口进行检索。以分子式检索入口为例，其界面如图 7-46 所示，需要输入分子式（如果不确定原子的个数，可以使用通配符"*"代替），并确定要获取的参考数据。参考数据分成两类：一类是热力学数据；例如各种相态、相变、反应的数据，另一类是其他数据，主要是一些光谱数据。以双酚 A 为例，输入分子式"C15H16O2"，点击搜索按钮，则结果如图 7-47 所示（内容很多，图中只显示了开头很少的内容）。

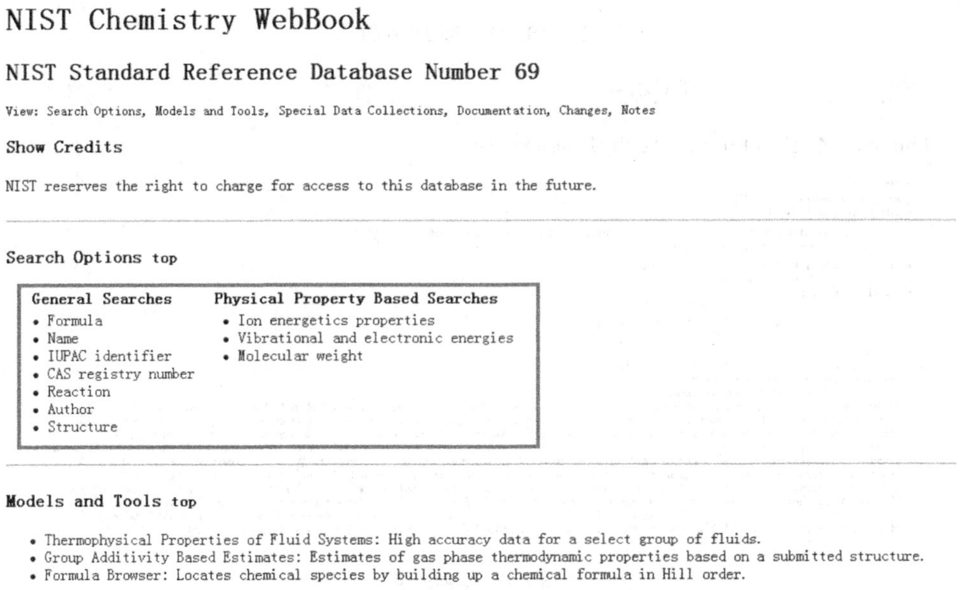

```
NIST Chemistry WebBook
NIST Standard Reference Database Number 69
View: Search Options, Models and Tools, Special Data Collections, Documentation, Changes, Notes
Show Credits
NIST reserves the right to charge for access to this database in the future.

Search Options top
┌─────────────────────────────┬──────────────────────────────────┐
│ General Searches            │ Physical Property Based Searches │
│ • Formula                   │ • Ion energetics properties      │
│ • Name                      │ • Vibrational and electronic energies │
│ • IUPAC identifier          │ • Molecular weight               │
│ • CAS registry number       │                                  │
│ • Reaction                  │                                  │
│ • Author                    │                                  │
│ • Structure                 │                                  │
└─────────────────────────────┴──────────────────────────────────┘

Models and Tools top
• Thermophysical Properties of Fluid Systems: High accuracy data for a select group of fluids.
• Group Additivity Based Estimates: Estimates of gas phase thermodynamic properties based on a submitted structure.
• Formula Browser: Locates chemical species by building up a chemical formula in Hill order.
```

图 7-45　NIST Chemistry WebBook 主页

7.3.4 与化学物质毒性相关的数据库

化学物质毒性数据库（RTECS，Registry of Toxic Effects of Chemical Substances）是一个记录化学物质毒性资料的数据库，截至 2001 年 1 月，该数据库已包含有 152 970 种化学物质。RTECS 的资料均来源于公开的科学文献，所有的数据也都列出了其文献来源，但并没有对其有任何的评估。RTECS 中主要包括六大类化学物质的毒性数据：直接刺激性（primary irritation）、致突变性（mutagenic effects）、对生殖的影响（reproductive effects，即致畸性）、致肿瘤性（tumorigenic effects）、急性毒性（acute toxicity）和其他多剂量毒性。在 2001 年之前这个数据库是美国国家职业安全卫生研究所（NIOSH）的一个免费提供的出版物。如今 RTECS 属于硅谷高科技公司（Symyx Technologies），并且只能通过收费

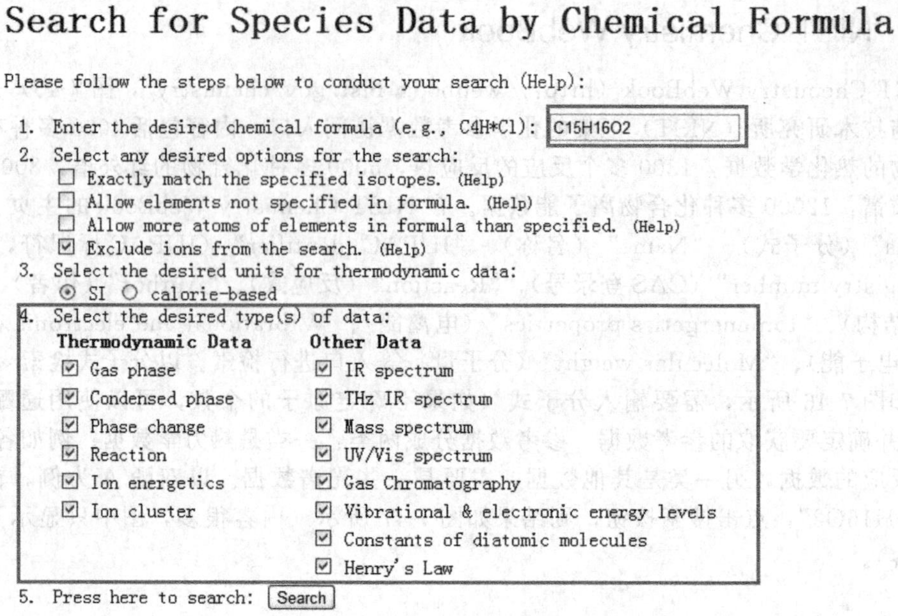

图 7-46 分子式检索界面

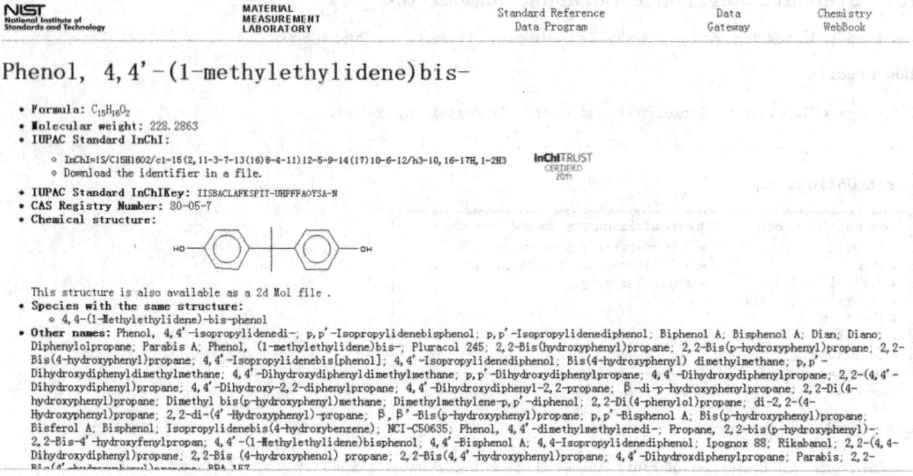

图 7-47 检索结果

订阅方式获得（http://ccinfoweb.ccohs.ca/rtecs/search.html，图 7-48）。危险化学药品数据库 [Hazardous Chemical Database，http://ull.chemistry.uakron.edu/erd/，图 7-49(a)] 包含了近 2000 种危险化学药品的信息，用户可以通过关键词进行检索。关键词可以是名字、分子式及多种登录号（CAS、DOT、RTECS 及 EPA）。以双酚 A（Bisphenol A）为例，检索结果如图 7-49（b）所示，结果提供了双酚 A 的名称、结构、注册信息、基本属性、毒害、火灾危险、防护、运输等相关信息。

化学物质毒性数据库（Chemical Toxicity Database，http://www.drugfuture.com/toxic/，图 7-50），收录约 15 万个化合物的有关毒理方面的数据，如急性毒性、长期毒性、遗传毒性、致癌与生殖毒性、刺激性数据以及化学安全性方面的资料，并提供数据来源。数据库提供多种方式查询，包括 CAS 登记号、英文名、RTECS 登记号、化学名称、商品名、研发代号等。以"Bisphenol A"为例，检索结果见图 7-51。

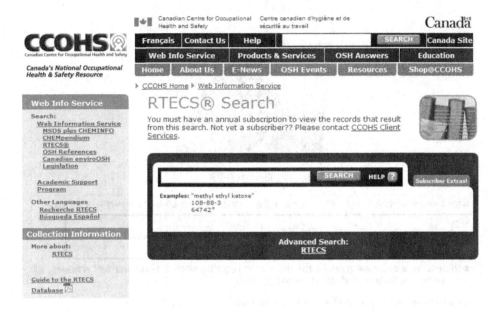

图 7-48　RTECS 主页

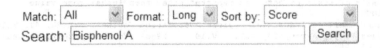

(a) 主页

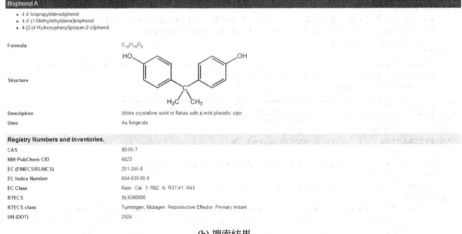

(b) 搜索结果

图 7-49　Hazardous Chemical Database 主页及搜索结果

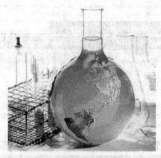

化学物质毒性数据库
Chemical Toxicity Database
在线查询化学物质毒性数据库，以英文通用名、化学名、商品名、CA登记号、RTECS登记号及同义名等为关键字，支持模糊检索。
查询
重置
*Search by chemical name,CAS registry number,RTECS number,etc.
左匹配查询
智能查询(如CAS、RTECS、通用名、化学名等)
数据库说明：本数据库为化学品毒性数据库，收载约 15万 个化合物（包括大量化学药物）的有关毒理方面的数据，如急性毒性、长期毒性、遗传毒性、致癌与生殖毒性及刺激性数据等，并提供数据来源。
本数据库为药物开发者提供大量活性物质毒理学、化学安全性方面的资料。
本数据库提供多种方式查询，包括CAS登记号、英文名、RTECS登记号、化学名称、商品名、研发代号等。

图 7-50 化学物质毒性数据库 (Chemical Toxicity Database) 主页

```
                     ** ACUTE TOXICITY DATA **

TYPE OF TEST            : LD50 - Lethal dose, 50 percent kill
ROUTE OF EXPOSURE       : Oral
SPECIES OBSERVED        : Rodent - rat
DOSE/DURATION           : 3250 mg/kg
TOXIC EFFECTS :
   Details of toxic effects not reported other than lethal dose value
REFERENCE :
   AIHAAP American Industrial Hygiene Association Journal.  (AIHA, 475 Wolf
   Ledges Pkwy., Akron, OH 44311)  V.19-    1958-  Volume(issue)/page/year:
   28,301,1967

TYPE OF TEST            : LD50 - Lethal dose, 50 percent kill
ROUTE OF EXPOSURE       : Oral
SPECIES OBSERVED        : Rodent - mouse
DOSE/DURATION           : 2400 mg/kg
TOXIC EFFECTS :
   Autonomic Nervous System - other (direct) parasympathomimetic
   Behavioral - convulsions or effect on seizure threshold
   Behavioral - ataxia
REFERENCE :
   GISAAA Gigiena i Sanitariya.  For English translation, see HYSAAV.   (V/O
   Mezhdunarodnaya Kniga, 113095 Moscow, USSR)  V.1-    1936-
   Volume(issue)/page/year: 33(7),25,1968

TYPE OF TEST            : LC - Lethal concentration
ROUTE OF EXPOSURE       : Inhalation
SPECIES OBSERVED        : Rodent - mouse
DOSE/DURATION           : >1700 mg/m3/2H
TOXIC EFFECTS :
   Behavioral - somnolence (general depressed activity)
   Behavioral - ataxia
   Lungs, Thorax, or Respiration - dyspnea
REFERENCE :
   TPKVAL Toksikologiya Novykh Promyshlennykh Khimicheskikh Veshchestv.
   Toxicology of New Industrial Chemical Substances.  For English translation,
   see TNICS*.  (Izdatel'stvo Meditsina, Moscow, USSR)  No.1-    1961-
```

图 7-51 检索结果

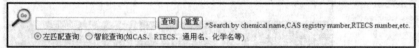

7.4 试剂与仪器检索

7.4.1 化学试剂

ChemicalBook（http://www.chemicalbook.com/）是一个化学品搜索引擎，它目前能搜索到全球约1万家供应商提供的400万种产品信息，支持中英文化学名、CAS号、化学式等关键词搜索。检索结果将返回：①化合物结构和属性等信息，例如名称、结构（可下载mol格式文件）、分子量、熔点、沸点、国际权威机构登记信息（通过外部链接访问详细信息）、安全信息、毒性数据、MSDS文档、用途、生产方法等；②该化合物的国内外供应商和试剂商信息，通过搜索页面中的链接，直达试剂商网站的相应化合物页面，并且可以比较各试剂商的价格。以"双酚A"为例，检索结果如图7-52和图7-53所示。在图7-53的页面最末端（此处未显示），有一个"双酚A价格（试剂级）"的链接，点击该链接，出现图7-54页面，从中可以了解到该试剂的供应商信息及进行价格比较。

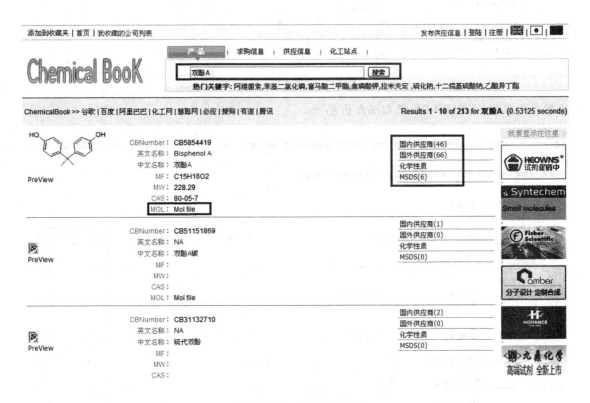

图 7-52 ChemicalBook 网站

阿拉丁试剂是一家国内领先的试剂企业，生产和销售高纯度特种化学品和生命科学产品，总部设在上海，提供的试剂比较全，价格也比较透明。通过其网站（http://www.aladdin-reagent.com/，图7-55）可以使用试剂的中英文名称、分子式和各种国际化合物登记号进行检索。以"双酚A"为例，检索结果如图7-56所示，最主要是提供了试剂各种规格（包装规格、纯度等）的具体价格，其他信息包括物质的结构、物化性质、安全信息等。

双酚A

双酚A更多供应商	
公司名称:	百灵威科技有限公司
联系电话:	400-666-7788 +86-10-82848833
产品介绍:	中文名称:双酚A/对异丙基联苯酚 英文名称:2,2-Bis(4-hydroxyphenyl)propane CAS:80-05-7 纯度:99.0%(GC) 包装信息: 25G, 500G 备注: 化学试剂, 精细化学品, 医药中间体, 材料中间体
公司名称:	上海迈瑞尔化学技术有限公司
联系电话:	+86-(0)21-61259100(Shanghai) +86-(0)755-86170099(ShenZhen) +86-(0)10-62670440(Beijing)
产品介绍:	中文名称:2,2-双(4-羟苯基)丙烷 英文名称:2,2-Bis(4-hydroxyphenyl)propane CAS:80-05-7 纯度: >99.0%(GC) 备注: B0494
公司名称:	阿法埃莎(天津)化学有限公司
联系电话:	800-810-6000, 400-610-6006,800 810 6006(Bulk Inquiry)
产品介绍:	CAS:80-05-7 包装信息: 5000g;1218
公司名称:	梯希爱(上海)化成工业发展有限公司
联系电话:	800-988-0390
	英文名称:2,2-Bis(4-hydroxyphenyl)

双酚A	
	重要的有机化工原料 离子交换树脂法 MSDS 用途与合成方法 双酚A价格(试剂级) 上下游产品信息 价格专题 新闻专题
中文名称:	双酚A
中文同义词:	2,2-二(4-羟苯基)丙烷;2,2-双(4-羟苯基)丙烷;2,2-双(4-羟基苯基)丙烷;2,2-双酚基丙烷;4,4'-(1-甲基亚乙基)双酚;4,4'二羟基二苯丙烷;二苯酚基丙烷;对异丙基联苯酚
英文名称:	Bisphenol A
英文同义词:	2,2-Bis (4-hydroxyphenol) propane;2,2-Bis(4,4'-hydroxyphenyl)propane;2,2-Bis(4-hydroxyphenyl)-propa;2,2-Bis(hydroxyphenyl)propane;2,2-bis(p-hydroxyphenyl)-propan;2,2-Bis-4'-hydroxyfenylpropan;2,2-bis-4'-hydroxyfenylpropan(czech);2,2-Bis-4'-hydroxyfenylpropan
CAS号:	80-05-7
分子式:	C15H16O2
分子量:	228.29
EINECS号:	201-245-8
相关类别:	Industrial/Fine Chemicals;Bisphenol A (Environmental Endocrine Disruptors);Bisphenol A type Compounds (for High-Performance Polymer Research);Analytical Chemistry;Color Former & Related Compounds;Developer;Environmental Endocrine Disruptors;Functional Materials;Reagent for High-Performance Polymer Research;Alpha Sort;Alphabetic;E-LAnalytical Standards;I;Volatiles/Semivolatiles;Aromatics;Inhibitors;芳烃
Mol文件:	80-05-7.mol

双酚A性质	
熔点	158-159 °C(lit.)
沸点	220 °C4 mm Hg(lit.)
密度	1.195
闪点	227 °C

图 7-53 双酚A检索结果

双酚A 更多供应商 80-05-7 双酚A 价格

性状
结晶或白色鳞片。微有酚的气味。溶于碱溶液、乙醇、丙酮、乙酸、乙醚和苯，微溶于四氯化碳，几乎不溶于水。熔点 150～155℃。沸点 220℃(0.53kPa)。约260℃分解。有刺激性。

用途与作用
有机合成，叔胺和肼的合成。抗氧剂。环氧树脂和聚碳酸酯制造。染料中间体。杀(真)菌剂。

双酚A价格(试剂级)

更新日期	产品编号	品牌	产品信息	CAS号	MDL号	规格与纯度	包装	价格	库存信息	操作
2011/08/23	30064926	SCRC	2,2-二(4-羟苯基)丙烷	80-05-7		CP(沪试)	100g	17元		详细
2011/04/16	B0494	TCI	2,2-双(4-羟苯基)丙烷 2,2-Bis(4-hydroxyphenyl)propane	80-05-7	MFCD00002366	>99.0%(GC)	25G	155元	5	详细
2011/04/16	B0494	TCI	2,2-双(4-羟苯基)丙烷 2,2-Bis(4-hydroxyphenyl)propane	80-05-7	MFCD00002366	>99.0%(GC)	500G	270元	1	详细
2010/06/21	158241000	ACROS ORGANICS	双酚 A 4,4'-Isopropylidenediphenol 97%	80-05-7			100 GR	237元		详细
2010/06/21	158240020	ACROS ORGANICS	双酚 A 4,4'-Isopropylidenediphenol 97%	80-05-7			2 KG	1049元		详细
2010/06/21	158245000	ACROS ORGANICS	双酚 A 4,4'-Isopropylidenediphenol 97%	80-05-7			500 GR	264元		详细
2010/05/25	A10324	Alfa Aesar	2,2-双(4-羟基苯)丙烷, 97+% Bisphenol A, 97+%	80-05-7	MFCD00002366		1kg	430元		详细
2010/05/25	A10324	Alfa Aesar	2,2-双(4-羟基苯)丙烷, 97+% Bisphenol A, 97+%	80-05-7	MFCD00002366		250g	207元		详细
2010/05/25	A10324	Alfa Aesar	2,2-双(4-羟基苯)丙烷, 97+% Bisphenol A, 97+%	80-05-7	MFCD00002366		5kg	2030元		详细

图 7-54 双酚A商家及价格比较

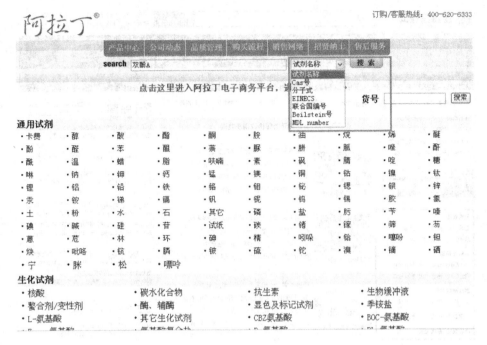

图 7-55　阿拉丁试剂网站主页

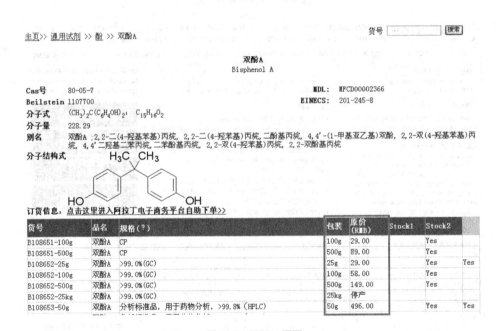

图 7-56　双酚 A 页面

7.4.2　化学仪器

仪器信息网（http://www.instrument.com.cn/，图 7-57）成立于 1999 年，是中国分析测试协会和中国仪器仪表学会分析仪器分会唯一指定专业网站，也是目前最大的科学仪器门户网站，并编辑发行印刷版杂志《仪器快讯》和电子杂志《仪器新视界》。目前拥有注册仪器厂商 10000 多家，个人注册会员 100 多万名。通过访问该网站主页，即可以获取各种实验设备的厂商和型号等信息。

图 7-57 仪器信息网主页

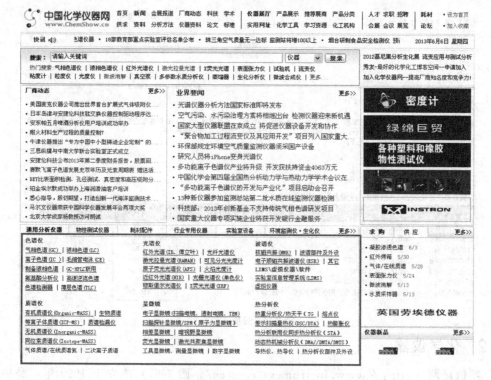

图 7-58 中国化学仪器网主页

中国化学仪器网（http://www.chemshow.cn/，图 7-58）是由中国化学会主办，中国化工学会化工新材料专业委员会和中国塑料加工工业协会塑料技术协作委员会协办，中国聚合物网旗下网站，汇总各类专业化学仪器、生化仪器、化工设备、测试/分析/科学仪器，免费提供仪器供求信息。目前中国化学仪器网汇集几百家国内外知名仪器厂商及上万台仪器，并提供较详细的产品资料及许多应用技术文档等。

中国化工仪器网（http：//www.chem17.com/，图7-59）是国内最早进入仪器仪表行业的网络应用专业服务商之一。拥有4万多的仪器代理商资源，专注服务于生化、制药、食品、印染、石化、农业、电力、化工、高校、质检、疾控等专业领域的用户。

图 7-59　中国化工仪器网主页

绝大多数的仪器信息网站，其主要功能是提供各种仪器的信息，例如型号、技术参数、厂商联系信息等，通常不提供具体的价格（因为仪器的价格根据配置不同调节空间很大），这就给用户造成了很大的困难（不好做预算）。为了获取具体的仪器价格或者价格的范围，可以使用淘宝网（http：//www.taobao.com/），因为淘宝网通常是要明码标价的。以液相色谱仪为例，检索结果如图7-60所示。不过要注意的是，淘宝网上的仪器通常是国产仪器，如果要买进口仪器，则价格当然要更贵一些，例如安捷伦或岛津的液相色谱标准配置通常要到15万～20万左右。

7.4.3　化工产品

阿里巴巴公司（http：//www.alibaba.com.cn/，图7-61）成立于1999年，是阿里巴巴集团的旗舰业务公司，也是全球领先的B2B电子商务品牌，网站为全球的买家、卖家搭建了一个高效、可信赖的贸易平台。

慧聪化工网（http：//www.chem.hc360.com/，图7-62）是慧聪网旗下子站之一，也是立足于化工行业的门户型网站，网站在资讯、产品、技术、市场供求等主题栏目的基础之上，从专业出发，开设了如有机/无机原料、助剂试剂、塑胶塑料、精细化工等优势栏目，力争为化工行业用户与企业提供全方面的信息服务，打造成为中国乃至全球化工行业最全最快的资讯和电子商务服务平台。

由网盛科技创建并运营的中国化工网（http：//china.chemnet.com/，图7-63）是国内

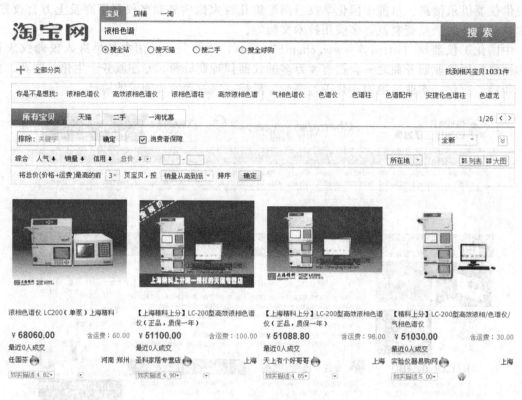

图 7-60 在淘宝网中检索仪器信息

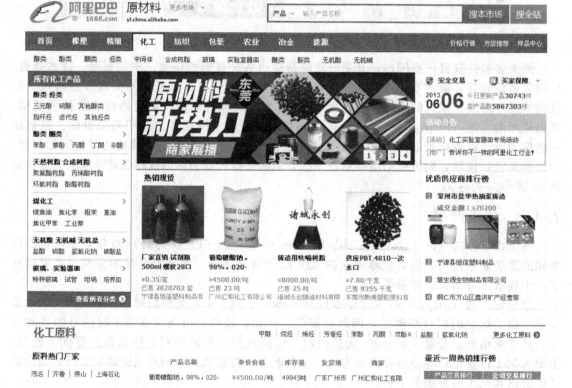

图 7-61 阿里巴巴网站主页

图 7-62 慧聪化工网主页

图 7-63 中国化工网主页

一家综合性专业化工网站,也是目前国内客户量最大、数据最丰富、访问量最高的化工网站之一。中国化工网建有国内最大的化工专业数据库,内含40多个国家和地区的2万多个化工站点,含25 000多家化工企业,20多万条化工产品记录;建有行业内权威专家数据库;每天新闻资讯更新量上千条,日访问量突破1 000 000人次,是行业人士进行网络贸易、技术研发的重要平台。

7.5 电子图书和书目检索

首先要说明的是,图书并不是特种文献,放在本章末尾是因为图书作为一种载体,在出版自然科学研究最新成果这个领域已经逐渐被边缘化。主要原因是其出版周期太长,内容更新不及时,因此一般只适合于用来做入门的参考书。而且其检索系统比较简单,因此不值得作为一章来单独介绍。

联合国教科文组织对图书的定义是:凡由出版社(商)出版的不包括封面和封底在内49页以上的印刷品,具有特定的书名和著者名,编有国际标准书号,有定价并取得版权保护的出版物称为图书。图书,按存储介质分,主要可分为电子图书和纸质图书。

7.5.1 电子图书

Ebrary公司(http://www.ebrary.com/,图7-64)于1999年成立,由McGraw-Hill Companies、Pearson plc和Random House Ventures三家出版公司共同投资组建,主要出版社包括The McGraw-Hill Companies、Random House、Penguin Classics、Taylor & Francis、Yale University Press、John Wiley & Sons、Greenwood等著名出版社。2011年初被ProQuest公司收购。Ebrary电子图书数据库整合了来自300多家学术、商业和专业出版商的数十万册权威图书和文献,覆盖基础科学、工程技术、商业经济、社科人文、历史、法律、计算机、医学等主要科目的书籍种类,其中大部分内容是近年最新出版的。在Ebrary电子图书平台上,可以按目录进行分类浏览,也可以进行多种方式的检索(例如检索书名、

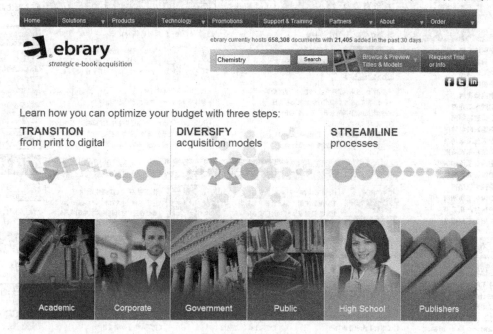

图7-64　Ebrary主页

作者、主题、出版号等，高级检索方式可以进行逻辑组合检索）。电子图书提供 PDF 格式全文，保留图书原貌；可以下载、在线阅读、复制、打印、添加书签和批注、高亮显示文本，阅读界面任意缩放；可以通过建立个人书架，收藏感兴趣的图书；提供强大的 InfoTools 优化阅读过程，可链接百科全书、传记资料、书目资料、地图、搜索引擎等外部网站，提供书中任意词句的多语翻译；导出多种参考文献格式等。

使用"Chemistry"作为关键词进行简单检索，结果如图 7-65 所示，可以对检索结果进行排序或改变显示方式。图书全文在线阅读如图 7-66 所示，可以方便地按图书的目录进行全文浏览、缩放、跳转、标记或使用 InfoTools 展开外部链接。

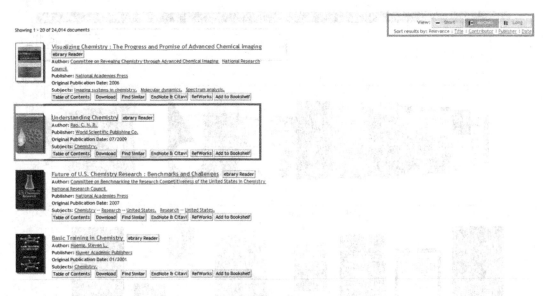

图 7-65　搜索结果列表

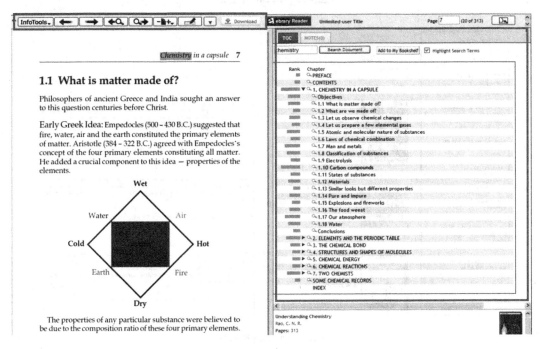

图 7-66　图书全文阅读

MyiLibrary (http://lib.myilibrary.com/，图 7-67) 是世界领先的集成性电子书平台，在世界范围内合作的出版商超过 400 家，主要服务于学术研究者、专家学者和大学学生等，是图书馆、科研院所及研究型公司重要的参考工具。MyiLibrary 电子书可按关键词、作者、ISBN、出版社、出版日期、学科、类别、语种等进行检索，并支持全文检索，也可通过国会图书馆的学科分类进行限定。读者在阅读时可将电子书文本和图片拷贝至 Word、Excel 或 PowerPoint 中进行编辑。以 "Chemistry" 作为关键词进行检索，结果如图 7-68 所示，其中左侧栏可以检索结果进行多种限定。点击图书标题，即可以进行全文阅读，如图 7-69 所示。

图 7-67　MyiLibrary 主页

图 7-68　MyiLibrary 检索结果

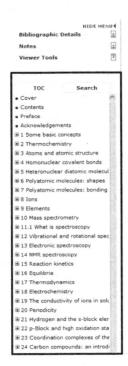

图 7-69　MyiLibrary 全文阅读

图 7-70　超星数字图书馆主页

超星数字图书馆（http://www.sslibrary.com/，图 7-70）是目前我国最大的中文电子图书数据库。支持直接在线阅读、下载和打印，文字清晰，并可使用其 OCR 技术进行文字识别。以"化学 文献检索"为关键词进行检索，结果如图 7-71 所示。点击图书名称打开全文阅读界面，如图 7-72 所示。

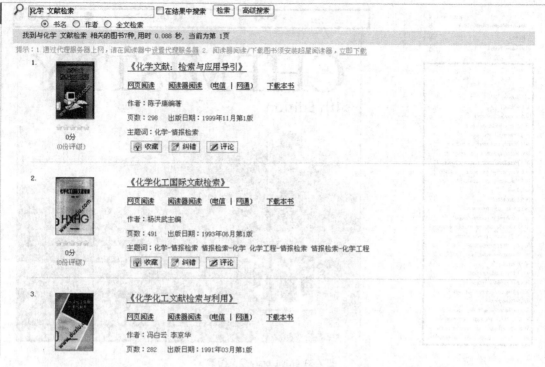

图 7-71　图书检索结果

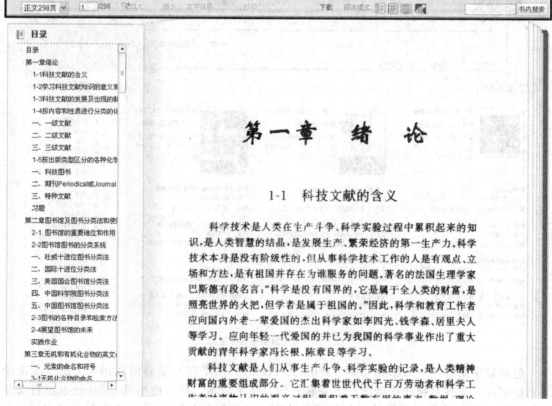

图 7-72　图书在线全文阅读

7.5.2 书目检索

对于纸版图书的检索，最方便的是使用图书联合目录进行检索。

Worldcat 是 OCLC 公司（Online Computer Library Center，inc.，联机计算机图书馆中心）的在线编目联合目录，是世界范围图书馆和其他资料的联合编目库，同时也是世界最大的联机书目数据库。OCLC 总部设在美国的俄亥俄州，是世界上最大的提供文献信息服务的机构之一。它是一个非营利的组织，以推动更多的人检索世界上的信息、实现资源共享并减少使用信息的费用为主要目标。Worldcat 目前可以搜索 112 个国家的图书馆，包括近 9000 家图书馆的书目数据。Worldcat 可以帮助用户搜索书籍、期刊、光盘等的书目信息和馆藏地址。FirstSearch（http://firstsearch.oclc.org/，图 7-73）是 OCLC 检索系统的主要入口，它将 OCLC 最受图书馆欢迎的 12 个子数据库整合在一起，其中包含 Worldcat 系统；涵盖的文献类型多样，包括图书、硕博士论文、学术期刊、会议论文、百科全书、年鉴等；涵盖内容包括所有学科；所有信息来源于全世界知名图书馆和知名信息提供商。

Worldcat 的检索系统包括简单检索（图 7-73）、高级检索（图 7-74）、专家检索和检索

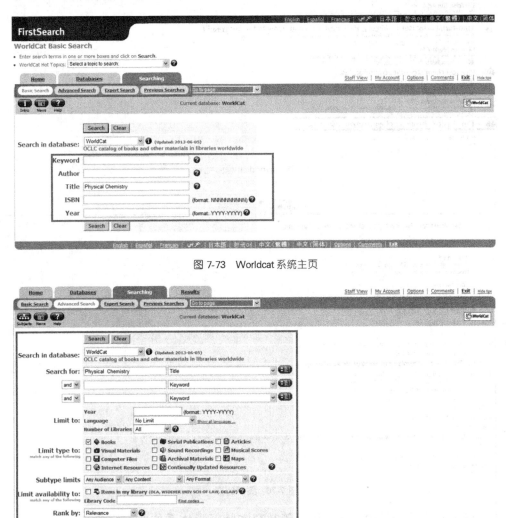

图 7-73 Worldcat 系统主页

图 7-74 Worldcat 高级检索系统

历史等，允许用户使用复杂的检索式和限定条件对全世界的书目进行检索。以"Physical Chemistry"为检索词，检索结果如图 7-75 所示。点击其中一本书"The physical chemistry of electrolytic solutions"的标题获得该书的登记信息（图 7-76），点击"Libraries worldwide that own item"即可以获得全世界主要图书馆对该书的馆藏信息（图 7-77）。

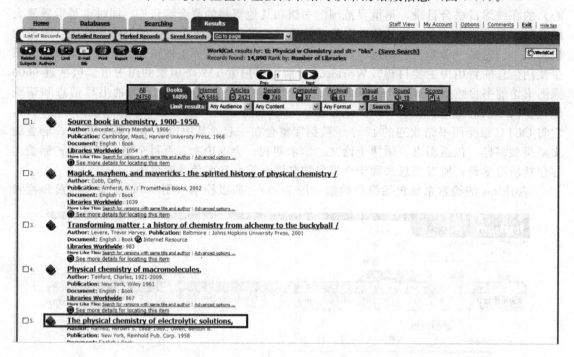

图 7-75　Worldcat 检索结果

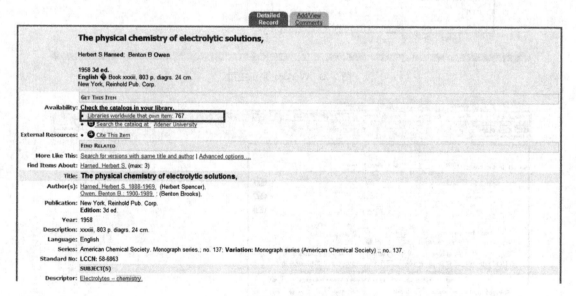

图 7-76　图书信息

　　CALIS 联机合作编目中心是中国高等教育文献保障体系的两大服务中心之一，其秉承 "实现信息资源共建、共知、共享，发挥最大的社会效益和经济效益，为中国的高等教育服务"的宗旨，致力于 CALIS 联合目录数据库（http://opac.calis.edu.cn，图 7-78）的建设，

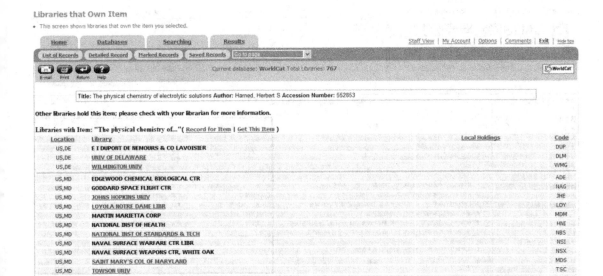

图 7-77 馆藏信息

图 7-78 CALIS 联合目录主页

并提供相关服务，到 2012 年 12 月已有成员馆 1000 余家，已经形成了相对稳定的数据建设队伍。到 2011 年 6 月为止，CALIS 联合目录数据库已经积累了 489 万余条书目记录，馆藏信息达 3500 万余条，目录数据库涵盖印刷型图书和连续出版物、电子期刊和古籍等多种文献类型；覆盖中文、西文和日文等语种；书目内容囊括了教育部颁发的关于高校学科建设的全部 71 个二级学科，226 个三级学科。在 CALIS 系统的主页即可使用包括题目、作者、出版号等信息对馆藏目录进行检索，系统也提供高级组合检索以更加准确地定位图书。本例选择责任者检索，以"肖信"为关键词进行检索，检索结果如图 7-79 所示。点击其中任一本图书标题，进入图书信息页（图 7-80），点击"馆藏信息"即可以发现该图书在哪些图书馆

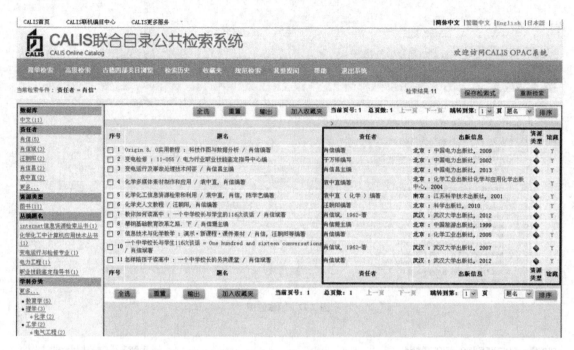

图 7-79 检索结果

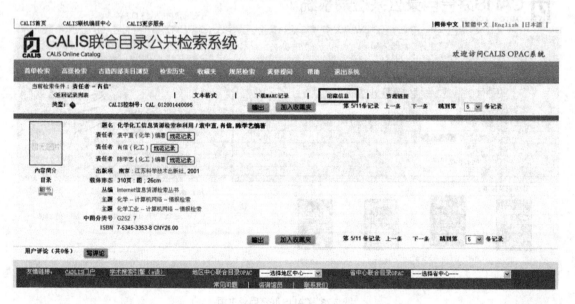

图 7-80 图书信息

有藏书（图 7-81），最终可以使用"馆际互借"或"文献传递"等图书馆服务获取该图书。

7.5.3 图书分类法简介

　　图书分类法是在图书馆藏书量不断增加的情况下，为了方便图书收藏和借阅而采取的一种分类方法。这种分类方法，通常是按照图书的内容、形式、体裁和读者用途等，运用知识分类的原理，采用一定的逻辑方法，将所有学科的图书按其学科内容分成几大类，每一大类下分许多小类，每一小类下再分子小类，最后，每一种书都可以分到某一个类目下，每一个类目都有一个类号。历史上，由不同国家和地区、不同分类思想，发展出大量版本的图书分

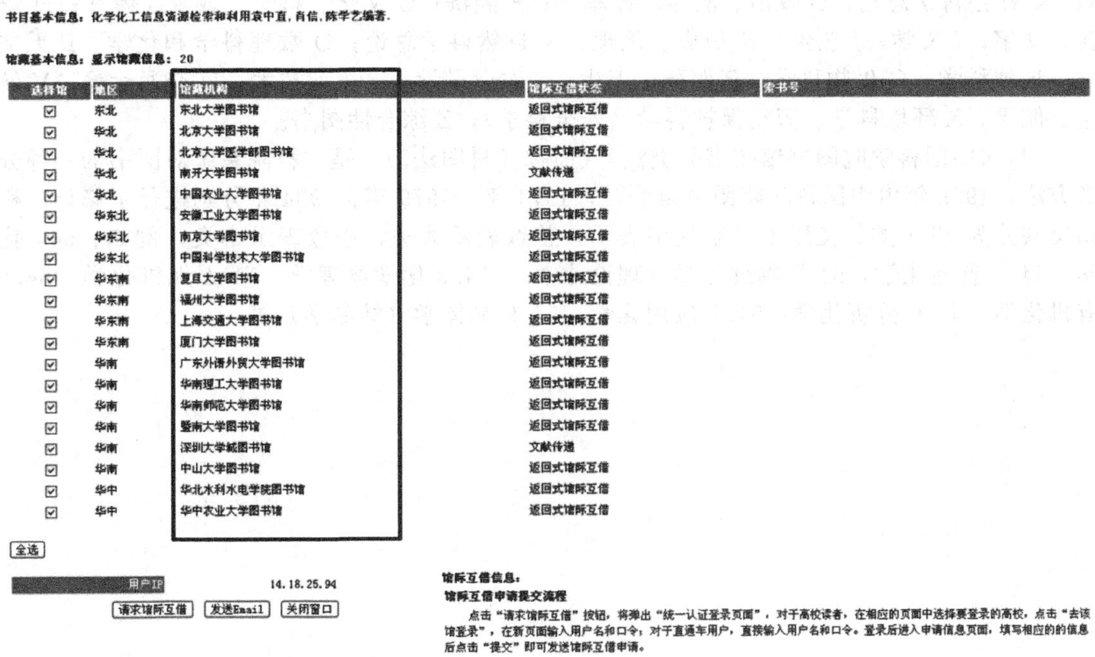

图 7-81 馆藏信息

类法，比较重要的有如下几种：

(1)《杜威十进图书分类法》（"Dewey Decimal Classification"） 是由美国图书馆专家麦尔威·杜威发明的，对世界图书馆分类学有相当大的影响，已翻译成西班牙文、中文、法文、挪威文、土耳其文、日文、僧伽罗文、葡萄牙文、泰文等出版，并为许多英语国家的大多数图书馆以及使用其他相应译文之国家的部分图书馆采用。在美国，几乎所有公共图书馆和学校图书馆都采用这种分类法。该分类法于 1876 年首次发表，最新的版本为 2004 年版。该分类法以三位数字代表分类码，共可分为 10 个大分类、100 个中分类及 1000 个小分类。除了三位数分类外，一般会有两位数字的附加码，以代表不同的地区、时间、材料或其他特性，分类码与附加码之间则以小数点"."隔开。例如"330.94"表示欧洲经济学，其中"330"表示经济学、".9"表示地区、末位数字"4"表示欧洲。

(2)《美国国会图书馆分类法》（"Library of Congress Classification"） 是美国国会图书馆根据该馆藏书编制的综合性等级列举式图书分类法。1901 年发表分类大纲，1902 年开始按大类陆续出版，至 1985 年已出版 36 个分册。美国国会图书馆分类法共分 20 大类：A 综合性著作；B 哲学、宗教；C 历史（辅助科学）；D 历史（世界史）；E-F 历史（美洲史）；G 地理、人类学；H 社会科学；J 政治学；K 法律；L 教育；M 音乐；N 美术；P 语言、文学；Q 科学；R 医学；S 农业、畜牧业；T 技术；U 军事科学；V 海军科学；Z 书目及图书馆学。分类号由字母与数字组成，数字部分按整数顺序制编号。此分类法实用性强、类目详尽，不但适用于综合性图书馆，也适用于专业图书馆。

(3)《中国图书馆图书分类法》（简称《中图法》） 是我国建国后编制出版的一部具有代表性的大型综合性分类法，是当今国内图书馆使用最广泛的分类法体系，1971 年由北京图书馆、中国科学技术情报所等单位共同编制完成，于 1974 年出版，并经过多次修订与再版，目前已修订至第五版（2010 年）。《中图法》使用字母与数字相结合的混合号码（字母代表大类，数字代表小类），基本采用层累制编号法，主要供大型图书馆图书分类使用。《中图法》共分 22 类，包括：A 马克思主义、列宁主义、毛泽东思想、邓小平理论；B 哲学、宗教；C 社会科学总论；D 政治、法律；E 军事；F 经济；G 文化、科学、教育、体育；H 语言、文字；I 文学；J 艺术；K 历史、地理；N 自然科学总论；O 数理科学和化学；P 天文学、地球科学；Q 生物科学；R 医药、卫生；S 农业科学；T 工业技术；U 交通运输；V 航空、航天；X 环境科学、劳动保护科学（安全科学）；Z 综合性图书。

(4)《中国科学院图书馆图书分类法》（简称《科图法》） 是中科院系统对图书的一种分类方法，1958 年由中国科学院图书馆编写，1974 年、1979 年、1994 年分别进行了修订。科图类共分为 25 大类，使用十进制数字表示，整数表示大类，小数表示小类，例如：54. 化学，54.1 普通化学，54.2 物理化学（理论化学）、54.3 化学物理学，54.4 无机化学，54.5 有机化学，54.6 分析化学，54.7 应用化学，54.9 晶体学（结晶学）等。